成為
大數據電子商務人才
的第一本書

五南圖書出版公司 印行

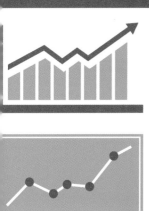

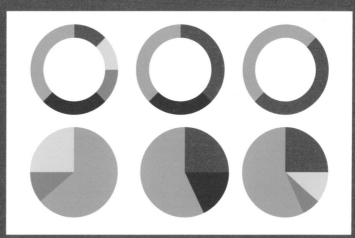

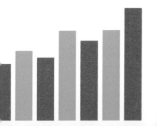

東吳大學巨量　東吳大學巨量
資料管理學院　資料管理學院
專任助理教授　副院長
鄭江宇、許晉雄————著

推薦序
FOREWORD

本人在擔任政務官期間即不斷的大聲疾呼台灣必須邁向大數據時代,期間亦鼓勵各政府機關積極開放所擁有之大數據,唯有如此,才能從數據開放中促進大數據脈動,強化台灣在國際上競爭力。欣聞東吳大學巨量資料管理學院許晉雄副院長、鄭江宇助理教授出版《成為大數據電子商務人才的第一本書》一書,從內容中讓人感受到兩位作者為了台灣大數據的努力,不懈不待、令人感佩!值得一提的是,本書內容除與本人過去所提及的多項大數據應用不謀而合之外,兩位作者更將全書定位在電子商務的大數據知識傳達與推廣,此定位呼應了當前台灣社會所需的軟實力驅動要件。全書最令人感到印象深刻的是每一章節的理論與實務個案,再加上作者們精心規劃的實作教學,想必能讓讀者學以致用。在此向廣大讀者推薦這本難得的理論與實作兼顧之著作,讓我們一同為台灣大數據應用、電子商務轉型來努力!

張善政

前行政院院長

作者序
PREFACE

電子商務在台灣發展至今已二十餘年，期間歷經許多外在情勢變化，其中最明顯的改變有連網設備普及、連網費用下降、智慧型手機普及等，這些都表明了電子商務正走在一條不斷進化的道路上。近年來大數據概念興起，使得電子商務的大數據相關應用呈現多元化趨勢。這意味著，大數據或是電子商務早已是一項跨領域之技能。有感於市面上大數據電子商務相關書籍多數局限於概念傳達，即便是實作型書籍也過於艱深難懂。有鑑於此，本書兩位作者協同各自跨領域專長及校內教學經驗，共同撰述符合資訊、商管、財務金融或社會科學領域適用之大數據電子商務教材。此《成為大數據電子商務人才的第一本書》一書共計有五大篇 15 個章節，每一章節皆包含理論、個案與實作，特別是在實作部分大量採用免費或試用版軟體，期許廣大讀者能以最低成本吸收大數據電子商務新知。再者，為了因應大數據電子商務的持續進化，本書內容廣泛的將輿情探索、網路爬蟲、社群網路分析、網站流量分析、超音波非主動式推播、AR 擴增實境、資料視覺化以及智慧客服機器人等議題納入，這些議題在大數據電子商務中皆屬重要應用，本書手把手的教導讀者，使讀者能夠從中學習到實務技能，進而縮小學用落差。2018 年正值大數據應用的衝刺階段，相信讀者從本書內容中可以收獲許多大數據電子商務知識，使大家得以順利的銜接大數據盛世。

鄭江宇、許晉雄 謹誌
東吳大學巨量資料管理學院

目 錄
CONTENTS

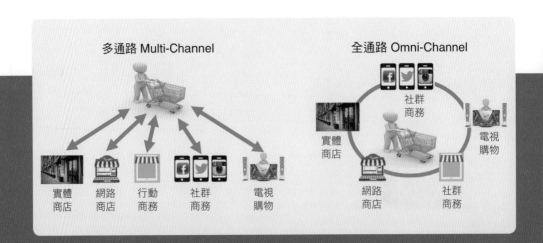

多通路 Multi-Channel

實體
商店

網路
商店

行動
商務

社群
商務

電視
購物

全通路 Omni-Channel

社群
商務

實體
商店

電視
購物

網路
商店

社群
商務

大數據與電子商務

電子商務自 2000 年以來，似乎已擺脫過去眾人所擔憂的泡沫化風險，持續在現代經濟發展中扮演重要角色。電子商務從雛形概念產生、到應用場域擴張、一直到現在蓬勃發展，這些對於許多 90 後出生的人來說，實在不是什麼新鮮事，畢竟他們從出生就已經沉浸在電子商務的世界裡。然而電子商務這個概念形成與落實，並非僅單純將交易方式從過去的「實體交易」轉變成「線上交易」，其中還涉及許多與整體社會運作有關的社經活動，而這些活動受惠於大數據興起，使得全球電子商務產值不斷成長。舉個常見的例子，大家是否曾經在網路商店端詳過一件商品，但因為某些原因而沒有當下做出購買決策，關掉商品頁面後來到其他網站，卻發現畫面某一處出現自己曾經看過但卻沒有購買的商品或是出現自己曾經拜訪過的網站呢？以下圖 1-1 為例，筆者曾經因為家中需要一把電動螺絲起子，因此拜訪特力屋網站並且瀏覽電動螺絲起子商品，隨後發現該起子不是自己心目中理想商品，關閉網頁視窗後來到數位時代網站閱讀新知文章，此時卻在紅色框線處出現自己曾經瀏覽過的電動螺絲起子廣告。怪了！為何數位時代網站知道自己曾經在特力屋網站瀏覽過螺絲起子呢？原來我們拜訪電子商務網站時所留下的足跡之大數據早已被數位時代、特力屋、Google 等業者掌握，並透過**再行銷 (remarketing)** 手法催促消費者

圖 1-1 再行銷廣告示意 (資料來源：數位時代網站)

別再猶豫，趕緊購買「曾經打算採購」的商品。

上述再行銷案例在電子商務領域中其實是有理論基礎的，依據 Ajzen & Fishbein 兩位學者在 1980 年所提出的理性行為理論 (Theory of Reasoned Action) 可知，消費者在實際從事購買行為 (purchase behavior) 之前，必定會針對該行為產生購買意圖 (purchase intention)，因此再行銷手法就是期盼能夠把握住消費者產生購買意圖的當下，或者是趁消費者購買意圖尚未消逝前，趕緊在畫面上再次呈現曾瀏覽過的商品，提醒消費者並促使他們趕緊跨越「意圖」與「行為」之間鴻溝，達成最後的實際購買。然而要落實這樣的再行銷策略，在幕後運作上就勢必得仰賴大數據技術，藉由記錄消費者的網站參訪行為以及商品瀏覽分析，大數據扮演再行銷手法的技術後盾。試想，比起傳統電子商務亂槍打鳥的做法，融合大數據技術的再行銷廣告投放是否更能夠將正確的廣告在對的時間與地點，以適當的方式投放給正確的消費者呢？沒錯！這就是電子商務 4.0 魅力所在，它是經過大數據處理的新興電子商務。

上述案例開宗明義的表明了大數據與電子商務相輔相成的夥伴關係，然而這個例子只是大數據電商的冰山一角，在我們日常生活中的食、衣、住、行、育、樂，還有許多因「大數據」＋「電子商務」所衍生出的社經活動，本身打算開拓新興電子商務事業的經營者或是想要搭上大數據電商職缺熱潮的求職者，都有必要關心這千載難逢的盛事，並且了解有哪些工具可以幫助自己成為符合時代所需的大數據電商人才。有鑑於此，本章將引領大家回答幾項關鍵問題的解答，包括究竟什麼是大數據？它的興起為電子商務帶來什麼樣的變革？大數據對於傳統電子商務帶來什麼樣的挑戰？如何善用大數據技能來洞悉新興電商的數據前景與機會？

Chapter 1
大數據崛起
與電子商務變革

1-1 何謂大數據

大數據 (Big Data) 一詞最早出現在 2012 年 Viktor Mayer-Schönberger &Kenneth Cukier 兩位的著作《大數據時代：生活、工作與思維的大變革》當中，書裡提到所謂大數據指的是 4V 數據特性，包含數量龐大 (volume)、產生速度快 (velocity)、形式多樣 (variety) 且具有價值 (value) 的資料。茲將此四大特性說明如下：

數量龐大 (volume)

Volume 原意為一個有形物體或容器內的空間容量，例如：某一輛汽車的油箱容量為 60 公升，若能夠將油箱擴大，那麼就可以存放更多的汽油來延長汽車續航力。在大數據世界裡，volume 卻屬於一個抽象概念，好比一個沒有刻度的量杯一樣，並無具體資料容量上限。試想，在這個世界上有幾個網站呢？而在這龐大網站量中流竄的全球網路流量又有多少呢？答案想必是非常驚人！在大數據裡，volume 其實就是指數量龐大的網路資料。

以傳統電子商務時代而言，或許網路資料僅局限於來自網站的流量，然而近年來受惠於行動網路普及，由行動裝置所產生的網路流量不約而同的加入貢獻 volume 的行列，甚至是近年流行的物聯網也不例外，在萬物皆可連網情況下，儼然扮演額外的網路流量供應者，因此我們也可以把大數據的數量龐大 (volume) 特性視為「浩瀚網路容器中的無垠數據」。再舉一個生活中常見的龐大數量 (volume) 案例，大家平常在使用手機上網的時候可能會遇到一種情況，那就是上網流量超過電信業者合約中的限額。以 1G 流量限額來說，若將流量使用完畢，等同於自己在智慧型手機上閱讀了上千本電子書的內容，然而實際上的流量限額不只有 1G，甚至有不少人是使用吃到飽方案，那麼在沒有限制的情境下比喻成電子書閱讀數量恐怕更難以計算。

產生速度快 (velocity)

大數據的產生可以說是一年三百六十五天、一天二十四小時不斷的發生

著。若以資料在網上流動的速度而言，不妨試著想想看在簡單的 LINE 對話過程裡 (傳訊方是上傳、收訊方是下載)，自己一天當中發生過幾次一來一往的傳送與接收訊息呢？如果將此單一個人每天傳訊的流動頻率放眼至全世界的 LINE 用戶的話，LINE 公司的伺服器主機一天當中又得服務多少用戶傳送與接收訊息需求呢？然而這只是眾多大數據資料流動的一個小案例，在人們日常生活中，只要所從事的活動涉及到網路，就等同於隨時產生資料流動，也就是達到資料即時性 (real-time)。

　　以傳統電子商務來說，在過去受限於硬體處理能力或是資料分析技術上的瓶頸，往往只能透過顧客關係管理系統 (Customer Relationship Management, CRM) 來將消費者的交易紀錄進行歷史性事後分析。例如：業者可以透過 RFM 分析來匯總顧客最近一次交易日期 (recency)、交易頻率 (frequency) 以及交易金額 (monetary)，然而這一切以大數據電子商務的觀點來看，恐怕是太後知後覺了。換句話說，當消費者每分每秒不斷的進行資料傳送與接收時，相關業者有必要以「即時」或是「趨近即時」的作為來回應消費者需求，例如：依據消費者過去交易紀錄以及當下的網站訪問行為，電子商務業者可以針對特定顧客投放即時性的專屬優惠資訊。

形式多樣 (variety)

　　在日常生活中常見的資料多數屬於數字形態的結構化資料，例如：溫濕度、學期總平均、股票交割金額等。然而大數據並非僅局限在數字形態資料，它還包括許多非結構化的資料，例如：聲音、視覺焦點、臉部表情等。在傳統電子商務情境中，結構化資料一樣是較為常見的資料，像是顧客交易額、訪客網站瀏覽次數、網站跳出率等。時至今日，受惠於許多資料截取技術突飛猛進，使得新形態電子商務得以將過去無法捕捉的資料進行「非結構化→結構化」的轉換處理。舉例來說，若某電子商務網站想要得知其訪客的目光焦點 (即訪客進站後的網站內容瀏覽重點)，可以在徵求顧客同意的前提下，請他們在自己電腦上安裝眼動拍攝儀，藉此將目光焦點這樣的非結構化資料轉換為結構化資料，如此，電子商務網站業者便能得知訪客是如何被自己網站的內容吸

引 (如圖 1-2)。

　　類似方式也被使用在新型態的零售業上，知名連鎖超商業者 7-11 於日前
在各店結帳櫃台後方掛上液晶螢幕 (如圖 1-3)，在播放商品廣告之餘，同時也

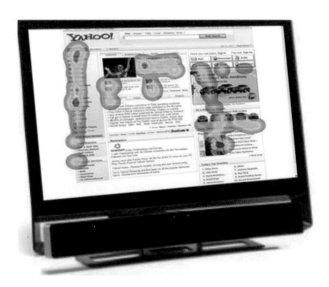

圖 1-2　眼動儀目光焦點捕捉 (資料來源：南京思科電子科技)

圖 1-3　統一超商大數據應用案例

利用螢幕上視訊鏡頭記錄顧客觀看時的眼球活動，此舉不但能夠有效的化解顧客排隊結帳時的不耐煩，也巧妙的捕捉到非結構化數據，從而能夠針對眼球停留秒數與臉部表情辨識結果來提供精準的商品推薦。

價值 (value)

　　資料必須經過轉化才能成為具有價值的數據。這個道理就好比平常政府所宣導的資源回收一般，把看似無用的垃圾加以分類處理，就可以回收再利用、垃圾也能變黃金。對傳統電子商務業者而言，僅僅是針對單一數據來蒐集與分析較難察覺到其中的數據價值。例如：某電子商務網站記錄了「訪客進站次數」，然而此單一數據充其量只能描述一個網站所獲得的訪客數多寡，無法再進一步針對此數據給予延伸性的詮釋。此時若加入其他數據一同探討，那麼數據價值即可逐漸明朗。例如：除了「訪客進站次數」這個單一數據之外，該業者額外記錄了「訪客進站日期」，若將此兩項數據合併探討，也就是「訪客進站次數」＋「訪客進站時段」，則可以交織出圖 1-4 矩陣，如此便能針對四個象限給予更深度的詮釋，因此資料轉化力 (data derivability) 對於數據價值之影響不可小覷。

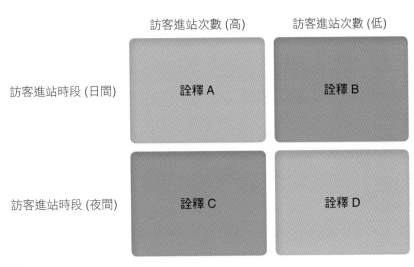

圖 1-4　訪客進站矩陣

很遺憾的，受到大數據資料特性的影響〔即數量龐大 (volume)、產生速度快 (velocity)、形式多樣 (variety)〕，資料轉化力之培養更是極具挑戰。換句話說，如何能夠在形式多樣且產生速度快的龐大數據中，轉化出有價值的數據將會是一項艱難的挑戰。下圖 1-5 為 Miller & Mork[1] 兩位學者於 2013 年所提出

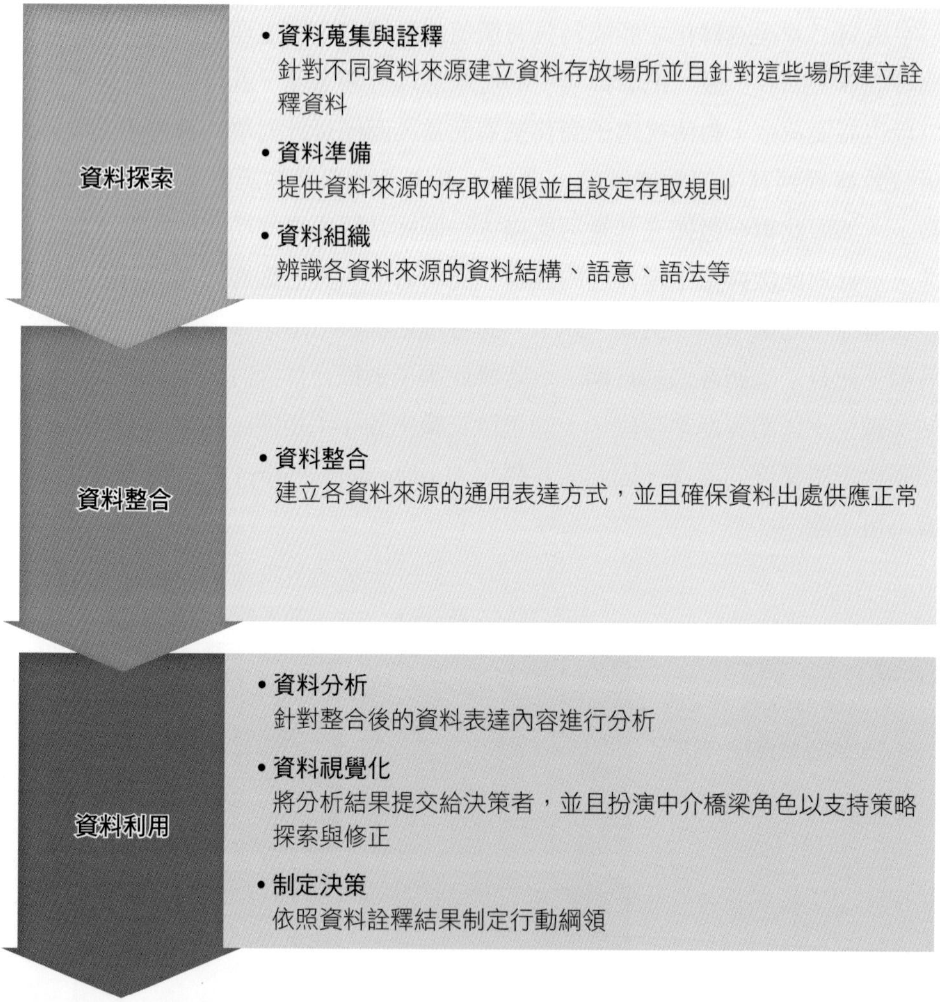

資料探索

- 資料蒐集與詮釋
  針對不同資料來源建立資料存放場所並且針對這些場所建立詮釋資料

- 資料準備
  提供資料來源的存取權限並且設定存取規則

- 資料組織
  辨識各資料來源的資料結構、語意、語法等

資料整合

- 資料整合
  建立各資料來源的通用表達方式，並且確保資料出處供應正常

資料利用

- 資料分析
  針對整合後的資料表達內容進行分析

- 資料視覺化
  將分析結果提交給決策者，並且扮演中介橋梁角色以支持策略探索與修正

- 制定決策
  依照資料詮釋結果制定行動綱領

圖 1-5 資料價值鏈 (data value chain) [資料來源：Miller & Mork (2013)]

1 Miller, H. G., & Mork, P. (2013). From data to decisions: a value chain for big data. *IT Professional*, 15(1), 57-59.

的資料價值鏈 (Data Value Chain, DVC)，共計有三大階段，每一階段附帶著該環節應有的資料作為，敘述如下：

(1) 資料探索階段 (data discovery)

由於大數據的來源非常多，甚至不同的資料來源所呈現的資料型態也不盡相同，資料價值鏈中的首要階段就是針對不同資料來源，建立適合它們存放的場所，同時也要針對多種資料來源存放場所給予詮釋說明。這就好像一個大倉庫中有許多小倉庫的概念，每一個小倉庫存放不同器具、原料或工具，也許是固態原料，又或許是液態原料，它們各自有合適的存放方式，為了能夠順利的在大倉庫快速找到所需使用的原料，那麼在每一個小倉庫上標記內容物敘述，就顯得非常必要。除此之外，由於小倉庫內容物的型態各有不同，因此管理者必須針對這些不同內容物制定領用規則，如此才能確保整體大倉庫的運作，而這些作為正是為了順利產出資料價值所必須的資料探索階段。

(2) 資料整合階段 (data integration)

資料整合階段的任務就是將第一階段的各式資料來源探索結果予以整合，形成一個類似大腦中樞概念，以便將不同資料在相同形式下順利呈現。舉例來說，若要讓管理員能夠有效率的管理在大倉庫中的每一個小倉庫，提供他們統一且具有綜觀效果的管理介面，將有其必要性。然而這個管理介面除了要能夠對外呈現一致性的資料表達之外，還要能夠隨著小倉庫的內容物改變而將最即時、最精準數據提示給管理員。

(3) 資料利用階段 (data exploitation)

經過上兩個階段的努力之後，資料利用階段的任務就是要把所獲得的資料予以正確的分析，並且將分析結果提供給資料需求者。例如：大倉庫管理員除了擁有上一階段所提到的良好管理介面之外，若能夠將各個小倉庫內容物的變化情況予以彙整並且進行資料的預測分析與視覺化，那麼倉庫管理員便能夠從分析結果中判斷未來可能的小倉庫內容物異動，甚至可以將這些數據結論提供給高階主管供其決策制定參考，此時倉庫管理員受惠於資料妥善利用，便可著

實扮演決策者與資料之間的友善之橋，從而讓數據價值逐漸浮現。

綜合以上說明得知，大數據可以說是包山包海，幾乎任何形式的數據皆可視為一種大數據。既然大數據的範疇如此廣泛，傳統電子商務業者自然不會放過任何可以應用大數據的機會。套一句阿里巴巴總裁馬雲說過的一句話：「做淘寶不是賣貨，而是為了獲得數據。」從這席話，我們就可以推敲出數據對於電子商務之重要性，就好比魚要生存不能離開大海一般，這也是為什麼有些電子商務業者可以善用數據、從數據裡淘金，但有些業者卻無法從中洞察出數據價值與機會。有鑑於此，下一節我們將更具體介紹大數據能夠在電子商務上帶來哪些前所未有的新應用，以及這些新興應用對於傳統電子商務之影響為何。

1-2　大數據對傳統電子商務之影響

綜觀國內外市調機構對於電子商務未來發展之預測，電子商務產值持續呈現正成長態勢，特別是從大數據概念問世以後，能夠妥善利用大數據的電商業者營收幾乎是呈現指數性成長。究竟大數據是何方神聖？為什麼大數據能夠扮演業者們的一盞明燈，讓他們在百家爭鳴的電子商務市場中脫穎而出呢？想要知道這些問題的答案，我們得事先了解「傳統電子商務」與「大數據電子商務」彼此之間的差異 (如圖 1-6)。

數據獲取能力

在大數據時代中，人類社會每天所產生的資料量非常龐大。因此相較於傳

	傳統電子商務	大數據電子商務
數據獲取能力	負	勝
行為掌握能力	負	勝
顧客發言能力	負	勝
專屬推薦能力	負	勝

圖 1-6　傳統電子商務與大數據電子商務差異分析

統電子商務，大數據電子商務所面臨的資料挑戰將更加嚴峻，畢竟它們得面對如洪水猛獸般的數據浪潮。也正因如此，若有業者宣稱其電子商務經營模式已納入大數據分析，這就表示該業者具備大數據獲取能力。以全世界最大網路零售商店亞馬遜 Amazon 為例，該業者鼓勵顧客加入年費制會員 Amazon Prime (如圖 1-7) 以便獲得許多會員專屬福利，包括免費 2 日送貨到府、免費在線影音串流服務、雲端硬碟服務、讀書俱樂部等。

　　然而亞馬遜並非省油的燈，提供會員許多免費服務，其實另有謀略，那就是每當會員使用上述服務時，亞馬遜就會立刻蒐集會員們有意無意之間留下的行為資料，例如：(1) 適用免費 2 日送貨到府的 Prime 會員當中，有多少比例的資格會員願意把訂單金額增加到 35 美元，以便升級至當天到貨服務。(2) 多數 Prime 會員都在什麼時刻收聽線上音樂或觀看影片，又或是他們都欣賞什麼樣類型影音內容？(3) 有多少比例的資格會員從他們的手機將照片上傳至雲端硬碟存放，他們存放的照片多數是屬於哪些類型？(4) 資格會員在讀書俱樂部中，購書前試閱或直接購書的比例各為多少？

　　取得上述的寶貴行為資料之後，亞馬遜便能夠從事更為精準的資料詮釋，像是把使用當天到貨服務的會員歸類成急性子，日後利用顧客急於收貨的特性進行推銷策略擬定。除此之外，亞馬遜從行為資料中可以得知應該在什麼樣時段推播正確的線上影音內容給有所偏好的會員欣賞，甚至是以會員們所上傳至

圖 1-7　Amazon 亞馬遜 Prime 會員訂閱畫面 (資料來源：亞馬遜 Amazon)

雲端硬碟的照片來推敲他們的生活型態、曾造訪地區、社交或家庭情況等，當然亞馬遜也可以在適當時機提供會員們折價券 e-coupon，好讓他們能夠以最優惠價格買到所喜好的圖書。

　　試想，若自己是 Prime 資格會員，在接收到上述的服務促銷訊息之後，是否因為感到貼心萬分而願意下單消費呢？然而亞馬遜要能夠落實以上種種的精準行銷，除了得具備「事前資料蒐集策略」、「當下資料捕捉」以及「事後資料分析」，還必須建立強而有力的資訊技術架構 (如亞馬遜雲端服務Amazon Web Service, AWS)，才能夠達成其大數據戰略中的訂閱經濟 (Subscription Economy)，即透過強而有力的數據來支持付費訂閱的可行性，並將所獲得的獨家行為資料去識別化後轉售給需要的第三方業者。此時亞馬遜早已不在意 Prime 服務或專屬優惠商品是否獲利，經營重心已經從過去消費者付費換取商品的交易式經濟 (transaction economy)，轉換成為與顧客或第三方業者之間所建立之長期資料關係，也就是所謂的訂閱經濟，下圖 1-8 即為亞馬遜提供給第三方業者的 Subscribe with Amazon 數位訂閱市集。

　　以上這些案例都不是傳統電子商務業者可以輕易達成的，因此要能夠打造成功的大數據電子商務，或是打算了解大數據對電子商務的影響，首要之任務即在於確認或辨別業者是否具有數據獲取能力。

圖 1-8　Amazon 亞馬遜數位訂閱市集 (資料來源：亞馬遜 Amazon)

行為掌握能力

知名好萊塢電影《神鬼認證》與《全民公敵》，兩部影片皆不約而同的描述主角遭到跟監的故事，而要能夠辦到千里之外鎖定他人行蹤，就得仰賴全球衛星定位系統 (Global Positioning System, GPS)。無獨有偶的，在新型態電子商務中要能夠獲利，也同樣需要使用到若干追蹤手法，但此處所指的「追蹤」更像是側錄電子商務顧客所從事的所有網站行為。換言之，大數據電子商務必須要能夠從顧客接觸點開始就發揮顧客行為掌握能力，一直到他們離開服務或結束交易情境為止，甚至是當他們完成當下交易之後，仍可持續掌握下一次與顧客們互動的契機，我們稱此行為掌握能力為整體歷程追蹤 (tracking the entire journey)。

舉例來說，在正常情況下，電子商務網站所進行的追蹤作為並不會干擾網站訪客的參訪，也就是說，訪客們不會得知他們所留下的行為足跡早已在進站之初就被記錄，且側錄動作會一直進行到他們離開網站為止。圖 1-9 為網站流量分析 (web analytics) 工具所記錄到 Google 官方電商的訪客行為脈絡，從紅色框線處可以得知該網站訪客來自世界各地，其中以美國訪客占多數。此外，不論是哪一個地區的訪客，他們多數以 (not set) 做為進站的起始網頁，但從藍色箭頭處得知，這一頁同時也是離站程度最高的頁面。換言之，多數訪客的網

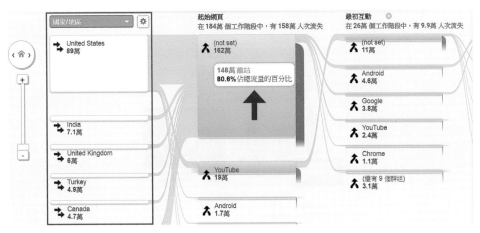

圖 1-9 訪客網站整體參訪歷程 (資料來源：Google Merchandise Store)

站參訪歷程堪稱短暫，並沒有依照網站經營者之期盼而邁向終極目標走下去。
很明顯的，要能夠捕捉此種整體參訪歷程，除了網站經營者本身對大數據分析
的接納程度之外，是否能夠採取正確的工具來掌握行為資料亦是不可忽視的重
點，如本例以 Google Analytics 網站流量分析做為資料抓取工具。

　　很遺憾的，即便電商經營者能夠透過各種網站流量分析工具來掌握訪客的
網站整體參訪歷程，此舉僅能視為傳統電子商務演進到大數據電子商務的一小
步，畢竟在大數據或萬物皆可連網的時代裡，能夠從事交易活動的場域日漸多
元，故上述所提到的行為掌握能力不應該只局限在網站情境裡，應當還要能
夠在各式連網情境下實現，如此才具備全通路 (omni-channel) 行為掌握能力。
以圖 1-10 為例，知名連鎖藥妝店屈臣氏除了能夠依據顧客店內或網上消費紀

圖 1-10　屈臣氏客製化折價券 (資料來源：屈臣氏 APP)

錄來提供個人 APP 專屬優惠券 (即每位顧客的折價內容不盡相同) 之外，還能夠捕捉顧客在其他接觸點 (contacting point) 上所衍生出的行為資料，例如：圖 1-11 的數位玩美設備。

STYLE ME 愛玩美設備是一套虛擬試妝機，在這台機器問世之前，顧客往往需要實際上妝測試，才能知道所打算購買的化妝品是否適合自己，如此反覆的上妝又卸妝，不但費時又費力。然而透過愛玩美裝置，顧客僅需對著鏡頭面帶微笑拍攝自己的大頭貼並且點擊偏好的彩妝顏色，只需一秒立即完成上妝。此舉不但快速滿足顧客上妝預覽需求，也巧妙的掌握了顧客彩妝偏好資訊，使得屈臣氏能夠在適當時機針對特定顧客投放客製化專屬優惠。

顧客接觸點增加，意味著業者能夠綜合每一個顧客接觸點所截取到的顧客行為資料，提供一條龍式的消費體驗，進而真正落實全通路行為掌握能力。值得注意的是，顧客接觸點行為資料取得管道琳琅滿目，如低功耗藍牙定位 iBeacon、近場通訊 NFC (Near Field Communication)、長頻段演進傳輸 LTE (Long Term Evolution) 等，不論是以何種管道來掌握寶貴的顧客行為資料，都必須了解「全通路行為掌握能力」與「多通路行為掌握能力」兩者在本質上的差異。

圖 1-11 屈臣氏 STYLE ME 愛玩美設備

　　所謂全通路行為掌握能力指的是能夠在各個銷售通路中串聯所有顧客行為
資料，使得看似獨立的單一通路行為資料得以在不同通路或是不同顧客接觸點
之間互通有無，也就是以 C2B 顧客對企業 (Customer to Business) 的思維來將
顧客需求實際反饋至營運方針上 (如圖 1-12)。

　　此舉有別於傳統的多通路 (multi-channel) 行為掌握能力，各通路之間的資
料缺乏整合，在各自為政的情況下，容易導致通路衝突 (channel conflict)，如
顧客只遊走在對自己有利的通路，導致業者陷入自家人搶自家人生意的窘境。
又或者是各個通路之間商品售價不一致，再加上網路虛擬銷售成本通常低於線
下實體銷售成本，久而久之導致線上通路排擠線下通路，使業者陷入自打嘴巴
的難堪情況。

　　Mukhopadhyay[2] 等學者在他們 2008 年的研究成果中即提到，唯有在各個
通路之間將資訊透明化並且彼此分享資訊，才有辦法讓價值鏈上的利害關係機
構共存共榮，而這個研究結論指的其實就是全通路行為資料掌握能力，即掌握
資料是必要條件，其優先權勢必高於分享資料。鑑於阿里巴巴創辦人馬雲以及
鴻海科技集團總裁郭台銘，皆不約而同的表明電子商務將在不久的未來消失，
取而代之的是新零售業線上線下的資料串接作為；換句話說，若具備全通路行
為大數據掌握能力，等同在零售 4.0 時代搶得先機。

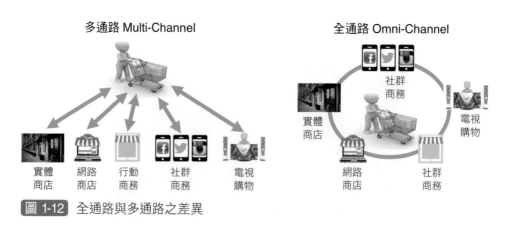

圖 1-12　全通路與多通路之差異

2　Mukhopadhyay, S. K., Yao, D. Q., & Yue, X. (2008). Information sharing of value-adding retailer in a
mixed channel hi-tech supply chain. *Journal of Business Research*, 61(9), 950-958.

顧客發言能力

前面提到的行為掌握能力在某些程度而言，可以視為一種「顧客意見表達的捕捉」，畢竟不是每一位顧客都願意明確的針對他們交易歷程做表態，Day[3]等學者亦早在 1981 年即指出有些不滿意的顧客，確實缺乏抱怨意願，因此上述全通路行為資料掌握與整合恰好適用在無聲無息的行為捕捉情境。然而有些顧客他們不只善於將自己的交易歷程清楚表達，更習慣將所表達之意見以口耳相傳方式分享給周遭親朋好友。有鑑於此，在大數據電子商務時代裡，經營者除了具備行為掌握能力之外，是否提供一個合適的場域供顧客或消費者表達己見，實為不能忽視的重點。在傳統電子商務情境，消費者往往無法在購物前 (pre-purchase) 即享有暢所欲言的機會，即便是在購物後 (post-purchase) 也僅能將意見反應給電商平台業者 (如圖 1-13)，探究可能原因在於此類型平台係由業者直營且廣邀各產品販售者將商品上架至平台，導致平台經營者在不熟悉各項商品情況下，無法一一回覆顧客意見。

另外一種常見的做法是在購前 (pre-purchase) 即提供消費者洽詢管道 (如圖 1-14 紅色箭頭處)，使他們能夠在獲得答覆後降低對產品的不確定性與提升購買信心。

然而不論是以上哪一種做法，仍屬於傳統電子商務範疇，主要原因不外乎是對於顧客發言能力的資料掌握有限。圖 1-15 為淘寶網購物頁面，在購前階段，消費者即可以在紅色框線處詢問賣家有關於商品疑惑之處，在多數情況下，賣家為了想要爭取更多的訂單，會隨時在這個詢問功能上保持在線，如此一來便能在第一時間即刻回覆買家疑問。

除此之外，處於購前階段的買家們，還可以透過藍色框線處的消費者評論來了解其他人對該商品的購買經驗，藉此增加他們對於自己不熟悉商品或賣家的了解程度。值得一提的是，在綠色箭頭與紫色箭頭處有其他電商平台較少見到的功能，其中綠色箭頭處的「售後服務評論」專司於賣家的服務相關評量考核，包括售後服務處理速度、糾紛率、態度評分等，消費者可從這些指標判斷

---

3 Day, R. L., Grabicke, K., Schaetzle, T., & Staubach, F. (1981). The hidden agenda of consumer complaining. Journal of retailing.

日本 mis zaptos 波點襪蝴蝶結高跟鞋2way美腿包

=刺繡多層次波點襪圖案，おしゃれ歐夏蕾
=容量剛好，隨身外出好方便~
=日本連線，流行同步

3期0利率	32家
6期0利率	32家
12期 分期	8家

建議售價 $1660
網路價 $1160

VISA ●●● 聯合 ATM 貨到付款 ibon 說明
信用卡紅利折抵刷卡金 多家銀行
PChome儲值

請選擇規格 ▼   1 ▼   加入24h購物車

購前 (pre-purchase)

▶訂單問題查詢 (請選擇您的問題，我們將客服在訂單查詢「顧客記錄」內，並寄出Email)

訂單編號：   訂購人姓名：   聯絡Email：   (做改)
此 Email 之修改，僅用於客服人員對此項問題之回應

⊞ 訂單基本資料

◯ 查出貨進度	◯ 檢舉配送品質	◯ 退貨問題	◯ 貨到缺件反應	◯ 到貨前取消訂單	◯ 更改出貨配送地址
◯ 付款問題	◯ 換貨問題	◯ 維修保固問題	◯ 發票問題	◯ 查詢行銷活動	◯ 現金積點問題
◯ 信用卡帳單問題	◯ 查詢銀行紅利				

購後 (post-purchase)

圖 1-13　顧客意見表達示意 (資料來源：PChome 24 小時購物)

小飛鷹110V咖啡磨豆機 家用電動咖啡豆研磨機小型研磨器 商用磨豆機

此小飛鷹咖啡機屬於大陸工廠直接出貨，所以不貼小飛鷹標誌，建議者慎拍

一次付清特價 **1,450** 元

付款方式 ATM (不限3萬) VISA MasterCard 聯合 取貨付款

運費 超商取貨滿99元免運 購物滿200 元(含)以上免運費，未滿 200 元者自付運費，宅配70元、郵局70元、7-11純取貨60元、7-11取貨付款60元

商品狀態 全新

商品所在地 臺北

〈商品編號：C1099370059〉   瀏覽數：3035

時尚空間玩家		
賣家評價	242	查看
留言版	124	查看
全部商品	1046	查看

款式   黑色   紅色

加入購物車

♡加入追蹤   留言版(124)

圖 1-14　顧客意見表達示意 (購前階段) (資料來源：PChome 24 小時購物)

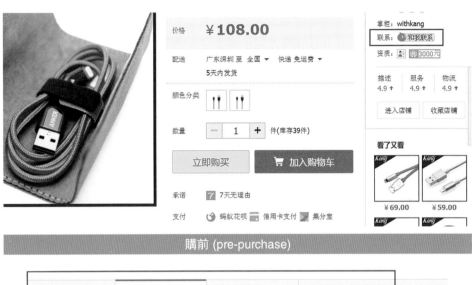

購前 (pre-purchase)

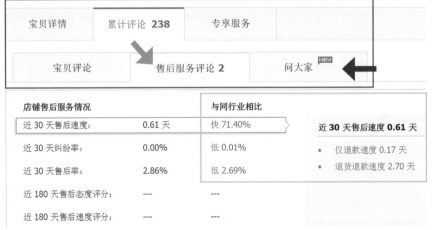

購後 (post-purchase)

圖 1-15 顧客意見表達示意 (資料來源：淘寶網)

此賣家是否為值得信任的交易對象，更令人驚豔的是，淘寶網很貼心的將這些與服務相關的評量對比至其他同類型賣家上 (如圖 1-15 黃色框線所示)，如此一來，消費者可以很輕易的知道相對於其他同性質賣家，自己正在打量的這位賣家是否值得與他進行交易。至於在紫色箭頭處，「問大家」這個功能可以使

不具購買經驗的買家彌補他們無法自消費者評論中解決的商品疑問，以主動出擊的方式提出質問並邀請具購買經驗的買家來回答問題。

　　綜合以上作為，淘寶網不外乎是想在每一個交易環結降低買家對於商品或是購物歷程的不確定感，而這一切仰賴電商平台業者對於「顧客意見表達」內部與外部合縱連橫的捕捉。簡單的說，就是主動並且積極的塑造顧客意見表達的友善環境，輔以無聲無息的全通道行為資料整合，落實大數據電子商務的良好數據生態。

專屬推薦能力

　　如同保險業務員一般，若打算把保單推銷出去，勢必得對自己所銷售的保險商品相當熟悉，其中又以具備顧客需求洞察能力的業務員較容易達成交易。換句話說，相對於直接把商品送往銷售通路的「推式銷售策略」，以了解顧客需求為導向的「拉式銷售策略」將更能成功的將商品傳遞至顧客手上，畢竟此銷售方式是依照顧客差異，個別給予專屬商品推薦。在電子商務情境中所謂「專屬推薦」約略以是否完成交易來當成分野，包含「交易前推薦」與「交易後推薦」。

(1) 交易前推薦

　　交易前推薦指的是訪客在參訪網站過程中，即使沒有留下實際交易紀錄，電商業者也能夠遂行商品推薦的動作，此做法通常仰賴推薦對象之外其他訪客的歷史參訪紀錄或是歷史交易紀錄。以圖 1-16 藍色框線為例，假設某人在博客來網路書店打算購買一本書，若當此人對於要購買什麼樣的書籍沒有頭緒，那麼就可以參考「買了此商品的人，也買了……」功能。很明顯的，這樣的推薦方式必須建構在其他具購買經驗之消費者的歷史交易紀錄上，然而即使瀏覽相同書籍的消費者可能彼此之間擁有相似的其他書籍偏好，但畢竟人是一個獨立個體，仍有些消費者對於這樣的推薦方式無動於衷，也就是以他人購買經驗來給訪客推薦並未落實 100% 的個人專屬推薦。

　　為了能夠更契合達成個人化專屬推薦，有愈來愈多大數據電子商務業者

圖 1-16 以他人紀錄為基礎的交易前推薦 (資料來源：博客來)

採取比傳統電子商務業者還要進化的交易前推薦。以下圖 1-17 藍色框線處為例，「猜你喜歡」推薦功能係依照訪客「自身參訪足跡」所歸納出的各式商品

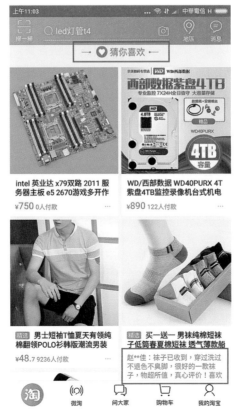

圖 1-17 以自我紀錄與他人紀為基礎的交易前推薦 (資料來源：淘寶 APP)

彙整，此做法建立在「既然瀏覽即表示有購買需求、偏好或意願」之上，而且商品歸納與彙整的依據並非來自於他人，因此比起前文提到的藉由他人歷史交易紀錄來從事推薦活動還要更為接近個人化專屬推薦。

當然透過他人交易經驗來從事交易前推薦也並非一無是處，以紅色框線處的消費者評論為例，上頭提示了曾經購買此襪子的消費體驗，一旦將「他人交易體驗」與「自身參訪足跡」此兩項資訊結合，將能夠提供更為具體且高度個人化的專屬交易前推薦。白話來說，假設某訪客具有襪子購買需求，也實際在電商網站中反覆瀏覽不同款式襪子 (自身參訪足跡)，比起其他沒有提供消費者評論的襪子款式，有提供消費者評論的襪子款式 (他人交易體驗) 更讓訪客清楚了解該款襪子是否符合自己喜好，最後在契合自身交易需求以及他人意見支持的情況下，做出具有信心的購買決策。

(2) 交易後推薦

除了交易前推薦以外，電商業者還可以依據顧客實際交易紀錄來推測他們所喜好之商品。以圖 1-18 藍色框線的「你可能還想買」為例，係以顧客實際下單紀錄來做為交易後推薦依據。這個手法與傳統電子商務中常提到的顧客關係管理 CRM (Customer Relationship Management) 概念如出一轍，即透過顧客的交易紀錄資料庫來實施行銷、業務拓展以及售後服務等顧客關係維繫活動。然而在大數據時代下的新電子商務，受惠於連網普及之故，使得業者得以在各個通路之間蒐集資料，讓原本的行銷、業務拓展以及售後服務能夠從網站情境跳離至其他場域，這也是為何具備大數據的交易後推薦能更為人性化與契合顧客需求之主因。

以圖 1-19 為例，這是一台由小米公司所推出的 PM 2.5 空氣淨化器，用戶購買後可以透過手機 APP 來操作這台機器，在淨化室內空氣同時也能了解這台機器運作情況 (如家中 PM 2.5 指數)。乍看之下，這台淨化器似乎沒有什麼新奇之處，其他競爭品牌也有推出類似的機種，也就是說即使是不同廠牌機型，它們彼此之間都擁有相同運作原理與功能，例如：淨化室內有害的 PM 2.5 細懸浮微粒、雲端連線及 APP 綁定操作等。然而小米空氣清淨機與其他業

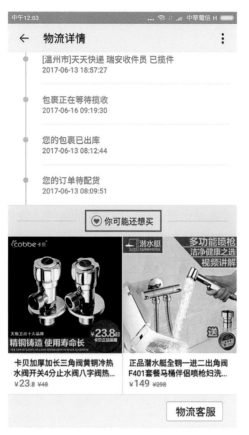

圖 1-18 交易後推薦 (資料來源：淘寶 APP)

圖 1-19 交易後推薦 (資料來源：小米空氣淨化器)

者所推出的淨化器最大的差異就藏在數據細節裡，而且是本節所討論到的交易後推薦行為。

　　如同之前所提及的「推式銷售」思維，大多數業者僅是設法將此類型淨化器銷售出去，商品售出後則由售後服務單位接手，一旦商品發生問題，便能以最短的時間內服務顧客，而整體產品銷售的生命週期也就告一段落。小米空氣淨化器有別於其他業者，不把商品銷售視為一次性動作，也不把售後服務當作是與顧客互動的終點，反而是透過商品成功售出後的顧客接觸點來與顧客保持互動。

　　以圖 1-20 小米空氣淨化器 APP 操作畫面為例，我們可以從紅色框線處觀察到，該 APP 能夠顯示淨化器的濾芯剩餘天數，一旦剩餘天數為零時，小米立即採取「拉式銷售」策略，並且提供給用戶專屬的優惠價格，至此交易後推薦堪稱完備。換句話說，每當該機型空氣淨化器運作時，小米即透過大數據的概念不斷的蒐集機器運作資料，再藉由之前所論及的數據轉化力 (data derivability) 來將看似無用數據予以再利用，此時由於用戶已經購買了該機

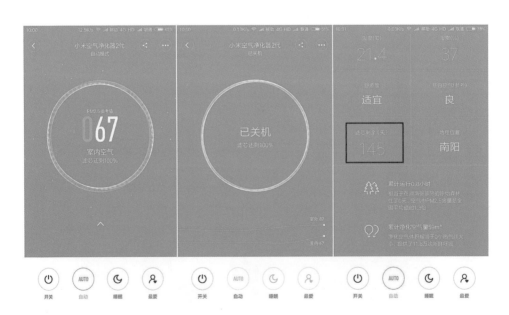

圖 1-20 交易後推薦之數據轉化力 (資料來源：小米空氣淨化器)

型，自然會有濾芯購買需求，小米趁勢在正確的時機落實了交易後階段所需具備的專屬推薦能力，進而從數據中提煉出黃金。

綜合以上討論的數據獲取能力、行為掌握能力、顧客發言能力以及專屬推薦能力，我們可以歸納出圖 1-21 左側的大數據電子商務成熟度模式 (Big Data Maturity Model in E-Commerce)，此模式雖與 Knowledgent 公司 [4] 所提出的巨量資料成熟度階層 (Levels of Big Data Maturity) 有著異曲同工之妙 (如圖 1-21 右側)，但前者較為聚焦在新興電子商務對於大數據商業作為的成熟度審視，而非大數據在資料科學上的 ETL 應用，即萃取 (Extract)、轉換 (Transformation)、載入 (Load)。換言之，若欲在新形態的電子商務下產生數據價值，首重電商經營者是否能夠自各個通路獲取寶貴的資料 (資料獲取能力 Level 1)，隨後從各個通路資料中洞察並掌握詭譎多變的顧客行為 (行為掌握能力 Level 2)，並且設法在各通路中提供友善的暢所欲言環境 (顧客發言能力 Level 3)，最終統整自 Level 1～Level 3 所獲得的寶貴數據，投放契合顧客需求之專屬推薦 (專屬推薦能力 Level 4)。

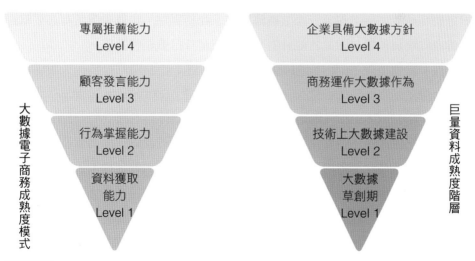

圖 1-21 大數據電子商務成熟度模式 vs. 巨量資料成熟度階層

---

4 巨量資料成熟度階層 https://knowledgent.com/infographics/levels-big-data-maturity

1-3 大數據成就新電商 4.0

自從大數據一詞問世後，確實對於傳統電子商務帶來不小的衝擊，舉凡能夠上網的裝置、設備或情境，只要數據流量一通過，大數據便隨時產生著，再加上電子商務是一種營利型的經濟活動，業者們自然不會放過任何發生在自身經營環境中的數據商機。然而大數據對於電子商務究竟有多重要呢？為何它是主宰電子商務未來的關鍵要素呢？了解當電子商務業者需具備的數據獲取能力、行為掌握能力、顧客發言能力以及專屬推薦能力之後，能夠透過這些能力取得哪些營運助益或是透過此等能力邁向新世代電子商務營運模式？整理如下：

增強個人化銷售

在傳統電子商務情境中，「銷售」向來是以非個人化隨機推播的方式來將商品訊息傳遞至消費者手上，業者們只能盼望消費者能夠行行好，眷戀一下所推銷之商品，若不嫌棄就請花錢購買吧！問題是「消費者為何要這麼聽話的購買推銷商品呢？」這句話一語道破傳統電子商務盲點，也就是業者有必要掌握消費者的購買動機，如此才能針對其動機來量身打造銷售計畫。

許多動機理論 (motivation theory) 研究者皆不約而同的提到，人類從事任何事都會受到兩種動機影響，分別是「外在動機」(extrinsic motivation) 與「內在動機」(intrinsic motivation)。所謂外在動機是指行為者因受到外界的激勵始產生相對應之動作，例如：某小學生受到月考獎品的激勵，進而奮發圖強努力將考試成績提高。至於內在動機則是指在沒有任何誘因的前提下，行為者發自內心而自願從事某件事物，例如即使沒有任何激勵，某位學生仍然力爭上游的努力求學。

在電子商務情境中，消費者購物需求亦存有外在動機與內在動機，Babin[5]等學者於 1994 年將交易的內外在動機具體化成「功利導向購物」(utilitarian

5 Babin, B. J., Darden, W. R., & Griffin, M. (1994). Work and/or fun: measuring hedonic and utilitarian shopping value. *Journal of consumer research*, 20(4), 644-656.

oriented shopping) 以及「娛樂導向購物」(hedonic oriented shopping)。在定義上「功利導向購物」及「娛樂導向購物」與「外在動機」及「內在動機」相似，端看消費者是否因為受到外界刺激而誘發交易行為或只是沉浸在購買情境當中而不需有任何激勵因子。

有鑑於此，新型態電子商務業者勢必能夠藉由自身大數據能力來滿足特定消費者各自在不同的購物導向之上，在本章開頭所提到的再行銷，即是一種可以用來同時滿足功利導向與娛樂導向購物動機的一種個人化銷售手段 (如圖1-1)。試想，若在上網時，瀏覽器畫面上跳出自己曾經瀏覽過但最後未購買之商品 (滿足功利導向購物動機)，或是自己不曾瀏覽過但卻與自身上網內容偏好相符之商品 (滿足娛樂導向購物動機)，是否就比較容易吸引自己的目光並且做出消費決策呢？答案是肯定的。因此透過對大數據的蒐集與分析，電子商務業者將能夠跨越過去非個人化銷售的鴻溝，進而精準的契合消費者對於個人化銷售訊息之期盼。

提升訂價敏捷度

「訂價」對於任何經濟活動來說都是一件重要的事情，訂價過高容易導致消費者反感進而轉向至競爭者處購買，然而訂價過低又容易導致賣方的利潤被侵蝕。所以透過大數據的蒐集與分析，能夠使電子商務業者在「內部」與「外部」取得合適的訂價參考。在一般零售業情境，內部訂價水準可來自於外部訂價訊息，例如：某虛實整合商店擔心自身網路通路訂價低於實體店面訂價而導致自打嘴巴的窘境，但卻又在網路環境中遭受到同業的削價競爭，此時可以透過網路爬蟲 (web crawler) 技術來快速獲取相同商品在不同平台上的售價 (如圖1-22 紅色框線處)。

另外一種做法是藉由消費者的力量來將所通報商品之外部訂價反饋至內部訂價修訂，以圖 1-23 為例，該電商平台業者提供消費者「賣貴通報」的申訴管道，只要表明具體其他來源售價較原售價低，則該平台業者會以「降價通知」的方式來回饋給消費者，降價的結果也許會與其他來源售價一致，甚至是更便宜也不無可能。此舉不但藉由通報數據有效的慰留住顧客，也巧妙的取得

圖 1-22 商品外部訂價匯總 (資料來源：EZPrice 比價網)

圖 1-23 電商平台賣貴通報 (資料來源：PChome 24 小時購物)

外部訂價。然而不論是爬蟲訂價資料統整或是顧客買貴通報，兩者所獲得的外部訂價資訊皆能夠反饋到剛才所提到的虛實整合訂價策略參考，也就是動態訂

價 (dynamic pricing) 之終極目標。

促進顧客轉換

　　所謂「顧客轉換」指的是消費者依照電子商務經營者之期盼所從事的特定動作，例如：註冊會員、好友分享、結帳購買等。若非經過轉換，消費者仍然無法將身分從非會員註冊成為會員，也無法讓自己的身分從被分享者變成分享者，更無法使自己從訪客轉變為實際交易的顧客。由此可知消費者是否確實從事「轉換」行為，對於電子商務業者而言實為重要。

　　在大數據情境中的轉換較為強調契合顧客需求，也就是以類似顧客參與之方式來使他感到所參與的事物與自己切身相關，之後再透過若干預測或分析來使顧客覺得購買網站所推銷的商品確實有其必要性，進而順利做出轉換行為 (即購買決策)。舉個例子，圖 1-24 為香港宏利壽險公司所推出的 MOVE 健

圖 1-24 運動情境下的顧客參與及促進轉換 (資料來源：港商宏利壽險公司)

康活動，該活動係透過 Apple Watch 穿戴式裝置運作來從事數據分析與促進轉換。

　　從圖中紅色箭頭處可以看見 Apple Watch 穿戴者的步行次數，據此可衍生出數據商業模式，即步行次數愈多，表示運動量愈大，此種穿戴者的身體狀況理當比起運動量小的穿戴者還來得佳，因此在保險費上就可以享有較高的折扣。一旦穿戴者參加此運作模式之後，有很高的機會因自身投入在活動當中而不斷的努力累積運動量，藉此獲得更優惠之保險折扣，此時若保險商品符合穿戴者實際需求，上述情況就會不斷的上演著，保險公司也巧妙的透過 APP 數據分析來提高顧客轉換。

　　類似的場景也發生在本土產物保險公司，圖 1-25 為車聯網裝置，只要將該裝置安裝在車上，產物保險公司即能得知駕駛人的駕車習慣 (如急煞次數、平均油耗)，只要駕駛習慣愈好，那麼就能後換取更為優惠的保費折扣率 (如紅色箭頭處)，由於汽車強制責任險屬於政府強制投保的險種，言下之意，駕駛人對於它的需求始終存在，再加上駕駛人親自參與維護自身的駕駛習慣數據，

圖 1-25 駕車情境下的顧客參與及促進轉換 (資料來源：TRANS IoT 創星物聯)

因此他們將會有更高的意願來把自己的付出轉換為報酬，保險公司也就順勢提升顧客轉換。

　　從以上兩種案例可知，受惠於連網設備普及，電子商務活動已經從過去的「網站交易轉換」焦點轉移至「物聯網交易轉換」焦點；換句話說，只要能夠掌握發生在各個場域中的大數據，電子商務活動轉換率提升將比過去更為廣泛且成效更易於監控。

健全庫存管理

　　如果經營的是零售型態電子商務，那麼大數據分析將能夠被用來健全自身的庫存管理。圖 1-26 為知名電商業者的首頁畫面，其中在紅色框線處可以看見一個「搜尋框」，這個功能看似在協助訪客從千百種商品裡頭快速找到所欲購買之品項，但其實背後大有玄機。電商平台業者可以透過此功能來了解多數訪客所搜尋的「熱門商品」或未搜尋的「冷門商品」，前者可以幫助業者調整行銷策略，例如：備足熱門商品之庫存量以避免因商品熱銷而售罄的窘境，後者則可以幫助業者調整冷門商品之庫存量，若發現某些特定品項乏人問津，那麼就有必要裁減庫存量或是將它移至非熱銷品專區。

　　以上這些功能或是作為，看似再平常也不過，也是多數業者正在著墨的

圖 1-26 電子商務網站搜尋功能 (1) (資料來源：EHS 東森購物)

方式，看起來與大數據好似沒有太大關聯性。然而大數據在電子商務上的應用重點之一在於資料線索掌握之後的顧客行為推敲，依據推敲行為模式 (Elaboration Likelihood Model, ELM)[6] 可知，消費者在從事搜尋動作時，可能循著兩種途徑：中央路徑 (central route) 或周邊路徑 (peripheral route)。所謂中央路徑指的是消費者具有能力或動機，針對自身所欲搜尋之標的或搜尋結果仔細探研，而周邊路徑則是指消費者較不具有相同能力或動機來針對自己搜尋標的或結果從事深度研究，反而依賴其他周邊的資訊來協助自己做決策。換句話說，採取中央路徑搜尋模式的消費者可能較為知道自己所欲找尋的商品為何，因此上述所提到商品熱門與否的重點將不存在，而是消費者是否能夠透過搜尋功能找到自己所欲查詢之商品。

以圖 1-27 為例，若某消費者在搜尋功能框中輸入「HP 印表機」，那麼表示在他心目中已經有一條預設立場的中央路徑，HP 廠牌印表機很有可能是該位消費者的不二之選。相反的，若某消費者僅在圖 1-28 搜尋功能框中輸入

圖 1-27 電子商務網站搜尋功能 (2) (資料來源：EHS 東森購物)

---

6 Petty, R. E., & Cacioppo, J. T. (1986). The elaboration likelihood model of persuasion. *Advances in experimental social psychology*, 19, 123-205.

圖 1-28 電子商務網站搜尋功能 (3) (資料來源：EHS 東森購物)

「印表機」來查找自己心目中理想的機種，那麼該位消費者很有可能沒有任何
廠牌立場，將透過查找結果或其他由業者所提供的資訊來逐漸縮小自己的考
慮集合 (consideration set)[7]，即從多個預選機種中縮小所考慮購買的機種集合數
目。不論是上述哪一種搜尋策略，電子商務平台業者皆可以藉由消費者的大量
搜尋線索來掌握資料背後所隱藏的行為意涵，最後再將所獲得的寶貴結果反饋
至庫存管理之上，例如：針對採取中央路徑搜尋方式的消費者提供投其所好的
機種之詳細資料，或是針對採取周邊路徑搜尋方式的消費者提供第三方客觀試
用報告，甚至是提供若干促銷激勵，一方面提升銷售額，另一方面也提高庫存
管理效率。

通路資料串接

　　新世代大數據電子商務效益最後一項即在於各通路引流疏通成果，這個概
念類似戰國時代李冰父子治理都江堰事蹟一般，河渠流量過大或過小都不是件

7　Roberts, J. H., & Lattin, J. M. (1991). Development and testing of a model of consideration set
　composition. *Journal of Marketing Research*, 429-440.

好事，勢必得觀察出所管理的主河道或是其支流最佳流量，否則很有可能造成主河道缺水但支流卻因水量過多而潰堤之窘境。以極富盛名的「支付寶」為例，不論是實體或線上交易都能夠透過它來成為支付工具。在圖 1-29 藍色框線處，我們可以看見許多與食、衣、住、行、育、樂有關的電子商務交易，而支付寶巧妙的透過數據將各個通路資料予以串接，使得這些看似簡單的新興無實體貨幣交易活動中隱含著許多「大數據下的寶貴小數據」。

　　換句話說，受惠於支付寶實名制運作 (即需經過實名審查認證才得以使用)，那些經由各通路串接而獲得的資料將能夠構築出許多過去所辦不到的行

圖 1-29 支付寶 APP 畫面 (資料來源：螞蟻金服)

為觀察與商機。例如：支付寶可以透過藍色箭頭處的「外賣」服務數據來具體得知某位支付寶使用者的「口味偏好」、「用餐時段」、「每次消費金額」、「外賣服務地點」等。綜合上述個人化小數據，支付寶可以將「外賣」服務渠道資料串接至黃色箭頭處的「超市惠」服務通路或是其他通路，例如：它可以在該位支付寶使用者 APP 上推播類似這樣的訊息：「外賣吃膩了嗎？偶爾自己動手下廚吧！超市生鮮特賣優惠中！」。

因此要能夠落實以上的通路資料串接情境，支付寶 APP 勢必得扮演水庫管理中樞，隨時肩負流量管理任務，試想一個具規模的水庫流量管理會影響到多少支流呢？倘若該 APP 在金流服務過程中出現閃失，那麼是否會導致如水庫潰堤或枯竭般讓使用者失去信任呢？此事一旦成真，支付寶必然無法透過此新興的無實體貨幣交易來獲利。相反的，若能夠將各個通路資料予以串接，那麼所能夠形成的資料生態系將極為龐大，也順勢將獲利範疇由原先的狹義電子商務擴增至廣義電子商務，即由「狹義的無實體貨幣交易方式」延伸至「廣義的各通路服務提供商」。

綜合以上說明，電子商務業者倘若加入大數據的採集與分析行列，他們將能夠提高個人化銷售精準度並且增加商品訂價的敏捷與彈性，而這一切都是為了有效促進顧客轉換行為發生以及強化自身庫存管理效率。

1-4　大數據電商營運模式

電子商務業者擁抱大數據不外乎是想要提高營運獲利，然而「獲利」常讓業者們誤認為只要能夠賺錢即可，因此將許多營運目標擺放在商品銷售業績之上，殊不知其實真正的獲利並非來自於商品銷售本身，而是源自於妥善運用與顧客互動產生的資料。換句話說，大數據電子商務格外重視資料擁有者是否能夠將所獲得的資料從事跨界應用進而探索出新興「營運模式 (business model)」，這和我們在圖 1-5 所提到的資料轉化力不謀而合。

所謂營運模式指的是營利單位的獲利方式，例如：高鐵藉由載運乘客來達成營利之目的，而高鐵車廂、車站、員工以及相關軟硬體設施等即為高鐵獲利

的要件。關於營運模式還有一個重要表述,那就是用來描述機構獲利的直接或間接方式。例如:貨運業者主要的獲利方式是透過貨品遞送服務來達成營利目標 (直接方式),然而每當貨品遞送完成後:車廂將處於空蕩狀態,因此若能夠在完成貨品遞送之後持續利用車廂的閒置空間 (間接方式),不但將車廂空間的利用率提升,也等同於攤提了貨車移動時所需耗費的油料成本,也就是俗稱的「回頭車」。

　　大數據時代下的電子商務營運模式側重於如何透過資料的掌握來鞏固原有的直接獲利方式,並且能夠藉由所取得的資料來衍生出間接獲利方式。在本章最後,我們以時下頗為熱門的「互聯網經濟」與「共享經濟」議題來闡述大數據電子商務營運模式,期盼藉由實際案例之傳達,使讀者認知到大數據電子商務絕非僅是單純的將資料整理成敘述性數據 (descriptive data),反而是藉由敘述性數據來產出解釋性數據 (explanative data),甚至是處方性數據 (prescriptive data) 的獲利方案。

水平式獲利邏輯

　　水平式獲利邏輯指的是特定業態業者所從事的專屬或一連串相關商業行為,例如:7-11 便利商店以販售商品為主要的獲利來源,同時間也透過提供其他相關服務來額外獲取收益 (如帳單代收、ATM 服務、宅急便等),不論是商品銷售或是其他服務收益,這些商業活動都以便利商店實體建築為核心,盡可能的擴張營運項目與觸角,故將「食品」與「便利服務」整合在一起,便可視為水平式獲利邏輯。此類型獲利邏輯非常直觀,通常是:「有什麼就賣什麼、賣了什麼就獲利什麼」。

　　在互聯網時代,所售出之商品或服務由傳統電子商務時代中的主角變成配角,取而代之的主角是使用者在使用商品時的運作資料或享用服務時的互動資料。前者「使用商品時的運作資料」如同我們在圖 1-20、1-24、1-25 所提及的小米空氣淨化器、宏利壽險或是創星物聯等案例一般,將設備運作資料儲存後變現為收益。至於後者「享用服務時的互動資料」則與圖 1-29 所提到的支付寶類似,透過掌握使用者在 APP 上的使用行為資料,支付寶扮演數據中心,

以便將服務能力擴增至其他通路。

　　水平式獲利邏輯挾其業態可連結性與整合容易之優勢，使得涉入在水平獲利邏輯中的各業者較能夠從事橫向集中，透過數據聯合生產與分享方式形成生態鏈，也就是俗話所稱的大魚吃小魚。以圖 1-30 為例，不論是參與數據生態鏈的業者 A 或業者 B 皆可透過互聯網裝置來獲取資料紅利。若將業者 A 視為互聯網裝置的製造商，則它不但可以藉由使用者操作裝置時得知該裝置運行狀況，還可以順勢捕捉使用者與裝置互動過程的資料，這兩項資料合併之後可反饋至裝置設計端，以便讓業者 A 修正既有裝置性能或是提出更符合使用者需求的裝置。無獨有偶的，若把業者 B 視為水平式資料生態鏈中的合作夥伴，則該業者同樣可藉由互聯網裝置運作時所產生的設備運行數據以及使用者互動數據來達成獲利，像是以設備運行數據來得知設備耗材使用情況，進而在適當時機提供專屬的耗材優惠價給使用者。

　　當然業者 B 亦可以透過使用者與設備互動的數據來掌握設備使用習慣，進而將上述專屬優惠更加精緻化，即除了得知設備耗材使用情況之外，尚可得知使用者的設備使用地點。若以互聯網時代中常見的空氣淨化器而言，B 業者在取得使用者的淨化器使用地點資訊之後，將可以在使用者手機 APP 上推播與地理位置有關的銷售優惠。例如：某淨化器使用地點因豪雨不斷，氣候特別潮濕，輔以設備耗材使用資訊得知使用者的淨化器使用頻率激增，故提供專屬

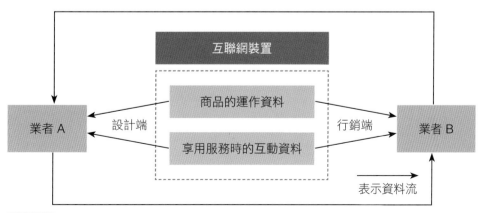

圖 1-30　水平式資料生態鏈 (Horizontal Data Eco-Chain, HDEC)

濾網更換優惠價，比起單一的設備使用資訊取得，納入使用者設備互動資訊後的複合數據將能提升銷售精準度與效率。

雖說水平獲利邏輯能夠為涉入在其中的業者帶來許多好處，但卻也因為如此容易形成數據幫派，各幫派之間通常水火不容，最終導致價格戰爭、利潤縮減的惡性循環，這也是為何市面上常見到不同品牌業者爭食同質產品或服務大餅的羊群效應現象[8] (如智能家居產業中的夏普、小米、海爾、美的等業者)。

垂直式獲利邏輯

垂直式獲利邏輯與供應鏈管理 (Supply Chain Management, SCM) 領域中所提到的垂直整合概念相似，即業者為了要降低生產成本並且控制原料來源與價格，通常會採取一條龍做法，將產品生命週期中的許多事項一手包辦，從上游原物料組裝到下游商品化環節皆不假他人之手。然而比起供應鏈管理的垂直整合思維，大數據電子商務中的垂直式獲利邏輯更為重視「資料流」的異業整合與應用，此與水平式獲利邏輯中因業態相近所締結的夥伴關係有所差異，因此垂直式獲利邏輯可被定義為由特定業態業者所主導的專屬或一連串「跨界」商業行為。以圖 1-31 為例，業者 A 為特定業態主導者，透過互聯網裝置的運作，除了可以獲得商品本身運作時的資料，也可以藉由使用者與該商品的互動過程來截取商品使用行為資料。

綜合此兩類資料，業者 A 將能夠在商品設計端與行銷端有所參考依據，進而修正既有商品或是推出新一代商品，以便將正確的商品、在正確的時間、推銷給正確的使用者。當業者 A 運作順利且累積到一定「資料資本」(data asset) 時，即可將自己所主導的營運模式以「合作協議」(cooperation agreement) 或其他夥伴締結方式來衍生出一連串跨界商業行為，如同圖中業者 B、業者 C、業者 D、業者 E 一般，而所能夠締結的夥伴數量並無上限，端看業者 A 在垂直式資料生態鏈上的主導能力，也就是業者 A 是否能夠持續秉持資料生產不假手他人之理念，逐步建構資料資本的扎實度。

我們以時下熱門的共享經濟 (Sharing Economy) 來補充說明以上所描述的

---

8 羊群效應指的是人類盲目的追隨多數人的一致性思想或行動，進而產生盲從之行為。

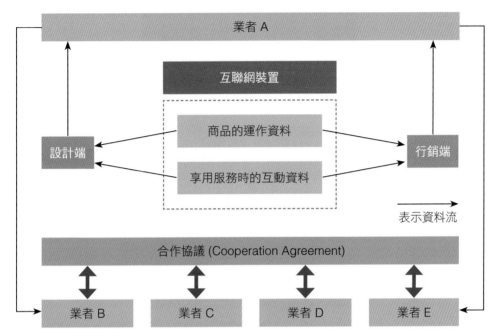

圖 1-31　垂直式資料生態鏈 (Vertical Data Eco-Chain, VDEC)

垂直式資料生態鏈，同時也傳達大數據電子商務的營運模式。所謂共享經濟就是利用互聯網等現代資訊技術，整合並分享海量的分散化閒置資源，藉以滿足多樣化需求的經濟活動[9]。依據這個定義，許多業者抓住「分享閒置資源」此一核心概念，透過數據掌握來衍生出許多新興電子商務活動，當中最受到熱烈討論的共享經濟活動不外乎是與人們生活息息相關的「共享單車」。以華人世界共享單車創始業者摩拜 (Mobike) 為例 (如圖 1-32)，該業者認為任何人不論是通勤、運動或是其他目的，不太可能隨時都在騎乘單車，因此大力倡導對於單車有需求的人士不一定需要自己購買單車，反而是能夠在需要時，隨手取得閒置在路旁的單車來騎乘，此倡議符合共享經濟中的「產權非私有、人人皆可付費使用」之理念。

　　若以圖 1-33 的垂直式資料生態鏈來審視 Mobike 運作，由其主導的營運模

9　由中國國家信息中心信息化研究部、中國互聯網協會分享經濟工作委員會所定義之共享經濟意涵。

圖 1-32　共享經濟之共享單車 [資料來源：摩拜 (Mobike)]

式以及由它所衍生出的一連串跨界商業行為將呼之欲出。在圖中 Mobike 扮演「業者 A」的角色、共享單車則扮演「互聯網裝置」，當騎乘者掃描二維碼使用單車的那一刻起，即產生了「單車運作資料」與「使用者享用單車的互動資料」，而 Mobike 便可藉由這些資料來構思行銷策略或是反饋至單車設計上。

　　以反饋至單車設計為例，假設 Mobike 發現舊式共享單車的非上班時段掃碼解鎖率高於上班時段 (單車的運作資料)，推敲可能原因在於通勤族較趕時間，因此提供輕便的單車型式將可以減輕騎乘負擔。除此之外，上班族通常會拎一個公事包，而舊式單車上並無任何可供騎乘者置物之空間，此亦可能是導致非上班時段掃碼解鎖率高於上班時段的肇因之一。有鑑於此，Mobike 推出如圖 1-34 新款的 lite 輕量化單車，比起舊式單車的笨重，新式單車騎乘起來

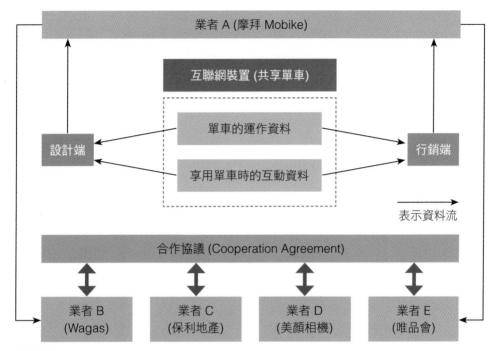

圖 1-33　垂直式資料生態鏈：以摩拜 (Mobike) 共享單車為例

更加輕鬆，同時也在車頭前方安裝置物架，充分滿足上班族的置物需求 (反饋至單車的設計端)，Mobike 冀望此舉可成功延攬廣大的上班族市場。

　　至於在構思行銷策略方面，Mobike 同樣仰賴「單車運作資料」與「使用者享用單車的互動資料」來策劃許多顧客開發與慰留方案。以顧客開發方案來說，Mobike 透過全球衛星定位系統 (GPS, Global Positioning System) 方式將具有「紅包車」促銷方案的資料點設定在地圖上 (如圖 1-35 藍色箭頭處)，若使用者挑選具有紅包標示的單車並且掃碼騎乘超過十分鐘，就能夠獲得二小時免費騎乘優惠以及最低 1 元、最高 100 元的現金紅包獎勵，此舉不但有效的激勵顧客騎乘意願，更能夠巧妙的促使冷門單車騎乘區域活絡化。此外，每當 Mobike 想要將單車移動至特定區域也無需親自搬運，只要透過「單車運作資料」與「使用者享用單車的互動資料」來舉辦簽到打卡優惠活動，單車便能像五鬼搬運般自動到位。無獨有偶的，Mobike 亦透過「單車運作資料」與「使

圖 1-34　透過數據反饋設計輕量化單車 (資料來源：摩拜 Mobike)

用者享用單車的互動資料」來進行許多顧客忠誠度方案。

　　以攸關人們生活健康為例，Mobike 將手中握有的「單車運作資料」與「使用者享用單車的互動資料」進化應用，推出騎乘距離兌換優惠券 (如圖 1-36)，使用者可以憑券至 Wagas 健康餐飲品牌門市兌換「摩力騎士果汁」或「超級拜客」的合作餐點，充分利用了「騎愈多、愈健康、優惠也愈多」的三贏行銷策略。

　　上述這些作為都讓 Mobike 累積大量數據資本，進而將此資本透過合作協議 (cooperation agreement) 之方式來與業者們進行跨界垂直式整合獲利活動。以擴增停車據點為例，Mobike 與保利房地產業者合作 (如圖 1-37)，在大樓空

圖 1-35 紅包車客戶開發方案 (資料來源：摩拜 Mobike)

間設置合法停車格，此做法等同於在各地設置中繼站藉以形成城市單車網路，
畢竟單車若違規停放而遭到拖吊，Mobike 將無法延續「單車運作資料」與
「使用者享用單車的互動資料」的蒐集作為，也就無法落實上述所提到的以衛
星定位為基礎之行銷活動。在有了便利的停車場所之後，保利更推出加碼活
動，只要在建案周遭騎乘單車達一小時以上，保利就捐出 10 元給慈善單位，
業者巧妙的提倡「騎車促進身心健康又能舉手做善事」來達成建案推銷之廣告

圖 1-36 Mobike 與 Wagas 跨界合作 (資料來源：Wagas 餐飲業者)

圖 1-37 Mobike 與保利跨界合作 (資料來源：保利房地產業者)

目的，而其中的運作非得仰賴 Mobike 與保利兩業者之間的合作協議，也就是彼此之間的資料傳遞與分享始能達成。

　　無獨有偶的，Mobike 也正與傳統電商業者合作，協助唯品會 (www.vipshop.com) 從傳統電子商務的網站營運模式，轉型至大數據新興電子商務。以圖 1-38 為例，Mobike 充分運用「單車運作資料」與「使用者享用單車的互動資料」，在 2017 年 7 月 19 日與唯品會聯合推出 719 購物節活動，使用者只要選擇有搭配活動的寶箱車，即可獲得 20 元唯品會購物網站現金紅包 (騎車領紅包)，此外，只要使用者參與此活動次數愈頻繁，就能夠參加貼紙集點活動 (騎車集貼紙)，其中所獲得的紅利也是積少成多。最重要的，使用者只要騎

圖 1-38　Mobike 與唯品會跨界合作 (資料來源：摩拜 Mobike)

乘活動單車達 7 分 19 秒，唯品會即捐出 7.19 元給公益助學單位 (你騎車、我捐款)。

此活動受到廣大民眾響應，幕後最大功臣不外乎就是垂直式資料生態鏈的功勞。想想看，以騎乘者的立場來說，邊騎車能夠邊賺折扣與紅利，還能夠做善事，何樂而不為呢？再者，以唯品會的角度而言，同意 Mobike 一同推動 719 購物節活動，確實可以提高營收，又能藉由公益捐款形塑良好的企業形象，何不善加利用呢？最後，以主事者的企圖來看，Mobike 憑藉著手中所握有的寶貴資料來主導 719 購物節活動，對它們而言，此事就好比孔明東風借箭一般的高明，資料的產生來自於單車騎乘者而非業者本身，業者只需將資料妥善保存並且整理後再應用，便能夠萬箭齊發精準的射向目的地，何樂而不為呢？以上三種立場充分表明垂直式資料生態鏈的可觀獲利能力；換句話說，在大數據電子商務時代，誰能夠「掌握資料」，以及將「資料妥善跨界應用」，誰就能夠在資料生態鏈中扮演核心的關鍵角色。

營運模式之永續

不論是水平或是垂直獲利邏輯，兩者都必須在意的是，如何讓精心打造的營運模式生生不息。水平式獲利邏輯就好比一輛行駛中的高鐵列車，列車中每一個車廂的重要性幾乎一致，畢竟它們採取環環相扣方式將彼此繫綁在一起，故如何讓車廂與車廂之間的連結處牢固不脫落，正考驗著水平式獲利邏輯的參與者。有鑑於此，涉入在水平式獲利邏輯的各個業者必須要能夠秉持互信基礎，將各自所擁有資料向其左右方夥伴分享，共同為了一致目標努力。

有別於水平式獲利邏輯，垂直式獲利邏輯好似一座水壩，專司於儲存與淨化水資源，以便將寶貴的水資源往源頭供應。可想而知，若水壩因各種因素而導致潰堤，整體水資源供應就會受到嚴重影響，因此鞏固水壩主體穩定並且永續運作，將是垂直式獲利邏輯的最大挑戰。以上述所提到的共享單車為例，單車是否能夠順利被騎乘者使用，勢必攸關共享單車之成敗，然而能夠阻礙單車運作的事項非常多，諸如騎乘者掃碼意願、單車維護保修、線上交易順暢、法令規範等。其中是否能夠讓騎乘者順利在線上進行掃碼騎乘與扣款，只是大數

據電子商務成功要件之一，如何讓共享單車這個水壩主體永續運作，更是成功與否的關鍵要素，此與傳統電子商務將營運焦點擺放在顧客是否結帳，有著天壤之別的差異。

有鑑於此，上述 Mobike 共享單車業者除了致力於 APP 運作、活動行銷、策略聯盟等作為之外，更在 APP 上提供舉報違規功能。舉報者不但能夠善盡社會責任，更能夠賺取信用加分 (如圖 1-39 紅色框線處)，可別小看這個信用分數，騎乘者信用分數愈高，將能夠以更為優惠的價格租用單車；反之，信用分數太低，最嚴重可能導致無法租用單車，而 Mobike 則藉由這種檢舉達人機

圖 1-39 舉報單車違規示意 (資料來源：摩拜 Mobike)

制來確保其單車運作能夠符合法律規範，這比起任何其他作為都還來得重要許多，也就是鞏固共享單車這個水壩主體的必要措施。

　　最後，不論是水平式獲利邏輯或是垂直式獲利邏輯，兩者永續經營的共同點即在於「數據資產」，有了資料才能夠讓參與在水平式數據生態鏈的成員彼此共榮共利，有了資料才能夠讓垂直式數據生態鏈的主事者運籌於帷幄當中，這比起過去狹義的電子商務還要來得更為抽象，但卻能夠衍生更多的線上交易可能性，也就是廣義的電子商務。

　　回顧本章內容，在一開始我們說明何謂大數據，透過諸多生活實例來傳達大數據其實存在於你我生活之中，對於電子商務來說，大數據又是特別重要且常見。其次，我們在 1-2 節傳達大數據電子商務對傳統電子商務所帶來之影響，這些影響將是傳統電子商務業者轉型的重要關鍵。緊接著，我們在 1-3 節中論述為何大數據能夠成就新型態的電子商務，並且具體指出大數據能夠對電子商務帶來哪些好處。最後，我們介紹大數據電子商務中最重要的營運模式，包含水平式獲利邏輯以及垂直式獲利邏輯，此二種邏輯共通點是對於數據資產之重視。閱讀完本章之後，相信大家對於大數據電子商務有了一番新認識，那麼若自己打算加入大數據電子商務的行列，應該從什麼地方著手增加自己的數據實力呢？在後面的第二章中，本書將以技能角度為出發點，告訴大家若想要成為一位稱職的「大數據電子商務從業人員」應該具備哪些技能，可別以為這些技能是理工背景人員所專屬的，即便是具有商管背景的人員，也能夠從第二章開始了解到大數據電子商務的必備技能，並且自第三章起，一步一腳印的朝向成為大數據電子商務人才邁進。

Chapter 2

大數據電商技能與挑戰

　　研習任何技能除了滿足自我學習興趣之外，不外乎是想要用所學到的技能順利在就業市場上占有一席之地。然而技能可謂是百百種，究竟什麼樣的技能才是值得自己學習呢？關於這個問題的答案眾說紛紜，也是每一個人從小到大都會不斷面臨的課題。有鑑於此，本章將以「巨觀視角」與「微觀視角」來描述何謂大數據電商所需之技能，在我們描述這些技能的同時，輔以實際人力銀行網站所公告之職缺來佐證，一方面讓讀者觀察實務界脈動，另一方面也期盼此舉能夠增加讀者學習信心，所謂知己知彼、百戰百勝、知己不知彼或知彼不知己，將一勝一負；不知己亦不知彼則每戰必殆，那麼就讓我們趕緊一起掌握學習脈動與方向，加入百戰百勝行列。

2-1　微觀視角

　　「大數據電子商務」一詞係由兩個名詞所組成，也就是「大數據」與「電子商務」。換句話說，若以微觀視野來審視，這兩個領域將有其各自所需學習之技能。以圖 2-1 為例，我們在紅色框線處輸入「大數據」查詢人力銀行網站

圖 2-1　大數據相關職缺總數查詢結果 (A) (資料來源：104 人力銀行)

的職缺,結果發現各式職缺總數為 2,197 個 (含全職、兼職、高階、派遣、接案與家教等),表示在就業市場上與大數據相關的職缺需求甚為迫切。如果仔細端詳所查詢出來的職缺,也許身為資訊背景的求職者會感到開心並且躍躍欲試,但是對於非資訊背景的讀者來說,可能會感覺到望塵莫及。然而事情並非如同想像,反而剛好顛倒,也就是說「大數據相關職缺並非資訊背景人士專屬」。若試著將上述職缺搜尋領域縮減或是勾選非資訊領域,結果也許會令自己大吃一驚!

以圖 2-2 為例,我們在藍色框線處勾選了五種非資訊領域,包含行銷/企劃/專案管理類、經營/人資類、生產製造/品管/環衛類、財會/金融專業類、傳播藝術/設計類等,按下查詢按鈕後,發現大數據相關職缺總數由原先 2,000 多個驟降為 891 個 (如圖 2-3 紅色框線處),然而若再仔細端詳各個職缺後就能發現,所徵求職務內容似乎已透露出些許非資訊背景人員專屬的跡象,甚至是直接在職缺標題名稱打上「管理」二字。

以圖 2-4 而言,2017 年甫開業的純數位非實體銀行「王道」徵求「大數

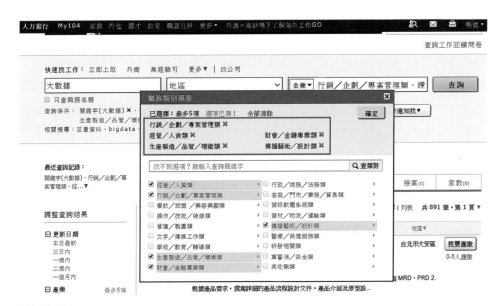

圖 2-2 大數據職缺查詢結果 (非資訊領域) (資料來源:104 人力銀行)

圖 2-3 大數據相關職缺總數查詢結果 (B) (資料來源：104 人力銀行)

據管理人員」，並在紅色框線處的工作內容中明確表明應徵該職務所需具備之能力，像是「負責大數據平台的資料探勘、分析與管理，包括數位資料、社群資料、互聯網資料等」、「負責大數據資料源的創造與蒐集，包括內部數位通路及外部社群資料等」、「大數據應用模式研究與技術實作，例如：Python、Machine Learning、Text Mining 等，以支援數位金融產品的創新與新商機的開發」、「掌握大數據平台發展與創新應用趨勢，據以提出創新解決方案或專案規劃」。

　　大家是否發現到這些工作內容即使是資訊背景人士也不一定能夠勝任，主要原因在於資訊背景人士在養成的過程中，往往較少涉獵軟性知識，因此在產品創新與新商機開發方面，往往較無法與市場實際情況結合。換句話說，要能夠順利勝任上述工作內容，反而需要融入非資訊背景的相關知識與實務經驗，如此才有辦法成為符合需求的大數據管理人員。

　　這個職缺現象再次呼應本章開端的說法，即「大數據相關職缺並非資訊背景人士專屬」。有鑑於此，身為非資訊背景的自己應當將自己所熟悉的管理相

104人力銀行

大數據管理人員

O-Bank_王道商業銀行股份有限公司　　本公司其他工作

▌工作內容

1. 負責大數據平台的資料探勘, 分析, 與管理. 包括數位資料, 社群資料, 互聯網資料等.
2. 規劃大數據資料檔案儲存, 資料預處理, 客戶辨識與資料運算。
3. 負責大數資料源的創造與蒐集, 包括內部數位通路及外部社群資料等。
4. 大數據應用模式研究與技術實作, 例如 Python, Machine Learning, Text Mining 等, 以支援數位金融產品的創新與新商機的開發。
5. 掌握大數據平台發展與創新應用趨勢, 據以提出創新解決方案或專案規劃。
6. 其他有關個金大數據管理業務之事項。

職務類別：市場調查／市場分析、資料庫管理人員、產品管理師
工作待遇：面議
工作性質：全職
上班地點：台北市內湖區堤頂大道二段99號 ♀

圖 2-4 王道銀行大數據管理人員工作內容 (資料來源：104 人力銀行)

關知識暫時予以擱置，研習自身不熟悉的資訊相關知識，特別是與大數據有關的知識，待完備資訊相關知識後，將其與自身早已熟識的管理相關知識整合在一起，這樣一來便能夠有效的勝任上述職缺中的所有工作內容，說穿了，該銀行就是希望找到一位具有複合知識的大數據管理人員，而這正是非資訊背景人士涉入大數據相關職缺的機會所在。我們若使用相同方式查找「電子商務」職缺內容，是否也會發現類似大數據職缺的跨領域需求現象呢？答案是肯定的。

圖 2-5 為 104 人力銀行網站職缺查詢畫面，我們同樣在紅色框線處輸入「電子商務」關鍵字進行查詢，結果發現電子商務各式職缺總數為 7,145 個，相較於大數據相關職缺，電子商務職缺數量高出許多，可見電子商務業者對於

圖 2-5 電子商務相關職缺總數查詢結果 (A) (資料來源：104 人力銀行)

人才需求亦是感到渴望與迫切。如果仔細端詳所查詢出來的職缺，也許身為資訊背景的求職者會再次感到開心，但對於非資訊背景的讀者來說，可能又要感到失落與絕望了。然而如同我們在大數據職缺中所從事的進階查詢一般，事情並非如同自己所想像的那樣，正所謂行行出狀元，即便是電子商務領域仍無法脫離對於非資訊背景人士之需求。

　　以圖 2-6 為例，我們同樣勾選五種非資訊領域，包含行銷/企劃/專案管理類、經營/人資類、生產製造/品管/環衛類、財會/金融專業類、傳播藝術/設計類等，按下查詢按鈕後發現，電子商務相關職缺總數由原先 7,000 多個驟降至 3,657 個 (如紅色框線處)，然而若再仔細端詳各個職缺後卻發現，所徵求職務內容似乎又再度透露出非資訊背景人員專屬之跡象。

　　以圖 2-7 紅色框線為例，知名團購業者 GOMAJI 在人力銀行網站上公告「電子商務數位行銷專員」的條件要求，除了必須具備創意、想法、對電商具有高度熱忱之外，更在第 3 點中明確提示「如果你曾服務於綜合購物電商或擁有 GA 證照，我們更愛」，這意味著工作經驗與證照都會是應徵加分條件，其

圖 2-6　電子商務相關職缺總數查詢結果 (B) (資料來源：104 人力銀行)

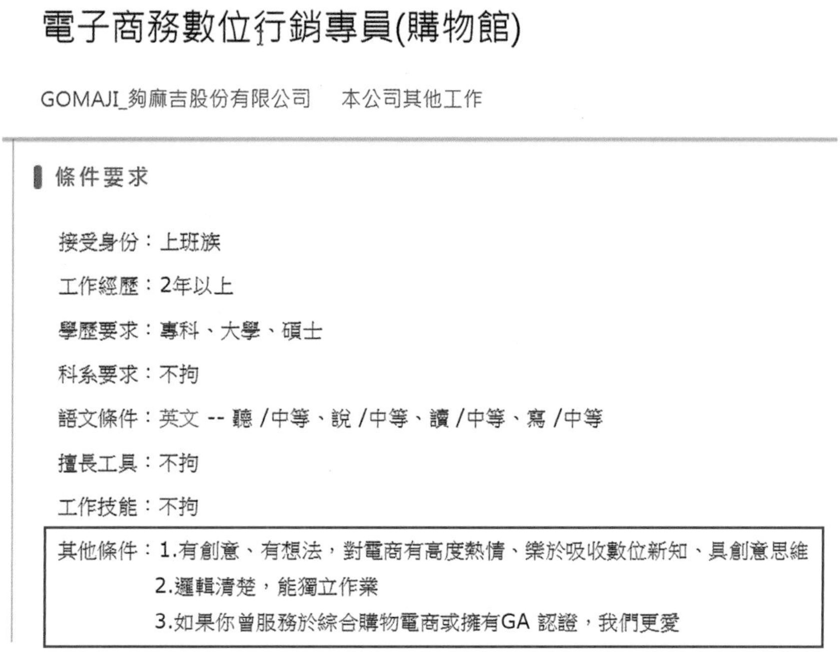

電子商務數位行銷專員(購物館)

GOMAJI_夠麻吉股份有限公司　本公司其他工作

條件要求

接受身份：上班族

工作經歷：2年以上

學歷要求：專科、大學、碩士

科系要求：不拘

語文條件：英文 -- 聽 /中等、說 /中等、讀 /中等、寫 /中等

擅長工具：不拘

工作技能：不拘

其他條件：1.有創意、有想法，對電商有高度熱情、樂於吸收數位新知、具創意思維
　　　　　2.邏輯清楚，能獨立作業
　　　　　3.如果你曾服務於綜合購物電商或擁有GA 認證，我們更愛

圖 2-7　GOMAJI 夠麻吉電子商務數位行銷專員條件要求 (資料來源：104 人力銀行)

中 GA 證照 (Google Analytics 網站流量分析) 就是一個非常適合讓非資訊背景人士考取的高就業率證照，雖然它在使用上仍無法擺脫一定程度的資訊背景元素，但 Google 已將它簡化至非資訊背景人士所能接受之範疇。

所以不論是大數據或是電子商務，甚至是這兩個名詞整合在一起的大數據電子商務，其實都有非資訊背景人士所能夠著墨之處，並非如一般所想像的遙不可及。除此之外，不論是大數據或是電子商務，它們本身就是屬於一種複合領域概念[1]，實在太不可能用單一領域或是單一技能來給予包山包海的概述，因此建議各位在參與大數據學習過程中，不妨以圖 2-8 的層級概念來鋪陳或規劃自我學習脈絡。

我們日常生活中常接觸的網站、APP 或是任何連網系統，其實都可以概略的用這三層結構來敘述。由左至右分別是「實體層」、「網路層」以及「應用層」，其中實體層所涉及到的技術通常是較為基底運作的作業系統 (Operating System, OS) 或是資料處理與儲存技術，像是用於處理大數據非結構化資料且能夠突破傳統關聯式資料庫的 NoSQL 語言、能夠將大數據大量資料

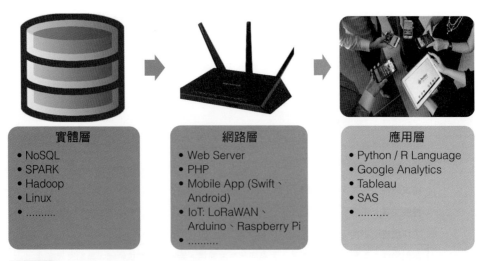

實體層	網路層	應用層
• NoSQL • SPARK • Hadoop • Linux •	• Web Server • PHP • Mobile App (Swift、Android) • IoT: LoRaWAN、Arduino、Raspberry Pi •	• Python / R Language • Google Analytics • Tableau • SAS • ....

圖 2-8　大數據電子商務學習架構

1　Markus, M. L. (2015). New games, new rules, new scoreboards: the potential consequences of big data.

載入記憶體中運算的 SPARK 處理技術等,而網路層則較為偏向與網路運作有關的技術,例如:網路伺服器的規劃與管理、網頁程式語言 PHP、APP 設計語言 Swift 及 Android 或是與物聯網 IoT 相關的長距低功耗無線網路 LoRaWAN 技術、Arduino 及 Raspberry Pi 可編程裝置等,這些都肩負著搭起使用者與底層運作技術之間的橋梁角色。

至於在應用層方面,當實體層與網路層開始運作之後,應用層端便可透過實體層與網路層運作時所產生的資料來衍生出許多應用,像是以 Python 程式語言撰寫而成的網路資料爬取工具 crawler、監控與分析網站流量情況的 Google Analytics 網站流量分析工具、統計分析或資料視覺化的 Tableau 與 SAS 等。

在一般情況下,當架構層級越往右側「應用層」靠攏時,在其中的相關應用技術對於非資訊背景人士來說,具有相對低的學習門檻,這個概念就好比商管學群常使用到的 SPSS 統計分析軟體一般,除了針對所需的統計分析進行設定之外,若加入些許的程式碼控制,將會使資料處理更得心應手。同樣的,應用層中的許多應用技術雖然可能涉及程式碼,但並不會因為程式碼就障礙了非資訊背景人士的學習成效。而這也是本書的撰寫宗旨,即在於使非資訊背景人士也能夠輕鬆參與大數據電子商務的分析行列。

然而每個人的學習能力與規劃並不盡相同,或許有些人在學習完應用層相關技術後,願意且能夠回頭鑽研較為深入的網路層相關技術,甚至是更為艱深的實體層技術也說不定,故圖 2-8 重點並非在於特定層級中的技術,反而是在傳達當我們在規劃學習脈絡時要能夠有層級概念的系統觀,畢竟在特定層級中的技術非常有可能會因為時代變遷而遭受淘汰,因此當任何人具備層級概念的系統觀時,必能夠因應時代變化,進而與時俱進的調整學習脈絡。

接著讓我們來觀賞一則有關於大數據人才需求的新聞報導,圖 2-9 為新唐人電視台所製播的大數據人才需求新聞 (掃描 QR-Code 即可觀看),在片段 20 秒處所播報的內容即與上述層級架構圖中的網路層吻合,也就是透過手機 wifi 連接訊號來從事的實體店面商圈分析或是將分析結果延伸至線上與線下的 O2O 虛實整合應用。除此之外,在影片 1 分 04 秒處亦提到雖然大數據相關工

作的職缺成長驚人且薪資水準不低，但業界卻苦尋不到人才。探究可能原因在於人才培育端或是學習者本身將大數據或大數據電子商務複合領域過度劃分，使得學習脈絡過於片段。

　　然而大數據電子商務涉及許多層面，因此在學習過程中必須時時牢記架構圖中所描述的三大層級，非資訊背景人士務必把握應用層這一個千載難逢的大數據電子商務切入點。當心有餘力時，再繼續向網路層或實體層技能學習邁進。威朋數據兩位專家「張嘉祜」與「彭智楹」在接受數位時代雜誌專訪[2] 時提到，數據科學家並非得要是資訊背景出身，但卻不約而同的指出數據科學家仍須具備基礎數理與資訊工程能力，此與圖 2-8 概念不謀而合。

　　最後我們要說明的是，所謂大數據電子商務技能的「微觀視角」其實就是指大數據電子商務技能生態圈中的基本單元技能。特定技能不但影響大數據電子商務運作之成敗，更影響大數據電子商務職缺的供給與需求，因此在微觀視

圖 2-9　大數據人才需求新聞報導 (資料來源：新唐人亞太電視台)

2　搶當大數據科學家，5 大特質你有嗎？ https://www.bnext.com.tw/article/36144/BN-2015-05-02-182907-109 (數位時代)

角下的相關技能可以被視為大數據電子商務運作成功之必要條件；換句話說，雖然學習者擁有這些技能並不一定能夠在大數據電子商務領域中占有一席之地，但若缺乏這些單元技能，肯定無法加入這場大數據電子商務浪潮。那麼究竟要如何才能在新興的大數據電子商務領域中立於不敗之地呢？答案就是接下來所要提到的大數據電子商務技能的「巨觀視角」，它將會是非資訊背景人士的競爭力利器，它猶如防腐劑一般，無須擔心因氣候潮濕變化導致發霉，能使非資訊背景人士受到就業市場重用，不但歷久彌新而且堅若磐石。

2-2　巨觀視角

在「巨觀視角」下的大數據電子商務並非強調特定的單元技能，反而重視各個單元技能所交織而成的跨領域火花。為什麼這樣說呢？讓我們再次以觀賞影片的方式來讓大家加深印象。圖 2-10 為台視新聞所製播的「電子商務大軍崛起人才出現嚴重斷層」報導片段，影片一開始即以電子商務人才「求過於供」為主軸，貫穿整體報導。在影片 40 秒處提到電子商務人才缺口高達35.2%，並且指出未來全球電子商務業者即使以高薪都無法順利挖角到合適之人才。影片中電子商務業者受訪亦指出 (3 分 2 秒處)，電子商務選人才時非常

圖 2-10　電子商務人才需求新聞報導 (資料來源：台視新聞)

重視求職者對於市場「資訊度」以及「敏感度」之掌握，因此了解市場將會是求職者的當務之急。此外，在影片 3 分 22 秒處更是指出要在競爭激烈的電商市場中要想找到藍海，必須「先抓住消費者的心」。

不論是「資訊度」、「敏感度」或是「先抓住消費者的心」，這些關鍵字乍看之下無法用微觀視角中所提到的單元技能來滿足，但其實透過微觀視角的單元技能才能轉化出巨觀視角內無可取代的跨界應用力，也就是之前圖 1-5 所提到的資料轉化力。不論自己屬於資訊背景人士或非資訊背景人士，一旦透過微觀視角的單元技能協助來達成巨觀視角中的資料轉化力時，那麼求職者的競爭力將會無與倫比。

接著讓我們來看看大數據方面的報導，此影片是由 TVBS 新聞台所製播(如圖 2-11)。影片中 1 分 06 秒處可以看見一台機器手臂自動將圖案噴印在 T恤上，並且受訪者指出「在該產品製作出來之前，已經被市場認可了」，主要原因在於對方事先就已經蒐集各方來源創意，以便提升顧客對於產品的接受度，因此「事先蒐集」可說是這一小段報導之重點。如果將這段報導內容對應至圖 2-8 的層級架構，相信大家很容易就可以辨別出這是屬於應用層級的技能，只是該業者將恆常模式下的應用，跨界延伸至服飾設計上。沒錯，這樣的延伸應用能力就是我們所說的大數據電子商務技能的巨觀視角。

圖 2-11　大數據人才需求新聞報導 (資料來源：TVBS 新聞)

　　讓我們繼續將影片看下去，在片中 3 分 21 秒處提到了所謂的「信息交易」，黑板中列出貨運路線，卡車司機可自行決定是否接單，這是在中國傳統且普遍的卡車接單模式，主要在於說明卡車司機的接單壓力，以及未接單時的閒置資源與成本耗費。接著在 3 分 58 秒處，貨車幫 CEO 羅鵬受訪時指出，該公司成立宗旨在於策劃與落實一項願景，那就是「撮合服務」，將貨主與貨車司機彼此的需求相互媒合，藉以解決產銷落差問題，即貨主找不到車、車子找不到貨。

　　試想，這樣的撮合服務屬於層級架構中的哪一層呢？當然是應用層，但如同剛才所提到的 T 恤打印一般，同樣是將看似單一片段的技術跨界應用至運輸業。最後在影片 5 分 49 秒處更提到了所謂的大數據交易所，資料或數據變成一種商品，在平台上接受市場競價藉以促成買賣雙方之需求。其實這個交易所販賣的資料就儲存在層級架構圖中的實體層，但是僅擁有底層數據是不夠的，還必須如影片 6 分 12 秒處所描述的，將底層數據予以延伸應用。

　　透過以上的新聞報導，我們可以了解到，巨觀視角與微觀視角彼此之間有著密切關聯性，微觀視角是巨觀視角的技能基礎，而巨觀視角的市場情況良窳則是微觀視角得以蓬勃發展的充分條件。有鑑於此，本書於後續章節除了具體指導特定應用層中的工具或技能之外，仍會針對該工具提供理論或概念敘述。例如：影片中所提到的「事先蒐集」，在微觀視角方面，我們可以透過網路爬蟲技術或網路流量分析技術來達到資料蒐集之目的，隨後透過巨觀視角的消費者評論、量化評價、口耳相傳等理論來解答所學之技能是為何而戰。此舉無非是希望能夠培養讀者們的跨界應用能力，使得資訊背景人士能夠了解究竟自己所擅長的技能在實務上可以有哪些創意應用，非資訊背景人士則可以藉此了解自身強項，發揮跨領域整合之綜效。

Chapter 3

大數據電商機會與前景

　　我們在第二章不同影片內容中不約而同的都看見「人才匱乏」這個字眼，表示就業市場確實渴望大數據電子商務人才。那麼這樣的榮景還能夠維持多久呢？會不會如同曇花一現，很快就泡沫化了呢？雖然這個問題沒有標準答案，也沒有人敢保證榮景能夠持續到西元多少年，但我們可以從日常生活中來觀察大數據電子商務，藉以判斷它的可能機會與未來前景。若在自己生活周遭的大數據電子商務比比皆是，而且所發現的應用是與人類生活息息相關的話，那麼八九不離十，它就會是未來的趨勢所在。

　　大家不妨回想看看智慧型手機進入市場的沿革，它之所以能夠讓人類隨身攜帶無法離身，就是拜其所帶來的生活便利所賜，因此本章重點在於傳達如何從日常生活中觀察大數據電子商務機會與前景，若與各位的學習項目或方向吻合，那麼恭喜各位走對路了。現在就讓我們一起加入觀察行列！

　　人們一天生活之中離不開許多活動，舉凡食、衣、住、行、育、樂，樣樣事物都能夠發現大數據電子商務的蹤跡。以圖 3-1 為例，多數學生或上班族是在早上六點鐘從睡夢中逐漸清醒，準備一天的學習或是工作。起床後第一件事

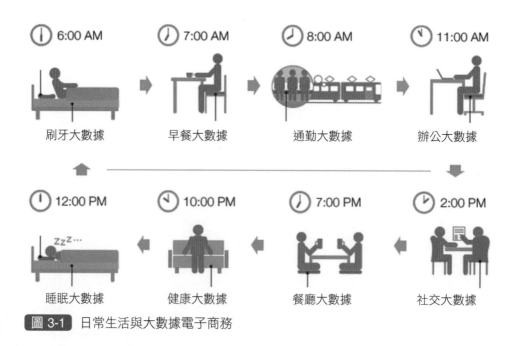

6:00 AM	7:00 AM	8:00 AM	11:00 AM
刷牙大數據	早餐大數據	通勤大數據	辦公大數據

12:00 PM	10:00 PM	7:00 PM	2:00 PM
睡眠大數據	健康大數據	餐廳大數據	社交大數據

圖 3-1 日常生活與大數據電子商務

情可能是喝杯水或是直奔浴室刷牙盥洗，但是看似簡單的起床喝水或是刷牙盥洗也是有許多大數據電子商務隱藏在其中。

　　以圖 3-2 為例，這是一台由知名電動牙刷業者 Oral-B 所推出的智慧牙刷，這款牙刷內建動作傳感器，能夠感知使用者刷牙時的力道，並且可以藉由手機 APP 鏡頭來分析刷牙動作是否正確，藉此判斷使用者是否正確的刷牙 (如角度、力度、持續時間等)。透過大量使用者手機與牙刷的傳感資訊，Oral-B 分析後發現，約有 89% 的使用者其刷牙時間會超過兩分鐘，具體來說的平均刷牙時間為 2 分 26 秒。那麼究竟為何要分析刷牙時間呢？原來多數罹患牙周病的成年人當中，有將近 80% 的人刷牙時間不足且力道使用不當，因此 Oral-B 推出的這款智慧電動牙刷能有效的告知使用者是否正確刷牙。怪了！從以上介紹，我們看見了刷牙大數據，那麼電子商務運作的部分在哪兒呢？根據可靠的消息指出，Oral-B 正研議從上述的刷牙大數據中進行電子商務淘金。可能的商機包含：電動牙刷頭耗材、牙膏、漱口水等潔齒護牙商品，試想既然可以得知特定使用者的刷牙時間數據，那麼業者勢必很清楚由自己所出產的牙刷頭何時應該更換或是其耐久度為何，一旦接近不堪使用的程度時，就可以在使用者 APP 上跳出提醒訊息，並且提供老顧客耗材優惠折扣，如果你是

圖 3-2　Oral-B 智慧電動牙刷 (資料來源：Oral-B)

這款牙刷的使用者，會不買這樣的耗材嗎？對於這種貼心又超划算的訊息能不理會嗎？

當然掌握刷牙人數據的商機還不只這樣，如果 Oral-B 發現特定使用者的刷牙數據總是不正常，幾經提示勸導也沒有改善，那麼是否可以在該位使用者的 APP 上推播由於刷牙習慣不正確，因此有必要加購強效型牙膏來降低刷牙習慣不佳所潛藏的風險呢？以上這些或許尚未實現於電子商務上，但透過刷牙大數據之輔助，相信在不久的將來，這樣的商業模式很快就可以成真，而且這個期望似乎不容易落空，畢竟刷牙是人們天天必做的事情，甚至有些人一天刷牙好幾次。

起床盥洗完畢之後，接著就是祭拜一下自己的五臟廟，吃頓營養早餐好讓學習與工作期間能夠活力飽滿。在一般情況下，早餐可以分為「在家自理」或是「外出購買」，想必如果是莘莘學子或是匆忙上班族，都是在外出途中順道買早餐的吧！中國福州近期開設了一家早餐店名叫 MORNINGFUN (如圖 3-3)，這間看似平淡無奇的早餐店可是隱藏了許多解決大眾早餐需求的錦囊妙計！

大家都知道一日之計在於晨，而一天三餐之中最重要的就是早餐，即使上班上學再怎麼匆忙，都不能忽略早餐的重要性。MORNINGFUN 除了重視自身所提供的餐點品質之外，對於大數據與電子商務之應用更是格外看重。以實

圖 3-3　MORNINGFUN 智能早餐店 (資料來源：kknews.cc)

體情境來說，顧客走到店內不用向店員大聲點餐，也不需擔心自己的餐點會不會被忙碌的店員遺忘，只需要在自動點餐機上點點手指頭，不用 10 秒鐘立刻完成點餐動作，而店員也只需要依照出單品項與順序來交付餐點，整體點餐取餐流程效率大大提升。至於在線上情境方面，MORNINGFUN 更推出線上線下的 O2O 虛實整合策略，會員只要透過手機裡的微信 APP，即能夠在前一天事先預約隔天的早餐項目，最後再透過微信支付來結帳，隔天一早只要人到實體早餐店就可以取餐，此舉不但不需使用任何一毛實體貨幣，也大大的提升買早餐便利性。

最後，不論是實體自動點餐機或是線上餐點預約，MORNINGFUN 當然不會放過從這兩大通路捕捉大數據的大好機會，一旦掌握特定會員的餐飲習慣與偏好，日後便能利用這寶貴資訊來從事更多行銷推廣。所以除了剛才提到的牙刷大數據之外，早餐大數據或許也可以成為大數據電子商務歷久彌新的機會與前景，畢竟民以食為天、吃飯皇帝大！

以上是外賣早餐的情境，但如果本身工作性質特殊，不必倉促的跟著一般大眾趕車上下班，甚至有許多時間可以享用悠閒的早餐，可能會覺得吃膩了外食，偶爾自己動手 DIY 一下也不賴！打開冰箱瞧一瞧食材，順手拿個雞蛋與蔥餅皮，下鍋煎個十分鐘，健康營養的自製早餐便能上桌。但是萬一有時打開冰箱發現空蕩蕩或是想吃的食材一點也不剩，那可就開天窗了。

所幸由 Samsung 所推出的智能冰箱，幫大家解決這個窘境 (如圖 3-4)，如果發現冰箱內的食材沒了，只要動動手指頭點選冰箱門上的液晶螢幕，輕輕鬆鬆就能完成食材訂購。更厲害的是，冰箱內部也能與電商平台結合，倘若發現特定食材即將食用完畢或快要過期，冰箱門上的螢幕會自動提醒，好讓使用者能夠直接在螢幕上完成食材訂購，這個動作甚至不局限在家中情境，即使人在公司也能夠遠端透過手機 APP 的連動來上網訂購食材。想當然耳，任何發生在智能冰箱上的機器運作以及操作行為數據，都能夠被業者輕鬆捕捉，其後利用這些數據從事業內或是跨界的電子商務操作。如果以上實際情況已經落實在世界各地的家戶中，我們就必須再次強調「食」這檔事在大數據電子商務中的重要性。

圖 3-4 Samsung 智能冰箱 (資料來源：samsung.com)

　　時間來到早上八點，不論是在家用餐或是外食，通常這個時候大家應該都已經搭上通勤工具。大數據電子商務在「行」方面的應用更為日常，不論是上學或是上班，相同的地點可以有不同的交通工具，例如：一個人可以搭捷運、公車去工作場所，下班可以使用計程車、Uber、共享單車等，不論是哪一種方式，只要其建置密度愈高，愈能夠解決最後一哩路 (last mile) 問題。由於在之前章節已經提過共享經濟底下的共享單車，因此我們就不再贅述。

　　當然大數據電子商務「行」的應用不只局限在上學下學或上下班的通勤上，如果有出國的打算，那麼飛機也是一種便利的交通工具。亞洲最大的廉價航空公司 AirAsia 充分利用大數據與電子商務特性來提升自己營運效能。以圖 3-5 為例，透過手機 APP 乘客就可以在上頭完成訂票、結帳、登機證領取、管

圖 3-5 亞洲廉價航空 AirAsia 手機 APP (資料來源：airasia.com)

理訂位等事項，其中管理訂位裡提供許多加購服務，像是選位服務、機上餐點訂購等。一旦乘客使用這些服務，AirAsia 也就順勢的掌握旅客的大數據，而且比起其他領域所產出的數據更具有數據指向性，也就是說，受惠於機票訂購必須以實名制方式進行之故，航空公司充分掌握特定個人的飛機搭乘資訊，包含訂票前的選票行為、訂票後的搭機行為或是搭機後的延伸行為 (如透過航空公司 APP 訂購飯店、租車等)。因此實名制數據所能夠從事的行銷活動更能夠契合顧客需求，筆者有一次搭乘廉價航空時，當飛機快要降落前，機上空服員居然拿起麥克風，邀請所有乘客一起唱生日快樂歌，原來是機上乘客中有一位壽星，這麼貼心的服務，全拜實名制數據所賜！人們每天不能沒有睡眠、不能不進食，相同的，在交通運輸上更是無法脫離大數據電子商務，機會與前景又再次浮現。

經過了好一番折騰之後，終於抵達學校或是辦公室，以上班族來說，每天日復一日的面對同樣事物與工作，日子久了，難免會有所厭煩，再加上主管所交辦的事項繁雜，有時候可真的是會喘不過氣來！百度是中國最大的入口網站，地位相當於美國的 Google，百度仰賴這樣的地位於近十年來蒐集了海量數據，因而推出旗下重量級產品「知道大數據」。

該平台針對熱門的話題進行蒐集與歸納，分析之後再以資料視覺化的方式將結果呈現。在「知道大數據平台[1]」中一項分析與辦公室大數據有關，那就是「關於上班族壓力的三兩事」。以圖 3-6 為例，大多數上班族的工作

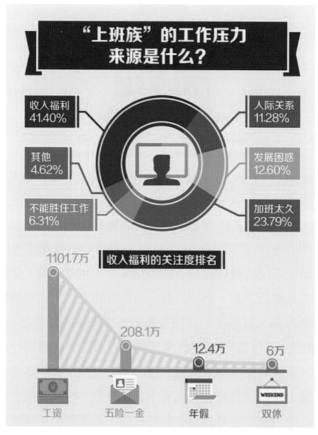

圖 3-6 上班族壓力大數據分析 (A) (資料來源：百度知道大數據)

1　百度知道大數據 https://zhidao.baidu.com/bigdata/view?id=67

壓力來源是收入福利 41.40%、加班太久23.79%、發展困惑 12.6%、人際關係 11.28%、不能勝任工作 6.31% 等，在最大壓力來源的收入福利中，上班族又更為在意的項目依序是工資、五險一金 (職業保險與退休金)、年假、雙休 (週休二日)。換句話說，多數上班族是為了薪資收入而工作且最為在意工資水準。

那麼上班族一旦產生了工作壓力之後，他們的生理表現會是什麼呢？依據圖 3-7 的分析結果得知，上班族可能的生理反應發生率項目依序為煩躁、身體不適 (頭痛、脊椎病)、失眠、暴飲暴食、注意力記憶力下降。

最後若以地理位置來區分 (如圖 3-8)，上班族壓力較大的城市依序為北京 19.45%、廣東 11.88%、山東 6.55%、江蘇 5.99%、上海 5.34%、浙江 4.60%、遼寧 4.46%、河南 4.46%、河北 4.04%、四川 3.06%。由此可知，越接近沿海

圖 3-7 上班族壓力大數據分析 (B) (資料來源：百度知道大數據)

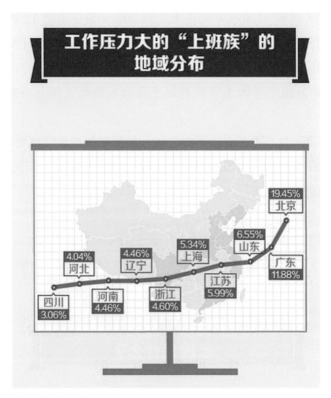

圖 3-8 上班族壓力大數據分析 (C) (資料來源：百度知道大數據)

的城市上班族壓力，普遍高於內陸城市。

綜合以上分析結果，我們可以推論多數上班族因為薪資壓力而努力工作，但因為壓力過大而導致許多生理疾病，而這個現象愈靠近沿海城市就愈普遍，因此電子商務業者將可以透過這樣的辦公大數據來從事銷售活動策劃。例如：針對高壓城市推廣上班族舒壓商品、舒壓方案或是舒壓輕食等，即針對北京上班族在午休或下午茶時段在其手機上推播舒壓精油廣告，並且強調休息是為了走更長遠的路，如此才能一步一步累積個人財富。

對於電商業者而言，這種推銷方式比起毫無依據的推銷方式，勢必來得更為具體且有效，目前許多電子商務平台都與各大公司行號的福委會合作，只要員工持約定代碼至協議電商平台購物，將可以獲得折扣，那麼如果電商業者在

與各公司行號福委會約定的同時，也加入類似上述分析，是不是更能契合上班族的需求呢？

以上這些是繼「刷牙大數據」、「早餐大數據」以及「通勤大數據」之後的「辦公大數據」案例，一天時間過得很快，一下就來到下午時段。這個時段大家也許正在享用下午茶小憩一番，也許正在公司外頭努力拜訪顧客，又或是與學校同學閒話家常，等待下午課程到來，總之，這個時段可謂是人際互動高度密集的時段。沒錯！「人際互動大數據」也是電子商務重點項目之一，畢竟透過人際互動，不但將能夠使電子商務業者節省行銷成本，更能夠為業者開拓原先無法觸及到的業務範圍。

現在就讓我們以保險業務員的販售情境來傳達大數據電子商務之應用。曾聰明是某保險公司金牌業務主管，從事保險業務工作已二十餘年，在過去透過其熱心助人個性與廣大人脈，每每讓他保險銷售業績長紅。然而最近幾年，他觀察到一個現象，就是自己仍保有熱心助人的初衷，而且人脈持續增加，為何他的業績卻不增反減？於是他總趁著下午茶時段拚命拜訪客戶，期盼能夠振作低迷的業績。半年過去了，即使他每天下午勤勞拜訪顧客，業績仍然沒有起色，正當心灰意冷之際，一場與年輕同事趙小華之間的餐敘，給這位老牌業務主管帶來了新希望。

趙小華剛從大學畢業不久，投身保險業務工作也只有短短的三年時間，但她卻從什麼都不懂的菜鳥業務員，搖身一變成為公司的業績常勝軍。在餐敘時，趙小華告訴曾聰明主管：我在拜訪顧客時，通常只攜帶一台平板電腦，每當顧客有任何疑問或是需要查詢相關資料時，我都能夠在最短的時間內替顧客找到答案。除此之外，由於我接觸的顧客大多屬於剛出社會的年輕人或是甫成家立業之人士，他們對於線上下單這檔事再熟悉也不過了！因此在保單銷售方面，我以公司所提供的電子商務平台來做為投保工具 (如圖 3-9)，因此趙小華建議業務主管不妨也多使用線上投保平台，利用它成為與顧客互動的利器。

當然趙小華在言談中也坦言，並非每一位顧客都能夠立即被說服，並且完成投保動作，有些顧客往往會有較長的猶豫期，而且這個猶豫期通常會隨著保費金額提高而增長。有鑑於此，趙小華還會在與顧客初次見面之後，持續以電

圖 3-9　上保險公司線上投保 (資料來源：富邦人壽)

子郵件、傳訊軟體來與顧客保持聯繫。當業務主管聽到電子郵件一事，立刻打斷趙小華的談話並說道：「我也常常透過電子報系統大量寄發保險廣告給顧客，但是收到信之後，真正有理會我的顧客卻寥寥無幾。」趙小華聽到以後會心一笑，立刻不藏私的傳授「實名電子郵件追蹤」方法給這位業務主管，她拿起追蹤報表滔滔不絕的介紹她寄送廣告信給顧客後的行為脈絡。

　　以圖 3-10 為例，趙小華於 2017 年 7 月 13 日寄發了一封保單廣告給她的

圖 3-10　電子郵件廣告實名追蹤 (資料來源：Google Analytics)

顧客王大明 (暱稱：王大大)，這位王大大於隔天也就是 2017 年 7 月 14 日收到信之後，開啟信件內容閱讀，並且在當天晚上 10 點 54 分點擊了廣告信中的連結，詳閱保單促銷 EDM 內容。業務主管看完報表以後目瞪口呆，心想同樣是寄送廣告信給顧客，趙小華居然可以知道收件者是否有理會她、是否確實瀏覽信件廣告內容，以及瀏覽廣告內容之後續衍生行為 (如是否線上投保)，曾聰明當下二話不說，立刻向趙小華求教，希望她可以傳授這個好用的大數據分析，趙小華當然也欣然答應了！

以上這些案例說明是否證明傳統業務推銷工作加入大數據分析後更為精準有效呢？當然這只是眾多以社交為主軸的大數據電子商務應用之一，仍有許多不同的社交互動科技有待我們去探索與善用，在未來，社交互動肯定是大數據電子商務的應用重點項目，因此除非人類社會停止互動，否則這個應用的榮景將會持續好長一大段時間。當然除了上述電子郵件以外，其他發生在 Facebook、LINE 等業務推廣活動也都能輕鬆的掌握成效，甚至也可以觀察收訊方是否確實將訊息以社交軟體分享給其他親朋好友，進而達到低成本卻又口耳相傳之目的。

時間來到傍晚七點，好不容易終於結束了忙碌的一天，下班之後跟三五好友餐敘，甚至把酒言歡也是人生一大樂事。為了避免踩到地雷或是大排長龍，許多上班族在下班之前就已經先透過團購 APP 事先預訂好喜好的餐廳，當然在下單結帳前會先瀏覽一下其他消費者的用餐心得意見，一切沒問題之後，到達餐廳只需出示電子或實體餐券，輕輕鬆鬆即可享受美味大餐。

圖 3-11 是知名的餐飲訂位 APP，EZTABLE 提供 GPS 衛星訂位，讓饕客不論人身處何方，都可以尋找附近的餐廳。此外，EZTABLE 與 TripAdvisor 合作，將饕客的體驗評論導入至 APP 中，一方面協助饕客預先得知餐點表現，另一方面希望透過這項機制來營造良好的訂位用餐氛圍。無獨有偶的，任何饕客與APP 的互動資料都被業者所掌握，乃至於業者得以透過這些餐飲大數據來借力使力推出各式行銷方案。

以上案例是饕客「用餐前」的延攬案例，那麼饕客在「用餐當下」或是「用餐後」是否也有類似大數據電子商務應用案例呢？答案是有的，中國知名

圖 3-11 用餐訂位 APP (資料來源：EZTABLE)

火鍋業者海底撈於 2015 年將營運觸角延伸至台北，在信義區精華地段開設了台灣一號店。相較於其他火鍋業者，海底撈擁有許多創新應用，例如：饕客入座後，服務員即會遞上一台平板電腦，饕客可以仔細端詳餐點介紹後立即點餐，並且將資料傳遞至後台廚房端。雖然以平板點餐代替紙本點餐的做法在中國非常普遍 (如圖 3-12)，但不論在台灣或其他亞洲國家的採用率仍不及中國。

採用平板點餐對於饕客與業者來說，可謂是皆大歡喜，以饕客立場來說，

圖 3-12 平板點餐系統 (資料來源：板長壽司)

他們可以在用餐過程中不疾不徐的從平板電腦上端詳菜色，並可以隨時加點菜餚，最後在結帳時，饕客也無須緊盯收銀員是否計算錯誤，類似結帳一指通的功能，能夠快速將點菜清單列印出來，方便又可靠。對於業者來說，採用平板點餐的好處更是不在話下，像是提高出菜效率避免饕客久候、提高服務品質避免點餐或結帳環節出錯，當然最重要的是能夠透過點餐大數據來掌握饕客的味蕾偏好。

　　由於電子商務無法讓顧客在線上感受實體商品的表現，因此與餐飲相關的大數據電子商務應用通常必須仰賴虛實整合 (click-and-mortar) 的營運方式，將顧客從線上導引至實體餐廳。2017 年餐飲服務業依然延續傳統餐飲與互聯網餐飲平行發展模式，在過去熱門的團購、外賣等餐飲服務預期將繼續發光發熱，而透過行動網路基礎所衍生出的互聯網互動型態餐飲服務，勢必為未來趨勢所在。

　　在與三五好友把酒言歡之後，接下來則面臨安全問題，如何安全的離開餐廳並且順利抵達家中。有鑑於近期酒後駕車的肇事車禍時有所聞，因此相關業者絞盡腦汁的發想新方案來確保饕客的酒後安全。圖 3-13 為群悅科技股份有

上午11:25 ... 中華電信 H

台灣代駕
Taiwan Designated Driver

	計程車代駕	泊車小弟代駕	台灣代駕
服務費用	1000元起	1000元起	450元
人員素質	小黃司機	不清楚	優質
良民證	✓	✗	✓
無肇事記錄	✓	✗	✓
代駕責任保險	✓	✗	✓
駕駛技術	專業訓練	不清楚	專業訓練
行駛路徑圖	✗	✗	✓
客服電話	✗	✗	✓
司機評分機制	✗	✗	✓

圖 3-13 代駕服務 (資料來源：群悅科技)

限公司所推出的「酒後代駕」服務，該業者將自身優勢與其他酒後返家方式做了一份比較表，包含「計程車代駕」、「泊車小弟代駕」以及該公司推出的「台灣代駕」，從紅色框線中，我們可以看出若以代駕司機的服務品質而論，以「泊車小弟代駕」最無法令人放心，此外雖然「計程車代駕」與「台灣代駕」的司機都需經過考核篩選，如具備良民證、無肇事紀錄、提供保險等，不過前者無法提供後者在紅色虛線裡頭的服務，包含行駛路徑圖、客服電話、司機評分機制等。

很明顯的，台灣代駕能夠以相對便宜的代駕費用以及較佳的服務來勝過其他代駕方式。那麼為何在 APP 上提供行駛路徑圖、客服電話、司機評分機制

就能夠取悅顧客、受到顧客青睞呢？原因很直觀，那就是就酒後人士通常反應、判斷力或是其他生理情況已不如一般人那樣的正常，試想若沒有提供明確的行駛路徑圖，萬一代駕司機趁著酒客不清醒刻意繞道而行或是有其他意圖時，處於暈眩狀態的酒客必定沒有任何因應能力。當然不是每一位使用代駕服務的酒客都會喝到爛醉，有的其實很清醒但礙於法規而無法自行駕車，因此代駕服務所提供的客服電話可以在必要時提供相關協助。

再者，有些酒客常常無法避免喝酒應酬，因此司機評分機制可以讓酒客在每一次使用代駕服務前，事先了解代駕司機過去的表現，自然而然的表現不好的司機就會被市場機制淘汰。如同之前所提到的滴滴出行、Mobike 共享單車一般，當代駕服務業者累積一定程度的行為數據或是裝置運作數據時，就能夠發揮大數據魔力，悄悄的在幕後扮演運籌帷幄之角色，例如：彙整重點代駕路段，並於代駕高峰時段調度車輛，或者是與餐飲業者合作，讓饕客成為酒客之後也能放心安全的返家。

時間來到晚上十點鐘，透過代駕服務的協助，終於安全返家，不但避免酒後駕車的高額罰金，也維護了公共安全。由於才剛吃完油膩的晚餐又加上喝了不少酒，躺在家中客廳沙發休息之餘，索性來測量一下血壓。圖 3-14 為天創聚合科技所推出的智能血壓計，該裝置能夠測量 12 種與心血管疾病相關的指標項目，並且將所有測量數據傳遞至手機 APP 上，因此對於使用者來說，監控自己健康的便利性大大提升。除此之外，透過手機 APP 上的社交功能，這個血壓計還能夠讓使用者分享健康狀況給自己的親朋好友，一起來努力維持健康，當然也可以透過社交分享功能來關心自己家人的健康狀況。試想，這個裝置攜帶方便、使用簡單，對於現代忙碌的上班族而言，彷彿行動醫生一般。

至於在大數據電子商務應用方面，由於現階段受限於法規約束，台灣專業醫師們尚無法實行遠距醫療，但或許哪天法規放寬，就可將血壓計測得之資料傳遞至醫師端，或者傳遞至保健食品業者端，就可以配合醫師的囑咐與建議來推播客製化個人健康食品給使用者。許多國家正面臨人口老化與少子化問題，未來難保不會出現許多獨居老人，因此健康照護的大數據肯定會是未來趨勢所在，大家不妨在學習過程中也順道留意一下這未來的明日之星。

圖 3-14 智能血壓計 (資料來源：天創聚合科技)

　　時間來到半夜十二點，結束忙碌的一天，刷牙盥洗後終於可以就寢了。在進入夢鄉之前，當然不能忘記設定隔天的起床鬧鐘，順便也看一下明日待辦事項，此時拿出手機 APP 來完成這些事情恐怕稍嫌落伍了。圖 3-15 為知名網路零售業者亞馬遜所推出的家庭助理 Echo，這台長得像喇叭音箱的裝置看似平淡無奇，但其實它大有學問。

圖 3-15 家庭助理 Echo (資料來源：亞馬遜 amazon)

　　Echo 是一台具備語音辨識功能的家庭助理，只要對著它下達指令，Echo 就能夠針對所接收到的語音資料進行辨識與分析，例如：睡覺前調整鬧鐘這件事情，只需要躺在床上動動嘴巴，Echo 就能夠輕鬆的為我們設定好鬧鐘。當然提醒是這個裝置的重點功能，因此吩咐 Echo 幫我們提醒隔日的待辦事項也不會是什麼難事，甚至在睡覺過程有聽音樂習慣的人，還可以請它幫我們播放個安眠曲，讓我們一夜好眠到天亮。以上這些功能類似 iPhone 裡頭的 siri 一般，儼然成為我們的貼身管家，無時無刻不提供貼心服務，然而 Echo 比 siri 還要更了不起的地方在於語音下單功能，人們只需要對著它下指令，任何過去需要用滑鼠來完成的電子商務交易，都可以透過嘴巴來代替。

　　亞馬遜努力把這個家庭助理推廣到每一個人家中的意圖很明顯，那就是希望全世界的人都能夠在家裡放置一台「資料蒐集器」，如此亞馬遜便能從事許多個人化的銷售。例如，業者可以透過家庭助理使用的地理位置來得知特定區域的使用者需求或偏好，也可以清楚知道不同使用者在特定關鍵字詞上的語音查詢頻率 (如明天氣溫多少？)，更可以蒐集到大家肚子餓時訂購披薩的數據，甚至是 Uber 的叫車數據也都通通蒐集到亞馬遜口袋內。倘若有朝一日這個資

料蒐集器確實發揮數據資產效應 (data asset effect)，那麼任何被這台裝置連結的業者都得聽命於它，畢竟使用者都是透過它來進行許多電子商務交易，此時亞馬遜儼然成為語音搜尋界的 Google。

好不容易完成鬧鐘與隔日代辦事項設定，該是好好睡覺的時候了，但往往這個時候才是許多失眠患者痛苦的開始。人類一生之中約有 1/3 的時間花費在睡眠上，可想而知睡眠對於人類的重要性絕對不亞於其他日常活動。圖 3-16 為中國一家大數據公司「藍桔子」，它結合金融科技 (FinTech) 概念首創「適眠險」，期盼被保險人能夠透過物聯網穿戴式裝置來監控並改善睡眠品質，若經過科技輔助仍無法改善睡眠品質時，被保險人就能夠領到理賠金，此舉讓失眠者避免人財兩失的情況，「人失」指的是睡眠品質不佳而傷害身體健康，「財失」則是指即使睡眠品質不佳仍有補貼金得以領取。這個案例說明了藍桔子扮演數據平台角色，試圖將穿戴式裝置硬體業者與保險公司串接，藉以形成專屬之數據生態圈。

透過以上案例介紹，我們可以體會到，在互聯網當道的年代中，人類一天

圖 3-16 睡眠大數據適眠險 (資料來源：藍桔子)

生活作息與工作都有意或無意的產生了許多大數據。而獲得大數據資料只是電子商務成功與否的必要條件，真正要能夠在大數據電子商務中占有一席之地，仍須仰賴學習者對於數據轉化力之養成。無論如何，不管自己打算從食、衣、住、行、育、樂哪一個項目中切入大數據電子商務之學習，勢必都能夠契合未來發展趨勢，只要方向走對了，就能夠學有所成、學有所長、學有所思以及學有所獲！最後提醒大家，在大數據流通的過程中常形成三大數據現象，情境性、頻繁性與破碎性，白話的說就是數據可以在特定情境中產生專屬性，即相同數據在不同場域會有不同意義，而且這些不同意義的數據可以是 24 小時不間斷的產生，因此若能夠將散落在各個領域中的專屬數據資產予以結合，就能夠挖掘更多使用者或消費者需求，也同時為自己的學習之路締造無可取代的差異化。

　　阿里巴巴集團創辦人馬雲曾提到：「大數據與雲端運算可以預測未來」，筆者亦認同此說法，我們甚至認為大數據電子商務不但可以預測企業未來興衰，更可以預測學習者或求職者是否能趁勢趕上這千載難逢的競爭力養成機會。《大數據》[2] 一書作者曾提到：「在過去，我們總是覺得專才在職場上的價值比通才還來得高，但專長如針頭般精細的特性只適合過去小量數據時代，在這個處處是大數據的時代裡，大量數據與數據轉化力能夠取代多數專才的經驗與直覺，導致專才已不如過去那樣珍貴。有鑑於此，本書專為通才量身打造的精選內容，不但能夠滿足大數據電子商務對於人才所需具備的多管齊下特質，更能夠幫助學習者培養跨界數據敏感度，藉此因應瞬息萬變的大數據就業市場。自下一章開始，將進入本書精采的實作內容，每一章節都對應至大數據電子商務裡的至少一項重點，舉凡網路輿情探索、網路足跡掌握、數據濃縮與獲取、數據分析平台、資料視覺化呈現等都羅列在後續篇幅中，學會這些技能雖不一定能夠讓自己成為大數據電子商務的資深專家，但可以確定的是，學習這些內容可以使自己成為大數據電子商務中所極為匱乏的「通才」，待有朝一日累積一定程度之實務經驗成為大數據電子商務「專才」後，肯定可以為自己在職場上加分不少。

2　John Walker, S. (2014). Big data: A revolution that will transform how we live, work, and think.

大數據電子商務之
輿情探索

「偵察」一詞可以當作動詞或名詞使用，前者指的是透過若干方式來獲取敵情資料，而後者常見的名詞則有偵察兵、偵察機、偵察艦隊等，同樣是肩負偵蒐敵情之任務。一場戰事若想要提高勝算，那麼派出偵察部隊將是在所難免而且有其必要性，主要原因在於敵對雙方通常不會傻傻的站著讓對方恣意攻擊，因此透過偵察機制可以破解敵方匿蹤或欺敵手段。

我們可以把網路世界裡的使用者假想為敵人，將自己的角度切換至電子商務業者，自己若想要在電子商務戰爭裡頭勝出，勢必得了解隱匿在網路世界中的顧客，畢竟在虛擬情境下，顧客的線上蹤跡將比實體足跡更難以掌握。為使電子商務業者能夠掌握更多有利於營運績效之線索，現今市面上有許多與大數據有關的工具可供業者使用，此舉如同剛剛所提到的探子馬一般，線索掌握得愈多愈詳細，營運失敗的機率就大大的降低。同理，若傳統電子商務業者不積極擁抱大數據線索探查工具，將有如矇著眼睛射飛鏢一樣，萬一命中靶心也只能稱得上是運氣好。

本篇所要傳授的內容皆與「輿情探索」有關，所謂「輿情」簡單的說就是多數人針對特定議題或事物所表達的信念、意見或態度等總和表現，而「探索」則是指針對特定議題或事物的未知結果進行探查。因此若將「輿情」與「探索」兩詞合併後對應至大數據電子商務中，則我們可以將輿情探索視為「蒐集互聯網上多數人對特定交易所表達之意見」。

在許多時候，消費者進行線上交易之前，會先諮詢他人的消費經驗，或是親朋好友之間透過社群軟體做為線上交易體驗良窳的大聲公，若將這些龐大的資料匯聚在一起，那麼電子商務業者將能了解顧客心目中對於商品或服務的最真實想法或感受。本篇將輿情探索分為三大章節，包含「站外情報探索」、「站內情報探索」以及「社群商務情報探索」，每一章包含許多輿情資料蒐集方式，對學習者來說，可以視為學習大數據電子商務的前哨站，對於實務業者而言，則可視為累積數據資產的重要參考依據。

Chapter 4
站外情報探索

4.1 谷歌搜尋趨勢 (Google Trends)

　　谷歌做為全球最大搜尋引擎公司，自然握有全世界使用者在 Google 搜尋引擎上的查詢資料，而谷歌也將這些資料彙整後放到谷歌搜尋趨勢 (Google Trends) 平台上 (https://trends.google.com.tw/trends)。圖 4-1 為 Google Trends 首頁，其中紅色箭頭處可以切換不同國別的當日「最新熱門搜尋」，也就是紅色框線處的「搜尋關鍵字」與「快速竄升人物」。以綠色箭頭處的搜尋關鍵字

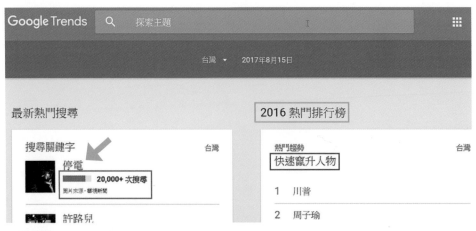

圖 4-1 谷歌搜尋趨勢 (1) (資料來源：Google Trends)

為例，我們可以發現 2017 年 8 月 15 日台灣搜尋關鍵字冠軍字詞是「爆料公
社」，截圖時間大約是早上十點鐘，然而時間來到當天傍晚六點鐘左右，搜尋
冠軍字詞卻變成「停電」，由此可知當日「最新熱門搜尋」內容會隨著關鍵字
詞的搜尋頻繁度不同而改變。至於在快速竄升人物方面，這個部分以非常直觀
的方式表示這天受到眾所矚目的人士究竟是何許人也，然而若點擊綠色框線處
的 2016 熱門排行榜，則可以看見過去一年之中，大家搜尋最多的人物名稱。

　　若將畫面往下移動，則可以看見圖 4-2 綠色框線處的「快速竄升電視劇」
或「快速竄升議題」，請注意！以上所提到的快速竄升主題類型並不提供查詢

圖 4-2 谷歌搜尋趨勢 (2) (資料來源：Google Trends)

者自行設定，而是由 Google 藉著演算法自動選擇欲顯示的主題類型。

除了這些項目以外，還可以看到圖 4-3 紅色框線處「深入探索」以及其附屬特定關鍵字的「搜尋熱門度」或是「全球搜尋熱門度」。大家或許覺得納悶為何在「深入探索」這個部分無法讓使用者自行輸入所欲探索之特定關鍵字搜尋度，反而是由 Google 來決定所欲提示的特定關鍵字搜尋度。原來目前這個畫面就好像一個儀錶板，上頭顯示各式搜尋資訊，谷歌在「深入探索」中所提示的預設內容只是要告訴大家，搜尋趨勢平台能夠讓使用者以時間遷移或是以地理區域為基礎，查詢特定關鍵字詞搜尋熱門度，也就是剛才所提到的搜尋熱門度 (時間遷移基礎) 與全球搜尋熱門度 (地理位置基礎)，使用者必須確實點擊此兩大項目中的任一個項目，才會來到圖 4-4 的深入搜尋正式畫面。

查詢者在「深入探索」正式畫面中會擁有更大的輸入彈性，在圖 4-4 中我們分別可以看見紅色框線處的「新增搜尋字詞」、綠色框線處的「地區與時段」、藍色框線處的「查詢類別與字詞來源管道」、黃色框線處的「搜尋主題」、紅色箭頭處的「集中趨勢或瞬間趨勢」以及綠色箭頭處的「傳播選項」。以下將針對這些可設定調整的項目予以說明：

首先紅色框處的「新增搜尋字詞」顧名思義就是能夠讓查詢者依照自己意願輸入欲搜尋的關鍵字詞，舉例來說，若我們在其中輸入「寶可夢」並且將綠

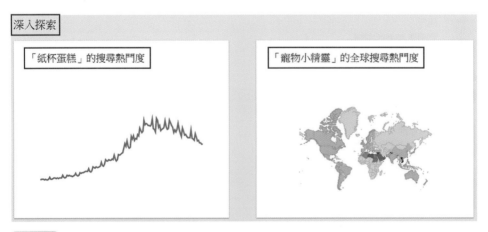

圖 4-3 谷歌搜尋趨勢 (3) (資料來源：Google Trends)

圖 4-4 谷歌搜尋趨勢 (4) (資料來源：Google Trends)

色框線處的「地區與時段」設定成「全球與過去 12 個月」，則可以看見如圖 4-5 的搜尋結果，並且從紅色框線中的趨勢線條觀察到這個關鍵字詞在過去一年中的熱門度變化。

　　若將畫面再次往下移動，則可看見以「寶可夢」為搜尋字詞的地理位置搜尋趨勢以及與該字詞有關的「相關主題」或「相關查詢」結果 (如圖 4-6 紅色框線處)，其中相關主題指的是與寶可夢字詞有關的廣度搜尋趨勢，而相關查詢則是指與寶可夢一詞有關的深度搜尋趨勢。

　　值得注意的是，如同圖 4-4 所提及紅色箭頭與綠色箭頭處所指的功能，我們可將結果列表依照「熱門」或「人氣上升」方式來顯示，所謂「熱門」指的是一段期間內的多數人搜尋趨勢，具體係透過字詞與字詞彼此之間的相對搜尋熱度來評分，例如：字詞 A 為最常搜尋字詞，因此得 100 分，字詞 B 的搜尋頻率只有字詞 A 的搜尋頻率一半，因此得 50 分。「人氣上升」則是指特定期間內的搜尋趨勢劇升，具體計算方式為兩段期間內搜尋熱度比較，若字詞 A 在時段 2 的搜尋熱度比在時段 1 的搜尋熱度還要高，則將字詞 A 標記為飆升

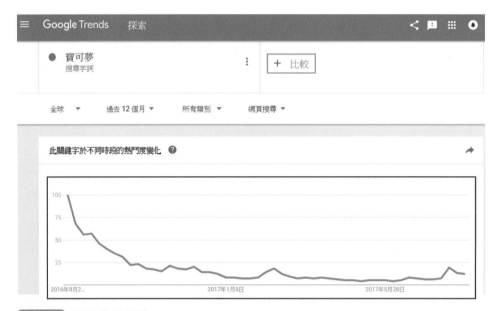

圖 4-5 谷歌搜尋趨勢 (5) (資料來源：Google Trends)

圖 4-6 谷歌搜尋趨勢 (6) (資料來源：Google Trends)

字詞，綜合這兩種計算方式，我們可以將前者視為特定字詞的長期搜尋趨勢，
後者則可以視為特定字詞的瞬間趨勢。

　　如果想將這些搜尋結果分享給其他人、將搜尋結果嵌入至自己具有 HTML
編輯權限之場域或是匯入至其他軟體進行額外分析，那麼可以透過綠色箭頭
功能中的內嵌、分享、CSV 等選項達成，其中若選擇內嵌則 Google Trends 提
供一段程式碼供大家嵌入，或是可以將搜尋結果透過 Google+、Facebook、
Twitter 等社交軟體來散布，至於 CSV 則是將搜尋結果匯出成以逗號為分隔的
Excel 檔，隨後將其匯入至試算表相關軟體，便可從事額外分析。

　　以上這些內容是在預設情況下的深度搜尋結果，當然我們也可以調整細部
選項，以便從不同選項設定中看到不同的數據線索。例如：若將圖 4-4 藍色框
線處的「搜尋類別與字詞來源管道」設定為「旅遊與新聞」，那麼我們就可以
在圖 4-7 看見來自於新聞搜尋且與旅遊有關的寶可夢字詞搜尋情況。

　　請注意！在紅色框線處我們可以看見「此關鍵字於不同時段的熱門度變
化」並且可在圖中看見 0～100 區間的 Y 軸，所指為「寶可夢」這個字詞在過
去一年之中，來源管道為旅遊類別與新聞字詞的，其獲得最高的搜尋熱門度落
在 2017 年 7 月 23 日至 2017 年 7 月 29 日一週之間，因此得分 100，但回溯至
2017 年 6 月 11 日至 2017 年 6 月 17 日一週之間，其搜尋熱門度只達到最高搜
尋熱度期間的 34%，故該週僅得 34 分，以此類推，若某週搜尋熱度不及最高

圖 4-7　谷歌搜尋趨勢 (7) (資料來源：Google Trends)

搜尋熱度週間測得熱度資料的 1%，則顯示為 0 分。

除了以上提到的功能之外，Google Trends 還提供了一個非常實用功能，那就是如圖 4-5 綠色框線處的字詞「比較」。我們以「神魔之塔」此一字詞做為原始字詞「寶可夢」的比較對象，結果顯示在過去一年之內，寶可夢的搜尋熱度幾乎都比神魔之塔的搜尋熱度來得高，僅有少數幾週，神魔之塔的搜尋熱度略高於寶可夢的搜尋熱度 (如圖 4-8 綠色箭頭處)，然而若進一步的以整體趨勢線條來觀察，可以發現寶可夢整體趨勢線條猶如溜滑梯一般的劇降，但神魔之塔的整體趨勢線條則是呈現平穩的情況。

比起單一字詞的搜尋熱度觀察，若能夠同時觀察多個字詞之間的搜尋熱度變化，更能夠為查詢者帶來不同的數據思維，而 Google Trends 所提供的字詞「比較」功能最多提供查詢者同時輸入五組關鍵詞，當然若所輸入的比較字詞愈多，分析的困難度與複雜度也隨之提高。

綜合以上 Google Trends 介紹，若自己是電子商務經營者，該如何看待這些來自站外的龐大搜尋情報呢？在此筆者提供一個數據解讀的簡單範例：

• 從圖 4-5 數據可知，過去一年之中「寶可夢」一詞整體搜尋趨勢逐漸下降，可能原因在於這個遊戲的賞味期限已盡，導致搜尋熱門度大不如上市

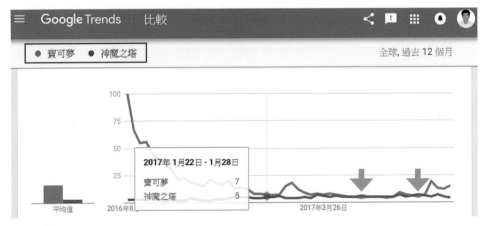

圖 4-8 谷歌搜尋趨勢 (8) (資料來源：Google Trends)

初期。有鑑於此，若打算在電子商務活動中加入與寶可夢相關銷售資訊 (即期盼藉由熱門的遊戲來提升電商交易額)，那麼就不得不關注此連結標的在市場上之搜尋熱度，藉此避免遊戲熱度衰退才跟風之窘境。

- 從圖 4-7 數據可知，「寶可夢」整體搜尋趨勢在旅遊類別的新聞搜尋上產生很長一段空窗期 (即 2017 年初起至 2017 年中)，然而自 2017 年中之後，整體搜尋熱度卻又在六月份與七月份突然激升，其中以七月份最為明顯，推敲可能原因是 Niantic 公司於七月份推出新的遊戲角色緣故。依據過去經驗，每次新遊戲角色推出後都會掀起一波動能，因此在策劃電子商務活動時，不妨可順應角色推出後的引流效應。

- 從圖 4-8 數據可知，「寶可夢」與「神魔之塔」兩種關鍵字詞在搜尋熱度各有不同，其中「寶可夢」的搜尋熱度漲跌較為劇烈，且整體而言呈現下跌趨勢，因此這個情況適合用在電子商務活動的短線操作，例如：在促銷活動中加入當季 Niantic 所推出的寶可夢遊戲角色。至於在「神魔之塔」方面，由於其搜尋熱度較為穩定，故可藉由這個數據現象策劃較為長期的電子商務銷售活動，像是在商品銷售同時附贈小額遊戲點數，即透過遊戲本身所擁有較長的生命週期來將電子商務產品或服務變現。除此之外，由於這個數據圖是以多個關鍵字詞的比較方式來呈現；換句話說，能夠比較的項目還不只這些。假設自己打算投入跨境電商，那麼台灣與其他國度的搜尋熱度比較分析，就會有其必要性。

　　以上這些數據解讀僅供讀者參考，畢竟數據解讀並無所謂的對與錯，再加上相同數據在不同情境下，通常有不同解讀方向，因此建議大家仍需配合自身業務型態來妥善解讀數據。

4.2　谷歌消費者氣壓計 (Google Consumer Barometer)

　　為能有效因應瞬息萬變的競爭市場與捉摸不定的消費者行為，許多時候，我們希望透過一些可靠的資料來推敲消費者偏好，藉以將手中商品或服

務遞送給正確顧客。谷歌提供另一種外部資料參考平台，那就是消費者氣壓計 (Consumer Barometer)。這個氣壓計名稱非常名副其實，即消費者是善變的，他們的偏好有可能每分每秒都在改變，因此分析者可以藉由這個氣壓觀測工具來掌握消費氛圍變化。下圖 4-9 為 Google Consumer Barometer 進入畫面 (https://www.consumerbarometer.com)，共計有四大區塊分別是 Graph Builder、Trended Data、Audience Stories、Curated Insights，其中 Graph Builder 主要功能在於將問卷調查結果以長條圖方式來呈現；Trended Data 雖然也是以長條圖的方式來呈現調查資料，但其所呈現長條圖具備動態指示 (active indicator) 功能並且較偏向集中趨勢的傳達；Audience Stories 顧名思義就是以閱聽大眾 (即上網民眾) 為分析焦點來傳達他們所展演出的網路行為。至於在 Curated Insights 方面，其所提供的數據不但具備動態資料視覺化功能，更以歸納性口吻來傳達它所產出的數據意涵。截至目前為止，Google 僅提供英文版的消費者氣壓計調查報告，為使讀者能夠運用這個實用工具，以下我們將針對上述四大區塊予以介紹。

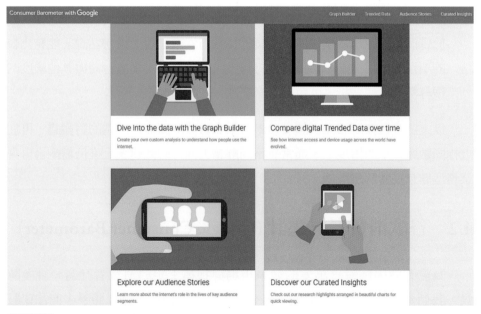

圖 4-9 谷歌消費者氣壓計 (1) (資料來源：Google Consumer Barometer)

Graph Builder

　　一進入 Graph Builder 會看見如圖 4-10 畫面，紅色框線處是問卷調查的題組，每一個題組內的題數不盡相同，例如：以「The Online & Multiscreen World」題組來說，共計有 19 個問題，但若想要直接參閱其他題組的調查結果，則可點擊綠色箭頭處的選單來選取。藍色框線處的「Do people use the Internet for personal purposes?」則是目前題組中第一個問題，但是為何看得到題目卻看不到填答結果呢？主要原因在於我們是首次進入 Graph Builder，Google 會要求我們選定填答國家別 (如紅色虛線處)，也就是說即使是相同的題目，不同國家受訪者的回答可能不一樣，因此在觀看調查結果之前，必須事先選定國家別。

　　除此之外，在綠色框線處我們還會看到一道提示訊息，即「Additional countries can be selected from the filter menu.」，指的是在選定主要國家別之後，可以從過濾器filter 中選擇額外的次要國家，一旦選定兩個國家後，任何

Consumer Barometer with Google

≡　The Online & Multiscreen World - 1 of 19

Do people use the Internet for personal purposes?

(!)　Select a country to continue. Additional countries can be selected from the filter menu.

Europe	Asia Pacific	Americas
Austria	Australia	Argentina
Belgium	China	Brazil
Bulgaria	Hong Kong	Canada

圖 4-10　谷歌消費者氣壓計 (2) (資料來源：Google Consumer Barometer)

題目的填答結果都會以兩個國家的資料來顯示。

　　本例僅先點選 Taiwan 單一區域做為示範案例，點擊後原本畫面就會改以長條圖形態來顯示填答結果 (如圖 4-11)。從結果我們得知，約有 80% 受訪者表示他們使用網際網路是屬於個人用途，只有 20% 的受訪者表明他們使用網際網路是屬於非個人用途。如果打算將這樣的結果匯出，那麼可以從紅色框線處擇一方式來進行，包含匯出成 CSV 檔、匯出成 PNG 圖檔以及分享這張圖。截至目前為止，大家或許會感到奇怪，究竟調查問題中所提到的非個人用途所指為何？也許可能對於這樣的問題感到一知半解，所幸 Google 會在每一個問題下方提供額外說明 (如圖 4-12)。

　　在紅色框線處，我們可以看見真正的原始題目，即「How often do you access the Internet for personal reasons, i.e. all non-business or work related purposes? Please think about your usage habits during last month.」，比起圖 4-11 所看到的簡化題目，現在所看到的題目更明確的要求受訪者回想過去一個月自己上網習慣中有多少時間比例是用在個人用途，例如：所有非上班時間或非與工作有關用途。因此當自己對題意不是很理解的時候或是想要知道答題人數、抽樣基底、調查數據來源等資訊，都可以將圖 4-11 畫面往下方移動，便可看見圖 4-12 題目補充說明。值得注意的是，並非所有題目的填答結果總和都會

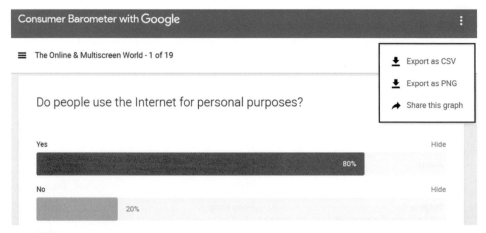

圖 4-11　谷歌消費者氣壓計 (3) (資料來源：Google Consumer Barometer)

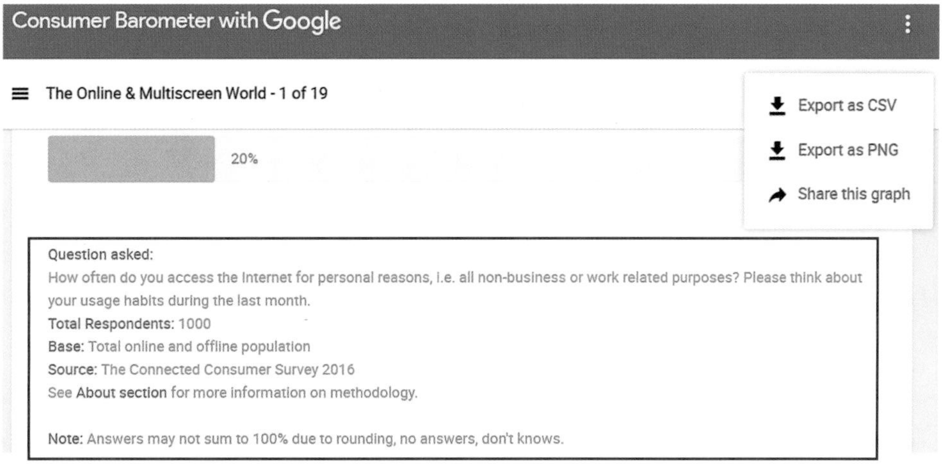

圖 4-12 谷歌消費者氣壓計 (4) (資料來源：Google Consumer Barometer)

是 100%，主要原因在於填答分數計算時，可能使用四捨五入方式進行或是受訪者填答不確定、不知道甚至是未填答等皆會導致填答結果總和不為 100%。

最後我們來討論一下圖 4-10 所提到的過濾器 (filter)，消費者氣壓計提供六大過濾器 (如圖 4-13 紅色框線處)，包含國家、人口統計變數、網際網路使用情況、裝置使用情況、透過智慧型手機購物者以及透過智慧型手機欣賞影片者。

若我們在圖 4-14 紅色框線處點擊國家，並且將 Japan 與 Canada 核取，則會看見如圖 4-15 的畫面。

我們可以看到不論是加拿大 (Canada) 或是日本 (Japan)，這兩個國家的受訪者填答結果趨近於一致，都是個人用途上網大於非個人用途上網，但若以非個人用途上網來說，日本人數略高於加拿大人數，這或許可以反應日本上班族人口較多的現況。無論如何，藉由過濾器的協助，我們可從原先填答結果萃取出更具意涵的數據視野。

最後在大數據電子商務應用方面，當我們從消費者氣壓計獲得參考資訊之後，下一個首要之務就是將所獲得資訊反饋至電子商務活動策劃上。例如：個人用途上網人數明顯大於非個人用途上網，因此在電子商務活動設計上不妨融

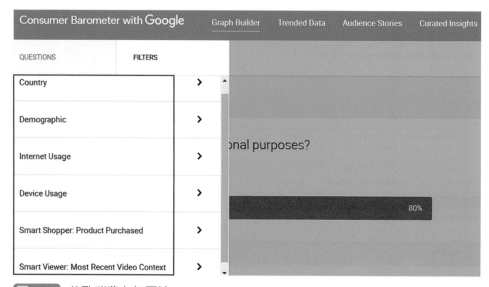

圖 4-13　谷歌消費者氣壓計 (5) (資料來源：Google Consumer Barometer)

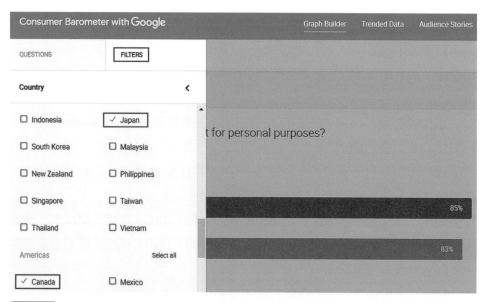

圖 4-14　谷歌消費者氣壓計 (6) (資料來源：Google Consumer Barometer)

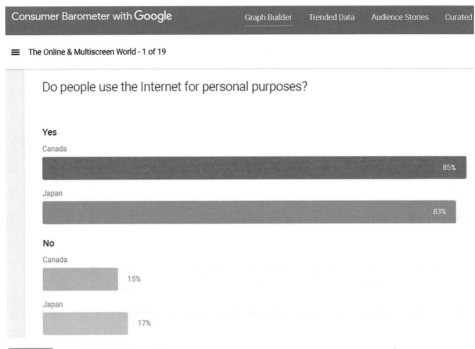

圖 4-15 谷歌消費者氣壓計 (7) (資料來源：Google Consumer Barometer)

入與個人有關的產品銷售，像是在假日時提供專屬居家商品促銷給個人用途上網之顧客。又或者是在電子商務銷售平台內提供比價功能，一方面滿足顧客尋找最優惠商品需求，另一方面也藉由技術方面的輔助來契合個人用途上網 (如上網購物) 人士之需求，根據 Goodhue 與 Thompson[1] 兩位學者研究結果發現，如果業者所提供的技術能夠與技術採用者的任務需求相互吻合 (如在網路上買到最便宜的商品)，那麼技術採用者就會產生行為意圖 (購買商品意願)，而這個行為意圖能夠間接驅使技術採用者從事實際行動 (實際購買商品)，也就是知名的科技任務適配模式 (Task-Technology Fit Model, TTF Model)，所以 Graphic Builder 裡頭的填答結果，恰好可用來協助理解顧客的任務需求。

---

1 Goodhue, D. L., & Thompson, R. L. (1995). Task-technology fit and individual performance. *MIS quarterly*, 213-236.

Trended Data

相較於 Graphic Builder，Trended Data 顧名思義就是能夠以較為廣闊的視野來觀察整理趨勢。在 Trended Data 中，Google 提供相同題目五年來的填答結果分析；換句話說，同一個題目連續五年實施調查，如此便能看出以時間遷移為基礎之變化。

以圖 4-16 英國的調查數據為例，紅色框線處的填答結果五年來 (2012－2017) 堪稱穩定，即人們使用網際網路 (Percentage of people who access the internet) 的比例落在 80%－83% 之間且各年落差不超過 3%。然而在藍色框線中題目的填答結果，五年來具有較大幅度波動，也就是說人們每天使用網際網路 (Percentage of people who access the internet daily) 的比例從 2012 年 59% 上升至 2016 年 73%，此結果反映出網路相關設備普及，當代人每天掛在網路上已成為不爭的事實。值得注意的是雖然此題目填答結果從 2014 年 70% 下降至 2015 年 69%，但兩者差距僅 1%，對於每天上網人口整體趨勢而言，影響非常有限。附帶一提，若將滑鼠移動至年度長條圖上方，則可以看見動態數據浮現

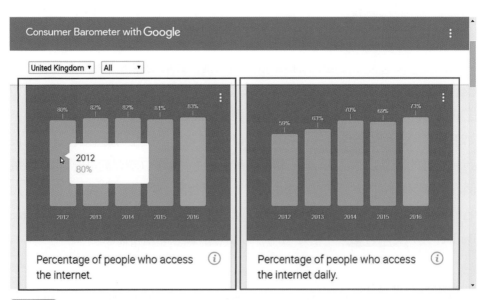

圖 4-16　谷歌消費者氣壓計 (8) (資料來源：Google Consumer Barometer)

(如紅色框線滑鼠游標處)，這個功能看起來似乎多此一舉，但當我們需要查看單年度數據時，非常實用。

Audience Stories

在消費者氣壓計中的第三個項目是 Audience Stories，指的是從提問題目與填答結果中所組織出的閱聽大眾故事，共有四大故事主題 (如圖 4-17)，包含 Brand Advocates、Digital Moms、How-To Video Users、The Millennials。Brand Advocates 囊括所有關於品牌推廣的行為調查；Digital Moms 聚焦在時髦上網辣媽的行為調查；How-To Video Users 是指 YouTube 上觀賞各式 DIY 影片的行為傾向，至於 The Millennials 則是有關於新世代年輕人的網路行為調查，以上這些項目對於大數據電子商務來說極為重要，畢竟想要在新興電子商務中勝出，就得先掌握上網人士的行為動向。接下來，我們就針對這四大故事主題予以介紹：

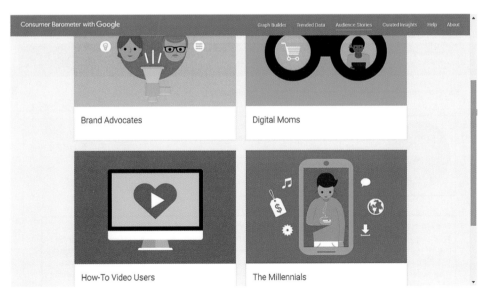

圖 4-17　谷歌消費者氣壓計 (9) (資料來源：Google Consumer Barometer)

Brand Advocates

品牌倡議指的是 Google 期望藉由調查方式來探索出受訪者對於品牌推廣的行為意向，也就是對口耳相傳的態度或意願。試想自己是一位尖端的物聯網業者，正面臨新產品上市後打造品牌知名度之困擾，雖然已經在電視頻道上冠名置入性廣告，但成效似乎不如預期，龐大的廣告費用阻礙了打響知名度的念頭。此時消費者溫度計裡頭的「品牌倡議」(Brand Advocates) 調查將會是一項重要線索，有了這項免費數據諮詢，打響知名度計畫才能更有效率並且節省成本。圖 4-18 為 Brand Advocates 進入畫面，藍色框線處是依據調查結果所歸納出來的結論，例如：全世界 1/3 網民是品牌倡議者 (1 in 3 internet users worldwide is a Brand Advocate)。此結論依據為何呢？憑什麼說全世界 1/3 網民都是品牌倡議者呢？紅色框線處的內容即針對這項結論加強說明，當中提到：

> 品牌倡議者不但外向且值得信任，他們彼此形成緊密的聯繫社群網絡。正因為品牌倡議者活躍在社群網路的至高點上，因此對於任何品牌的讚賞或批評都能發揮其舉足輕重之角色。

圖 4-18 谷歌消費者氣壓計 (10) (資料來源：Google Consumer Barometer)

　　根據調查結果發現，每天約有 50% 的品牌倡議者會發表與產品評論有關的網誌、文章、意見等，而每天也會有 40% 的品牌倡議者將自己對於產品的評論分享給其他人，由「全世界 1/3 網民都是品牌倡議者」這句話可以得知，品牌倡議者的訊息傳播力道強大，故業者在經營品牌形象時，品牌倡議者往往成為特定品牌的好夥伴。

　　透過上述翻譯我們可以發現，藍色框線中「結論句」是以「每天約有50% 的品牌倡議者會發表與產品評論有關的網誌、文章、意見等」、「每天也會有 40% 的品牌倡議者將自己對於產品的評論分享給其他人」，這兩項調查結果做為論述基礎。以此類推，任何發生在 Audience Stories 四大主題內的結論句都是這樣推論而來的。附帶一提，在圖中綠色箭頭處 Google 發揮創意，將所調查的結論數據以圖像化方式呈現，這樣的設計對於分析者來說，可以快速辨別該項調查結果是否是自己感到興趣的項目。

　　品牌倡議或是口耳相傳在大數據電子商務實務中屬於一種常見的訊息推播手法，我們在日常生活中也不難看到許多電商平台上的分享按鈕，此按鈕的設計初衷不外乎是協助業者以低成本方式將商品資訊藉由「特定人士」之手傳遞出去，此處所指的特定人士其實就是剛剛 Brand Advocate 調查中所看見的 1/3 有意願分享商品使用心得的消費者，而在一般情況下，他們所分享的對象大多是自己親朋好友或是任何跟自己有連結點的場域，這也是為什麼在剛才的翻譯中提到：「正因為品牌倡議者活躍在社群網路的至高點上，因此對於任何品牌的讚賞或批評，都能發揮其舉足輕重之角色」。

　　那麼為何品牌倡議者能夠發揮這麼大的影響力呢？若打算將自己所經營的傳統形態電子商務進化到新形態的大數據電子商務，該有哪些項目應當特別留意呢？如果自己對以上問題答案也感到興趣，千萬別錯過接下來的學理論述。

　　學者 Wangenheim 與 Bayon[2] 在 2004 年發表一篇學術研究 (如圖 4-19)，此論文旨在於探究口耳相傳人士為什麼有能力影響被推薦者們之意願，使他們繼

2　v. Wangenheim, F., & Bayón, T. (2004). The effect of word of mouth on services switching: Measurement and moderating variables. *European Journal of Marketing*, 38(9/10), 1173-1185.

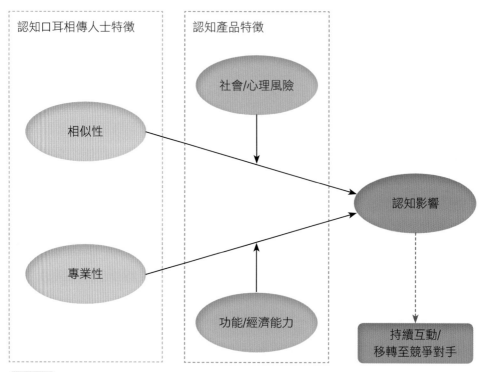

認知口耳相傳人士特徵

認知產品特徵

社會/心理風險

相似性

認知影響

專業性

功能/經濟能力

持續互動/
移轉至競爭對手

圖 4-19　口耳相傳倡議者特徵模型 (資料來源：European Journal of Marketing)

續購買相同商品或轉而購買競爭對手的商品。從圖中的認知口耳相傳人士特徵 (Perceived Communicator Characteristics) 可知被推薦者在考量自己是否願意被口耳相傳人士的意見影響時，會先審視推薦者是否具備一定程度之相似性與專業度，而這樣的考量會受到認知產品特徵 (Perceived Product Characteristics) 裡頭的社會風險與心理風險干預，若被推薦者們認為所推薦的商品社會風險越高或所推薦的商品心理風險越高，則他們會更為傾向接受來自於各方面皆與他們相似的推薦者所建議的意見。例如，某吸毒犯知道吸毒是不好的且與法不容，因此萌生社會風險與心理風險，此時若有一位個性相似且交情友好的生死之交遊說他吸食毒品，則這位毒犯很有可能接受遊說而真正吸毒。

　　類似的道理，若某被推薦者接收到來自業務員的保險推銷電話，這位被推薦者是否成功被遊說而購買保險產品的關鍵在於這位業務員是否具備一定程度

之保險專業，此外若所推銷的保險產品確實在功能上符合需求且尚在經濟能力允許情況下，若這些效果合併業務員的專業，那麼這位被推薦者更有機會被影響進而購買保險商品。

　　有鑑於電子商務受限於商品無法觸摸之特性，因此在策劃線上交易活動時，不妨考量商品購買對象的社會或心理風險，將這些風險透過產品代言人的相似性予以淡化，甚至是尋找具備產品專業能力的代言人在線上推廣商品，如此一來較能夠消彌顧客對於風險上之疑慮，待實用性與經濟能力都能兼顧時，顧客自然會被說服，進而實際購買商品。

　　以上所提到的「Brand Advocates」或是「口耳相傳倡議者特徵模型」，在電子商務實務上都是很常見的資料蒐集與銷售活動策劃。以圖 4-20 左下角處的紅色框線為例，不論是「揪好友拿現金」或是「Facebook 分享」，其目的都是業者希望透過口耳相傳人士的品牌倡議能力來影響被推薦者的購買意圖，

圖 4-20　電子商務平台口耳相傳功能實例 (資料來源：momo 購物網)

因此若希望這兩個功能鍵發揮真正功效，除了需考量圖 4-18 的品牌倡議調查報告之外，也必須了解圖 4-19 內的各項特徵項目，如此便能將所獲得的大數據轉化為電子商務獲利的敲門磚。

Digital Moms

一直以來，許多市調機構皆不約而同的指出相較於男性，女性是電子商務平台主要的消費族群。確實女性向來是電子商務平台的主要銷售對象，但除了概括以性別來說明此現象，Google 更從 Audience Stories 中具體調查關於已婚且育有下一代之年輕辣媽的網路行為。圖 4-21 為 Digital Moms 進入畫面，藍色框線處如同圖 4-18，一般是依據調查結果所歸納出來的結論，即超過 70% 的年輕辣媽至少每月在網路上發表意見，而在紅色框線處可以看見針對這項結論給予的說明。

內容提到，新潮女性與家庭主婦之間的鴻溝被年輕辣媽輕易的消彌了，年

Consumer Barometer with Google

Brand Advocates　**Digital Moms**　How-To Video Users　The Millennials

Online, Caring and Well-connected: Digital Moms* Know Best

70%　　over 70% of Digital Moms create or curate content online at least monthly

The gap between trendy women and caring mothers is bridged effortlessly - these are the Digital Moms. This new generation of mothers is well-informed, highly connected and trendy from head to toe. These moms make constant use of the Internet to buy all of the family essentials and to fulfil their own potential as bloggers and trendsetters - **75%** create or curate content online at least monthly. It is this tendency for active communication and interaction that makes the Digital Mom an excellent brand ambassador.

This custom analysis from the Consumer Barometer explains how young mothers spend their time online. It shows that, for these women, the Internet is an integral part of their everyday lives and how they interact with the world around them, including brands.

圖 4-21 谷歌消費者氣壓計 (K) (資料來源：Google Consumer Barometer)

輕辣媽這個世代消息可是非常靈通，從頭到腳無所不知，因為她們總是掛在網路上，例如：這類型辣媽總是透過網路來購買所有家庭日用品，甚至有些辣媽因此成為知名部落客或是消費知識先驅。根據調查，主要原因在於約有 75% 的辣媽至少每月在各式平台上發文一次，這也是為什麼比起一般家庭主婦，年輕辣媽更能夠扮演業者與消費者之間的最佳品牌大使。綜合上述，上網購物這檔事對於年輕辣媽來說，已成為生活中的一部分，她們總是藉由網際網路來與世界互動，特別是在商品品牌方面。

　　知道上述調查報告之後，接下來我們要討論的是「為何年輕辣媽總是願意在網路上購物，甚至發表心得呢？」，要知道這個問題的答案，首先得了解「驅力與阻力」，即究竟是什麼原因驅使或阻礙人們從事線上購物？釐清相關助力與驅力之後，才能進一步探討相同驅力或阻力在不同「性別」或「年紀」上是否有購物行為差異。Lian 與 Yen[3] 兩位學者在 2014 年提出線上購物性別差異模型 (如圖 4-22)，其中驅力包含對商品服務的表現預期 (Performance

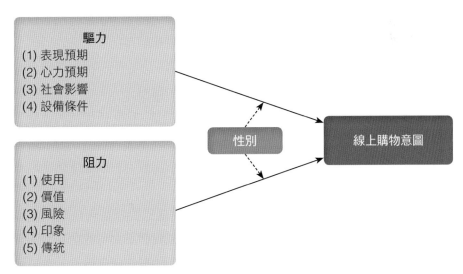

圖 4-22　線上購物性別差異模型 (資料來源：Computers in Human Behavior)

3　Lian, J. W., & Yen, D. C. (2014). Online shopping drivers and barriers for older adults: Age and gender differences. *Computers in Human Behavior*, 37, 133-143.

expectation)、對線上購物操作簡單的心力預期 (Effort expectation)、同儕認為應該使用線上購物的社會影響 (Social influence)，以及認為電商平台及其相關技術能提供線上購物的協助之設備條件 (Facilitating conditions)。

當然有了驅力就會有「阻力」，購物者在參與線上購物可能的阻力有使用、價值、風險、印象與傳統。其中「使用」指的是購物者是否需要花費更多的學習精力來適應線上購物，若線上購物反而比傳統購物麻煩費事，則購物者有可能排斥在線上進行交易活動。「價值」(Value) 所指為在線上購買產品或服務之效益是否優於從實體情境獲得的產品或服務，若線上購物的效益遠不及實體購物，那麼購物者自然不願意參與線上交易活動。「風險」(Risk) 是指線上購物的風險是否比實體購物還來得低，若線上購物風險與不確定性皆很高時，那麼購物者勢必會放棄線上的交易方式，畢竟他們沒有理由拿石頭砸自個兒的腳。至於在「印象」(Image) 方面，若線上交易方式曾經在購物者們的腦海中留下負面印象，則他們容易對線上交易產生反感的先入為主想法，進而抗拒在線上從事交易活動。最後提到的阻力是「傳統」(Tradition)，如果線上交易的方式、物品或是任何的一切與當地傳統文化產生衝突，那麼購物者較難突破傳統文化習慣來接受與既有文化互斥的線上交易相關事物。

綜合以上敘述，若自己是大數據電子商務業者，一定巴不得想要將上述驅力最大化並且把阻力最小化，像是將剛才所提到的驅力之一：「同儕認為應該使用線上購物的社會影響 (Social influence)」，搭配圖 4-20 所提及的社交分享按鈕，將它所觸發的點擊數據掌握後，即可用來設計增加影響力促銷方案，也就是最大化社交影響力，這個概念與銀行信用卡派出舊卡戶來延攬新卡戶非常類似。

相反的，剛才所提到的傳統阻力，直白的說就是要考量到在地文化與特色，把傳統文化所帶來的阻力盡可能的降低，像是我們不太可能在回教國家的電商平台上販售豬肉加工製品。如果在阻力最小化的環節處理得當，有時候甚至能夠把阻力轉化為助力。以台灣知名的中元節文化來說，幾年前全聯福利中心率先在虛實整合通路中，將農曆七月的好兄弟形象從恐怖塑造成溫馨感人，幾年之後的 7-11 便利商店也在 2017 年中元節推出類似溫馨感人的好兄弟感恩

促銷方案，這些作為都是打算將上述提到的阻力化為助力之經典案例。

弔詭的是，有些電商業者即使認同且致力於「驅力最大化、阻力最小化」的策略改進，卻仍無法有效的提升業績。為什麼會這樣呢？有非常大的可能在於業者忽略了「驅力最大化、阻力最小化」其實與性別或年紀有關，特別是在年紀方面。大家可以想想看，目前我們提到的年輕辣媽是否就是因為年輕而與傳統家庭主婦格外不同呢？沒錯！圖 4-22 除了提到驅力 (Driver) 與阻力 (Barrier) 之外，還討論到性別與年紀。

根據 Lian 與 Yen 兩位學者的研究結果發現，雖然性別差異並未發生在剛才所討論到的驅力與阻力，也就是說不論是男性或是女性，他們在驅力與阻力上的看法幾乎一致，但是學者們卻從不同年齡層中觀察到驅力與阻力間可觀的差異。例如：比起年紀大的購物者，年紀較輕的購物者不認為上述阻力會是阻礙他們線上交易的主因，畢竟他們可能自出生以來就習慣沉浸在網路世界中；換句話說，年紀愈大的購物者可能更會因為上述阻力影響而放棄參與線上購物，此與 Google 所調查的年輕辣媽觀點不謀而合。有鑑於此，大數據電子商務業者除了可藉由社交分享按鈕來最大化驅力之外，亦可以藉由社交軟體上所揭示的分享者性別來進一步深化「驅力最大化、阻力最小化」。

How-To Video Users

許多時候，人們喜歡在家自己動手 DIY，像是水電、工藝、汽機車保養等，自己動手 DIY 不但有成就感，也能夠節省開支。自從網際網路問世後，人們在 DIY 時總是可以很容易的從網上取得相關教學資料，不論是靜態的教學文件或是動態的教學影片，只要動動手指點一下，貼身家教立刻出現在自己身旁。

Audience Stories 的第三個分項是 How-To Video Users，旨在於調查不同形態的教學影片是由哪些學習者所觀看，圖 4-23 即為 How-To Video Users 的進入畫面，如同前兩大主題一般，藍色框線處是調查結果，紅色框線處則是調查說明。當中提到，每十位網路使用者之中就會有一位使用者觀賞一般性 DIY 教學影片，這個現象對於業者來說，可是天大的好消息！每當學習者試圖從影

Consumer Barometer with Google

Brand Advocates   Digital Moms   **How-To Video Users**   The Millennials

1 in 10 internet users watch DIY or How-to videos in a typical session

Among the vast array of content on YouTube is a select set of how-to videos. This type of video offers opportunities for brands to present their own products or let them be presented by consumers. The style of these videos is creative and free, ranging from branded or professional product reviews to user generated reviews and unboxing videos. But that's not all - consumers show others how to cook, how to build or how to best clean up the garden after a barbecue. So, who watches this content?

First of all - viewers of these videos love infotainment and being creative, and are highly active online. They watch more (and longer) online videos than the average user and they also curate and create their own online content on a nearly daily basis. Even more, How-to Video Users are a large group: around the world, 2/3 of internet users watch YouTube at least once a week - just over 1 in 10 of those who watched YouTube in the last week watched do-it-yourself (DIY) or how-to videos. And all this makes how-to videos an appealing method for marketers and brands to find a focused and captive audience in the digital space

A custom analysis from the Consumer Barometer describes what content is most interesting to How-To Video users, how they access online content and how brands can leverage this valuable group.

圖 4-23 谷歌消費者氣壓計 (12) (資料來源：Google Consumer Barometer)

片中獲取新知時，無形之間，業者的品牌印象也不斷的烙印在學習者心中；換句話說，若業者提供 DIY 教學影片，不但可以滿足學習者在知方面的需求，同時也在替自己的品牌做廣告。除此之外，喜愛觀賞 DIY 教學影片的學習者們還有許多與眾不同之特性。例如：他們積極在網路上尋找可用知識、富有嘗試新鮮事性格、偏好長度較長的影片等，甚至他們習慣將自己 DIY 心得上傳至網路上。

在大數據電子商務情境中，由於消費者無法在網路上觸摸到實際商品，又或是在實際下單之前想要得知商品運作過程與表現，此時提供與商品有關的教學或展示影片，將能夠有效解決這個電子商務與生俱來的短處。倘若消費者實際觀賞影片，業者就能夠從影片觀賞行為中捕捉數據，而此數據對業者來說可謂是如獲至寶，畢竟它代表的是商機與獲利。舉例來說，若業者透過影片觀賞數據發現，多數學習者不約而同的在特定片段按下暫停，那麼恐怕不是他們都想要暫停一下去上個廁所，而是對影片暫停處產生興趣或是疑惑，無論如何，

業者提供 DIY 影片並非主要目的，真正用意即在於對收視數據之掌握。

即便如此，業者們常遭遇到的困難是明明已經提供 DIY 影片且學習者也確實觀賞，但「觀賞完畢之後並沒有將影片分享給他人」或是「觀賞影片之後並未整理成自己心得後分享給他人」。此情況對於業者來說，肯定不是件好事，畢竟 DIY 影片製作初衷就是希望藉由學習者之手來拓展品牌形象或知名度。有鑑於此，我們有必要了解究竟是什麼樣的原因使得學習者會願意分享所觀看的 DIY 影片，又或者是了解學習者們在觀看 DIY 影片之後，他們的知識形成與傳遞是怎麼樣的一個過程，如此才能有效設計學習者欣賞影片後的分享意願激勵方案。

下圖 4-24 為 Cheung[4] 等學者於 2013 年所提出的知識分享持續意願模型，其中知識分享持續意願會受到滿意度與知識自我效能影響，即當知識分享者認為分享知識讓他們內心感到滿意或是自認為對知識有一定程度之了解，那麼就構成知識分享持續意願形成的必要條件。

除此之外，知識自我效能除了能夠直接影響知識分享持續意願之外，尚可

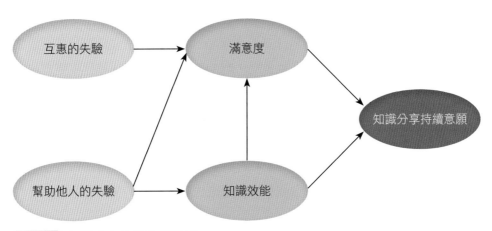

圖 4-24　知識分享持續意願模型 (資料來源：Journal of the Association for Information Science and Technology)

---

4 Cheung, C. M., Lee, M. K., & Lee, Z. W. (2013). Understanding the continuance intention of knowledge sharing in online communities of practice through the post knowledge sharing evaluation processes. *Journal of the Association for Information Science and Technology*, 64(7), 1357-1374.

以間接的透過滿意度來影響知識分享持續意願，也就是說當知識分享者覺得自己在某方面知識足夠時，除了會願意持續分享自己所擁有的知識之外，還會在內心感到滿足與愉悅。那麼究竟是什麼原因會導致知識分享者在分享知識之後產生滿意感或是感到知識自我效能足夠呢？

在回答這個問題之前，我們得先了解「失驗」(disconfirmation) 概念，所謂「失驗」是指「預期情況」與「實際情況」之間的比較，當預期情況與實際情況相吻時稱為零失驗，而若實際情況比預期情況還要來得糟糕時，稱為負面失驗；相反的，若預期情況比實際情況來得好時，則稱為正面的失驗。所以若要讓知識分享者們能夠保持分享知識的愉悅感，以及讓他們認為自己知識效能足夠，就必須回溯至互惠的失驗 (Disconfirmation of Reciprocity) 與幫助他人失驗 (Disconfirmation of Helping Others)。

前者指的是知識分享者預期分享知識能夠獲得他人回報，如果在分享知識後獲得他人回報，正向失驗就油然而生，進而正面地影響知識分享者內心愉悅感或滿意度之形成。後者則是，知識分享者預期分享知識能夠有助於他人，若果真在分享知識後，他人因獲得知識而確實得到幫助，則亦會產生正向失驗，進而影響知識分享者內心愉悅感或滿意度之形成。值得注意的是，幫助他人的正向失驗除了能夠直接影響知識分享者滿意度形成之外，還能夠間接的透過知識自我效能來影響滿意度形成。換言之，幫助他人是愉快的，施比受更有福。

假設自己是大數據電子商務從業人士，正打算透過影片方式來彌補電子商務無法接觸實體商品的窘境或是透過教學影片來教導消費者如何使用商品，可千萬別只是將焦點置放在影片拍攝的質量，質量只是大數據時代下電子商務成功的必要條件，還必須藉由上圖 4-24 的指引來喚醒影片觀賞後的知識分享行為，如此業者才能夠透過掌握收視相關數據來快速且廣泛的傳播品牌形象、商品表現、使用經驗等。

The Millennials

Audience Stories 的最後一個分項是 The Millennials，旨在於調查 16 歲到 34 歲 Y 世代年輕人上網行為 (如圖 4-25)，Y 世代年輕人與其他人不同的是，

Consumer Barometer with Google

Brand Advocates   Digital Moms   How-To Video Users   **The Millennials**

75% of Millennials go online via smartphone at least as often as computer

Millennials are not just digital, they're mobile. Smartphones are becoming ever more important: 3 in every 4 Millennials already go online with their mobile devices at least as often as they do with a computer. 1 in 3 go online more often via smartphone. This younger audience demands access to information where and when they want it - 1 in 4 claim to be constantly moving back and forth between their devices. What types of activities do young people do on their smartphone at least as much as on their computer? Everything. They visit social networks (67%), look for information on search engines (62%), watch online videos (56%), look up directions (51%) and research potential purchases (43%).

圖 4-25　谷歌消費者氣壓計 (13) (資料來源：Google Consumer Barometer)

他們一出生 (或青少年期) 即生長在網際網路世界裡，故比起一般人，他們更習慣使用網際網路。根據 The Millennials 調查發現，有將近 90% Y 世代年輕人每天都上網，其中更有 75% 的 Y 世代青年使用智慧型手機上網 (如藍色框線)。

　　言下之意，行動上網裝置已是Y世代青年的最佳良伴，在紅色框線處，我們可以看到有 67% Y 世代青年將智慧型手機用來聯繫網上社交好友，62% Y 世代青年把智慧型手機做為百科全書般的搜尋資訊，而有 56% Y 世代青年將智慧型手機視為行動電影院般的欣賞影片，甚至有 51% 與 43% 的 Y 世代青年善用智慧型手機在地圖找路與商品查找研究上，這些 Y 世代青年的日常生活可謂是虛實整合最佳寫照。

　　由於 Y 世代青年與一般上網族群的上網行為有著頗大差異，因此大數據電子商務業者要如何應付此龐大的未來目標族群呢？學者 Bilgihan[5] 於 2016 年

5　Bilgihan, A. (2016). Gen Y customer loyalty in online shopping: An integrated model of trust, user experience and branding. *Computers in Human Behavior*, 61, 103-113.

提出 Y 世代青年對於線上購物忠誠度影響因素之研究報告 (如圖 4-26)，當中
提到線上忠誠度 (e-Loyalty) (指不斷惠顧特定網路商店) 的決定因素有三大項，
分別是品牌權益 (Brand Equity)、沉浸 (Flow)、信任 (Trust)。「品牌權益」所
指為一個品牌所擁有的資產與負債集合，在一般情況下，若資產大於負債，則
品牌權益愈高也就愈能獲取顧客青睞。「沉浸」指的是消費者陶醉在線上購物
情境中，通常沉浸程度愈高，消費者愈能享受線上購物所帶來的一切正面感
受。至於「信任」則是指由業者所提供的線上購物情境能夠讓顧客消彌購物不
確定性所帶來的不信任感。

　　這三大決定因素當中，首重信任對線上忠誠度之影響，其次是品牌權益，
最後才是沉浸。換句話說，若電子商務業者無法營造讓消費者可信任的購物空
間，就算是再好的品牌權益效果或是消費者再怎麼沉迷在線上購物中也是枉
然。既然信任、品牌權益或是沉浸對消費者的線上忠誠度影響那麼大，究竟該
如何維持這三者呢？答案就在圖 4-26 左側的「享樂特徵」(Hedonic Features)
與「實用特徵」(Utilitarian Features)，此與 1-3 節所提到的功利導向購物與娛
樂導向購物相同。

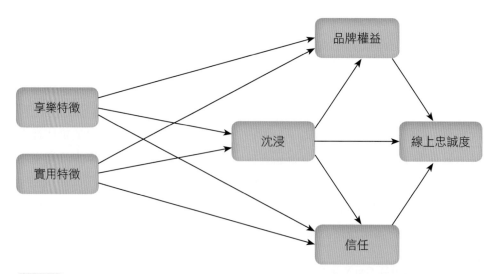

圖 4-26 Y 世代線上購物忠誠度模型 (資料來源：Computers in Human Behavior)

　　試想，若消費者們無法在購物網站上享受購物時帶來的快感，他們勢必會感到乏味或沮喪，此時自然無法滿足消費者的享樂需求。相似的，若購物網站所提供的操作介面難以使用，讓消費者在購物過程中充滿許許多多阻礙，此時消費者當然會認為該網站的易用性與實用性不佳，也因此無法滿足消費者的實用需求。有鑑於此，電子商務業者應格外重視享樂特徵與實用特徵對沉浸效果所帶來的重大影響，像是電商網站的設計或營運策略是否融入購物趣味性，又或者是網站的設計是否能夠讓消費者感到簡單使用且實用性佳，畢竟這兩大特徵是最能夠使消費者愛上線上購物的法寶。

Curated Insights

　　Google 消費者氣壓計的最後一項主題是 Curated Insights，若查詢英文字典很難正確翻譯出 Curated 的意思。在電子商務數據分析裡的 Curated 是指彙整出有意義之數據或資訊供他人使用，Google 消費者氣壓計的 Curated Insights 就是指將有用的資訊彙整後提出具有洞察力的數據解析。

　　圖 4-27 為 Curated Insights 進入畫面，此部分調查數據同樣是以資料視覺化方式來呈現，然而在左上角藍色箭頭處為 Google 提供之排序功能，在預設情況下，資料的呈現是以無排序的方式呈現，點擊長條圖小圖示之後，所呈現的資料便由大至小排列。值得注意的是，在預設情況下的 Curated Insights 是以全球觀點來描述全球網民的上網相關行為，但我們仍可以在綠色框線處自行選擇所欲觀看國家或地區的 Curated Insights，一旦選擇之後，結果將會大不相同。

　　圖 4-28 為選擇 Taiwan 之後所顯示的畫面，從綠色框線處可以得知在台灣，大多數民眾使用智慧型手機上網，其次是使用桌機上網與平板電腦上網，這是否表示行動上網人數已大大超越桌機上網人數呢？確實，許多市調機構皆不約而同的指出自 2016 年起，許多國家都會發生流量的黃金交叉，也就是指過去的桌機上網盛世逐漸衰退，取而代之的是讓使用者隨時隨地都能夠上網的行動裝置。

　　至於在藍色框線處則可以看見多數台灣民眾在看電視的同時，也會一併使

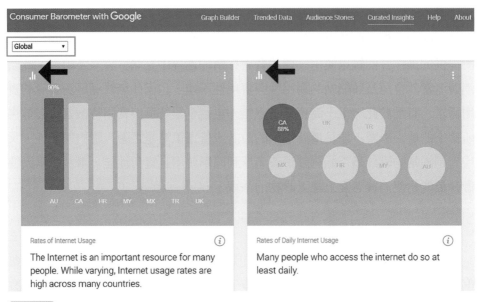

圖 4-27 谷歌消費者氣壓計 (14) (資料來源：Google Consumer Barometer)

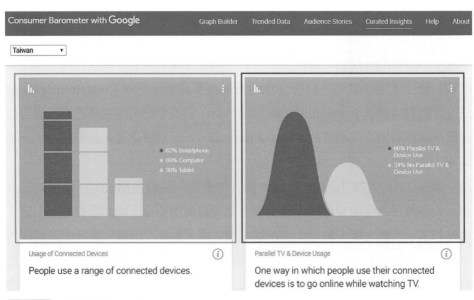

圖 4-28 谷歌消費者氣壓計 (15) (資料來源：Google Consumer Barometer)

用行動裝置，此訊息透露出多螢趨勢，即使用者不再只是透過桌機上網，凡是能夠上網的裝置都不斷的在侵蝕傳統電視原先所擁有的觀眾注意力優勢。

綜合以上調查結果，大數據電子商務從業人士應該注意哪些事項呢？首先是要了解到桌機上網行為與行動裝置上網行為的差異，由於行動裝置的可視範圍不比桌機螢幕般充裕，再加上使用者在移動過程中的上網注意力相對桌機上網來得短，因此在經營大數據電子商務時，除了要維護好原先的桌機交易環境之外，還必須考量到行動上網趨勢，營造一個對行動上網友善的瀏覽環境。

以圖 4-29 為例，Google 提供大家行動裝置相容性測試 (https://search.google.com/test/mobile-friendly)，只要在紅色框線處輸入任一網址，並按下「執行測試」按鈕，Google Mobile Friendly 即會針對該網址進行掃描診斷，若該網站符合行動裝置友善性，則會顯示如圖 4-30 畫面，而若該網站不符合行動裝置友善性，就會提示如圖 4-31 畫面，並且告訴我們有待改善之處。

關於多螢上網行為部分，相較於過去，消費者在觀看電視時，已不再只是頻繁切換頻道，除了不斷切換頻道、上廁所、聊天等影響注意力的事項發生之

圖 4-29　Google Mobile Friendly 行動裝置友善性測試 (1)

圖 4-30 Google Mobile Friendly 行動裝置友善性測試 (2)

圖 4-31 Google Mobile Friendly 行動裝置友善性測試 (3)

外，他們還會一邊使用手機、一邊看著電視，因此在大數據電子商務時代的注意力戰爭已從過去的桌機環境轉換至連網電視或任何連網裝置，而業者也比過去更難以留住顧客注意力。SilverPush 是一家物聯網顧客注意力解決方案業者(如圖 4-32)，其所推出的超音波追蹤技術重新定義傳統電視廣告運作模式。

我們用兩個情境來說明這項新科技：

情境一

　　小明躺在家中沙發上欣賞著世大運體育賽事，在觀看比賽過程中，每到廣告時刻，他就拿起身旁的手機滑呀滑，直到賽事繼續開始才又立刻將手機擱在一旁。不久，小明媽媽也加入觀賞行列，坐在小明身旁有一搭沒一搭的。突然，小明媽喊著：「小明你看！賽場旁邊的那家保險廣告就是我投保的業者耶！」小明聽了以後只冷淡的回了一字：「喔～」。

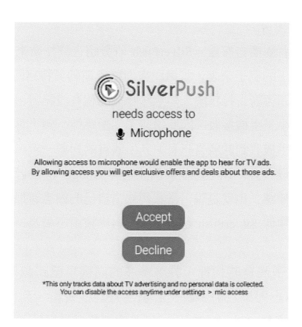

圖 4-32　行動裝置超音波廣告追蹤技術

情境二

　　小王躺在家中沙發上欣賞著世大運體育賽事，在觀看比賽過程中，每到廣告時刻他就拿起身旁的手機滑呀滑，直到賽事繼續開始才又立刻將手機擱在一旁。不久，小王的手機突然跳出運動用品廣告，而該運動用品恰好被他正在觀賞的球星使用著。由於該球星是小王的偶像，再加上自己平常也從事相同的運動，因此立刻點擊購物車，並期待該商品速遞到家。

　　相對之下，情境一的小明面對廣告時幾乎視而不見，但情境二的小王卻是對廣告非常有感。主要原因在於情境一的廣告屬於傳統投放方式，這種方式對於小明當下注意力的吸引非常有限，畢竟小明有自己想要關注的賽事，這個現象可以用知名的選擇性注意 (selective attention)[6] 來說明，即人們在專注一件事情的同時，很難將注意力分散給其他事物。這或許也可以用來解釋為何在網站上，我們常常看到一些廣告，但卻對那些廣告非常冷淡或是採取視而不見之對策。

　　為了讓觀賞者對廣告有感，SilverPush 研發超音波技術來契合觀眾注意力需求。以剛才小王的例子來說，當電視畫面給予運動員特寫時，SilverPush 會將運動員特寫鏡頭與廣告打包成人類無法聽見的超音波訊號，此訊號會從電視音箱發送後，被小王手機接收，因此達成了「對應性」與「專注力提升」。對應性指的是觀眾手機收到的廣告訊息與其所觀賞的對象一致，因此可以使觀眾的廣告注意力得以提升。以上這些案例能夠與 Google 消費者氣壓計所調查出來的多螢行為相呼應，也就是說，當我們知道自己的顧客有很大的可能會發生多螢行為之後，類似 SilverPush 超音波廣告對應技術不失為一種解決專注力分散的良藥。

　　在大數據電子商務時代裡，許許多多的商機早已跨越傳統桌機交易的藩籬，因此在拿出對策之前，我們必須參考許多資料。到目前為止，我們介紹了谷歌搜尋趨勢 (Google Trends) 與谷歌消費者氣壓計 (Google Consumer

---

6　Näätänen, R., Gaillard, A. W., & Mäntysalo, S. (1978). Early selective-attention effect on evoked potential reinterpreted. *Acta psychologica*, 42(4), 313-329.

Barometer)，雖然這兩者同樣都是外部參考資料來源的一種，但兩者在資料蒐集方式上存有差異。

　　谷歌搜尋趨勢的資料蒐集係藉由使用者在 Google 搜尋引擎的查詢字詞記錄來運作，而谷歌消費者氣壓計則是透過問卷調查的方式來取得數據，因此若以統計抽樣偏誤來論，谷歌消費者氣壓計較容易產生抽樣誤差，畢竟它僅能針對部分受訪者進行施測。相反的，谷歌搜尋趨勢是普查概念而非抽樣，任何發生在搜尋引擎上的查詢資料皆被羅列，故這種趨近於全母體資料的蒐集方式較不容易產生誤差。

　　那麼為何問卷調查容易產生抽樣誤差卻仍要使用這種資料蒐集方式來了解網路行為呢？主要原因在於問卷調查能夠直白的針對特定問題來諮詢受訪者的內心傾向，而搜尋引擎查詢紀錄的命題需仰賴分析者自行推敲。例如：若某位消費者曾經透過桌上型電腦查詢關鍵字 A，幾天過後卻使用他的智慧型手機再次查詢關鍵字 A，此時 Google Trends 僅能記錄到關鍵字 A 的兩次查詢趨勢，但卻無法得知其實這兩次查詢所使用的裝置大大不同，有鑑於手機上網行為與桌機上網行為有著本質上的差異，因此僅仰賴 Google Trends 做為唯一的資料來源參考是不夠的。

　　綜合以上說明，這兩種外部資料參考來源並沒有絕對的好與壞，只要能夠對自己經營電子商務有幫助的資料蒐集方式，就是一種可行的參考，也都是大數據電子商務的組成元素之一，因此大家不妨同時善用這兩種資料來源。最後我們要提醒大家，受限於篇幅之故，我們無法一一的解說 Google 消費者氣壓計內的所有調查題目和選項，讀者們可依照自身需求，透過上述所傳達之方式來解讀數據意涵。

4.3　網路爬蟲 (Python Crawler)

　　以上所提到的外部參考資料都是經由他人之手所整理而成的，好處是自己只需要扮演稱職的分析師角色即可，而不用在原始資料取得上親力親為。相對的，既然數據報告是來自他人的二手資料，自己在研讀時當然無法主張許多內

容，也就是資料分析各方面皆缺乏彈性。有鑑於此，若我們在吸收他人所提供的數據之餘，仍然可以取得符合自己分析需求的一手資料，那將會使大數據電子商務的分析工作更加深入。

舉個例子，回顧圖 4-2 中的竄升影視搜尋關鍵字「太陽的後裔」，若想要在電商銷售活動上融入這部熱門影視相關內容，勢必得針對這部影片的網路熱度加以了解，如此才能在銷售活動中契合網路大眾所認同之亮點，因此僅僅仰賴 Google 搜尋趨勢的外部資料顯然不太足夠。有鑑於此，本節將介紹大數據領域當中常使用的「網路爬蟲」技術，透過它將可彌補外部參考資料，彈性不足之缺憾。也正因為網路爬蟲能夠依照分析者需求自動的抓取許多資訊，使得電子商務業或相關業者對於具備網路爬蟲設計能力的人才趨之若鶩 (如圖 4-33 紅色框線)。

所謂網路爬蟲 (web crawler) 是指能夠藉由電腦程式指令控制來抓取網路公開資料的一種工具，例如：透過網路爬蟲可將對手網站上的商品售價抓回後，進行比價分析，又或是產品製造商可藉由網路爬蟲之協助來蒐集網民對於

圖 4-33　網路爬蟲職缺示意 (資料來源：104人力銀行)

商品的興情或評論。由於網路爬蟲係以程式語言方式撰寫而成，能夠建立網路爬蟲的程式語言不勝枚舉，如 Java、R、Python 等。

本節以 Python 做為網路爬蟲示範的程式語言，主要原因在於 Python 被電機電子工程師學會 (IEEE) 列為 2017 年十大受歡迎程式語言之首 (如圖 4-34)，而坊間實務業者對於 Python 的採用亦給予高度的肯定。使用 Python 具有語法簡單、兼容性佳、應用多元、免費使用、線上教材普及等優點，因此就算是非資訊背景人士也能輕鬆上手。

Python 的官方網站網址為 https://www.python.org，進入後可將圖 4-35 紅色框線處的「Menu」選單展開，並點擊左側綠色框線中的「Downloads」來下載最新版本 Python 軟體。

圖 4-36 為 Python 3.6.2 版下載畫面[7]，點擊「Download Python 3.6.2」按鈕後即可開始下載。

Language Rank	Types	Spectrum Ranking
1. Python		100.0
2. C		99.7
3. Java		99.4
4. C++		97.2
5. C#		88.6
6. R		88.1
7. JavaScript		85.5
8. PHP		81.4
9. Go		76.1
10. Swift		75.3

圖 4-34　世界十大程式語言排行 (2017 年) (資料來源：IEEE SPECTRUM)

7　截至本書完稿為止，最新的 Python 來到 3.6.2 版，然而一般軟體都會發生不定時更新情況，若讀者因版本差異無法實現本文範例演示時，請仍優先下載並安裝 3.6.2 版。

圖 4-35　Python 官方網站 (資料來源：https://www.python.org)

圖 4-36　Python 下載頁面 (資料來源：https://www.python.org)

　　下載完畢後點擊 python-3.6.2.exe 檔案，即可進入安裝畫面 (如圖 4-37)，接著請再點擊紅色框線處的「Install Now」預設路徑，安裝之前先行核取紅色箭頭處的「Add Python 3.6 to PATH」，此舉是要在作業系統環境變數設定中加入 Python，如此不論自己身處在哪一個路徑下，都能夠隨時執行 Python 相關

圖 4-37 Python 安裝 (1)

檔案，同時也增加網路爬蟲套件安裝的便利性。

等待一會時間之後，即可以看見如圖 4-38 安裝成功畫面，此時請點擊「Close」按鈕以關閉此提示視窗。

安裝完成的 Python 會被放置在桌面左下角處的「開始 → 所有程式 → Python 3.6」資料夾內 (如圖 4-39 紅色框線處)，若點擊綠色箭頭處的 IDLE (Python 3.6 32-bit) 則可以看見圖 4-40 Python 程式語言的正式進入畫面。

至此，所有 Python 安裝工作已告一段落，在預設情況下，Python 並不具有網路爬蟲功能，因此我們必須安裝相關套件才能開始製作網路爬蟲。所謂套件可將它想像成一個倉庫，倉庫裡頭存放著許多工具，每當我們需要使用到特定工具時，只需要走進倉庫取出工具後即可使用。在一般情況下，Python 網路爬蟲會使用到兩大套件，分別是「requests」與「BeautifulSoup」。

requests 套件中擁有許多與網站存取有關的工具，這些工具可以被用來模擬人類使用滑鼠的網站瀏覽行為，畢竟網路爬蟲只是一個擬人化的工具，它在網路上抓取資料就如同人類瀏覽網站一般，因此我們可以把 requests 視為一個

圖 4-38 Python 安裝 (2)

存放許多與網站內容請求有關的倉庫，倉庫內部存放許多有助於完成網站內容請求的工具。至於 BeautifulSoup (美麗的湯) 就比較難以從字面上直接理解，推敲此套件設計者是用較為藝術家的觀點來命名此套件，也可以說設計網路爬蟲的運作堪稱為一種藝術，也確實每個人所設計的爬蟲思維也會因人而異。

　　BeautifulSoup 這個套件倉庫裡存放許多與網頁內容剖析有關的工具，試想，網頁內容百百種，各家網站結構也不盡相同，因此若想要讓爬蟲順利的將網頁資料取回，勢必得有若干工具協助爬蟲來辨識。接下來的內容示範將以圖 4-2 中的「太陽的後裔」搜尋關鍵字為基礎，搭配上述兩大網路爬蟲套件，試圖在 Google Search Trends 以外的網站來抓取與該字詞有關的資料，藉以說明「非彈性外部資料」與「彈性外部資料」兩者合併參考的可行性與必要性。

　　首先我們必須在 Python 中安裝「requests」與「BeautifulSoup」這兩個非預設套件，安裝方式必須從命令提示介面中著手，請由桌面左下角處的「開始 → 搜尋框中輸入 cmd → cmd.exe」進入命令提示介面 (如圖 4-41 數字標號處)。

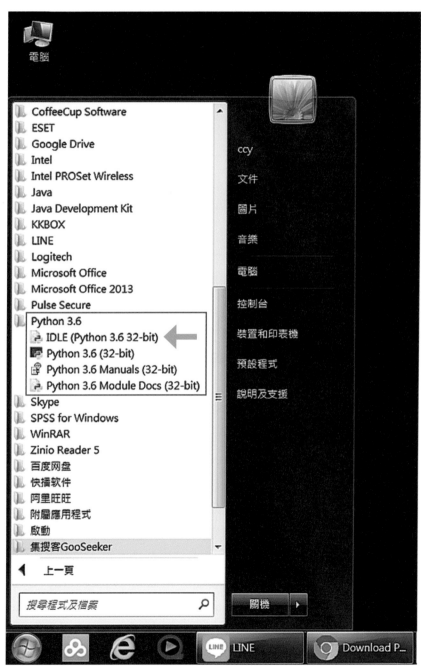

圖 4-39 Python 安裝 (3)

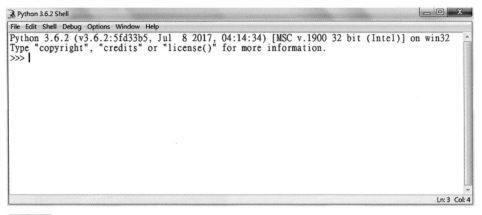

圖 4-40 Python 執行畫面

　　所謂「命令提示介面」指的是沒有滑鼠操作的指令介面，開啟後，我們必須透過鍵盤在游標閃爍處輸入 requests 套件安裝指令「python –m pip install requests」(如圖 4-42 紅色框線處)，請注意！命令提示字元「>」左側的路徑名稱「C:\Users\ccy」會隨著電腦使用者名稱不同而改變，因此請別誤以為這部分必須與書中畫面一致。指令輸入完畢按下鍵盤 Enter 之後即開始安裝，結束後會看見如圖 4-43 紅色框線處的安裝成功畫面。

　　安裝完成 requests 套件之後，接續著安裝 BeautifulSoup 套件，BeautifulSoup 套件的安裝方式與 requests 套件安裝方式大同小異，同樣是在命令提示介面的游標閃爍處輸入套件安裝指令「python –m pip install BeautifulSoup4」，這裡必須特別注意套件的英文大小寫與最末端的阿拉伯數字 4，必須一字不差的輸入一致字元 (如圖 4-44 紅色框線)，否則無法成功安裝該套件，若安裝完畢則可以在畫面下方看見安裝成功畫面。

　　以上是「requests」與「BeautifulSoup」兩個套件的安裝方式，緊接著進入網路爬蟲設計的重頭戲。我們以 Google 新聞平台 (https://news.google.com/news/?ned=tw&hl=zh-TW) 為資料抓取標的，並在其中查詢「太陽的後裔」關鍵字詞，查詢結果如圖 4-45 所示。若想從查詢結果中將所有提到太陽的後裔關鍵字詞的新聞標題與網址抓回並計算總新聞篇數，則需要在 Python 軟體之

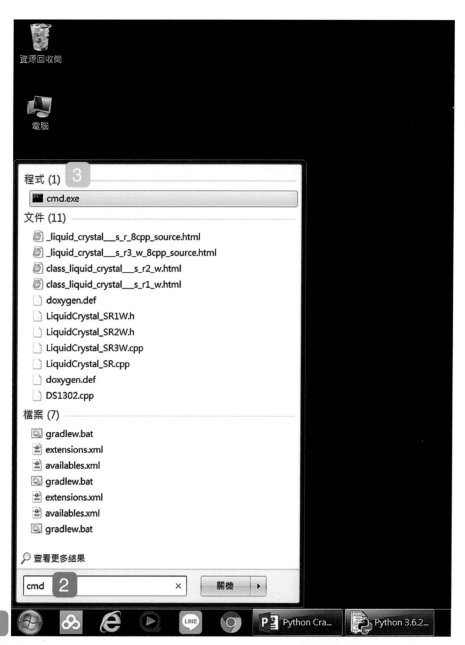

圖 4-41　套件安裝 cmd 畫面

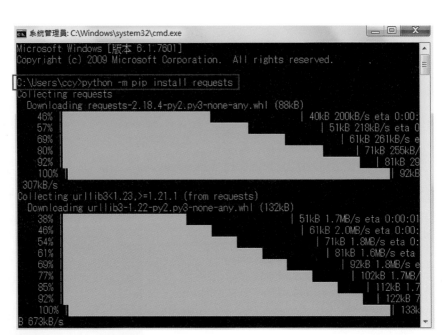

圖 4-42 requests 套件安裝指令畫面 (1)

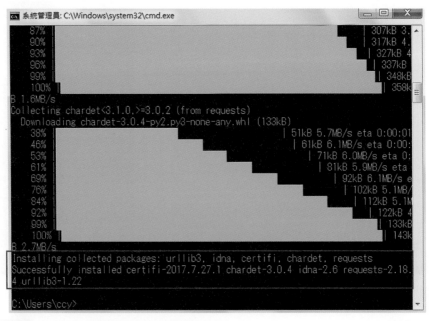

圖 4-43 requests 套件安裝指令畫面 (2)

圖 4-44 BeautifulSoup 套件安裝指令畫面

圖 4-45 Google 新聞查詢畫面

中給定「抓取標的」、「抓取內容」,以及「抓取策略」。其中抓取標的是指欲命令 Python 網路爬蟲抓取資料的來源網站,抓取內容則是指打算從來源網站中抓取什麼樣的內容,至於抓取策略不外乎是告訴網路爬蟲以什麼樣的方式來取得上述指定爬取之內容。

圖 4-46、4-47、4-48 為將程式碼鍵入 Python 軟體並且執行後的畫面,讀者可以依樣畫葫蘆的在自己電腦中鍵入下列程式碼。請注意!圖 4-49 底色標記處為程式碼說明並非程式碼本身,請勿將其輸入至 Python 中。閱讀下列程式碼有幾點注意事項:(1) 程式碼執行與閱讀的順序為上至下 (top-down),除非程式中使用了跳躍式語法,否則絕大多數情況皆不脫離這樣的順序。(2) 由於程式是用來指揮電腦做事,因此任何打字錯誤、忘記空白、英文大小寫弄錯、遺漏冒號、縮排位置不正確等皆會導致程式無法順利執行。(3) 在程式碼內所看見的等號並非如同大家在數學上常見的等號,程式內的等號是指將等號右邊內容放到或指定至等號左邊。(4) 在程式碼中若看見類似 xxx ( ) 語法,則可立即聯想到某某工具,例如:get ( ) 的用途上是當我們打算將網址或其他相關內容取回時所使用到的工具。由於本書係依照非資訊背景讀者所量身打造,

圖 4-46 Python 網路爬蟲程式碼 (1)

```
Python 3.6.2 Shell
File Edit Shell Debug Options Window Help

 BeautifulSoup(YOUR_MARKUP, "html.parser")

>>> counter = 1
>>>
>>> for content in parse.select(".nuEeue"):
        print('(' ,counter, ')')
        title = (content.text)
        url = content.get('href')
        print(title)
        print(url)
        counter += 1


( 1 )
（影音）台版《太陽的後裔》製作費160億阿兵哥吐槽「莒光園地」
http://ent.ltn.com.tw/news/breakingnews/2177750
( 2 )
台版太陽的後裔？ 國軍劇《最好的選擇》週六開播
http://times.hinet.net/news/20474391
( 3 )
台版《太陽的后裔》首映盼提升軍人形象_台灣-多維新聞網
http://news.dwnews.com/taiwan/big5/news/2017-08-29/60009682.html
( 4 )
台版太陽？ 《最好的選擇》首映會NOWnews今直播
https://www.nownews.com/news/20170829/2602649
( 5 )
台版《太陽的後裔》挨酸像莒光園地李毓芬卻躺槍？！ - 中時電子報
http://www.chinatimes.com/realtimenews/20170830002538-260404
( 6 )
台版《太陽的後裔》下月首播軍人指劇情老土- 新聞- am730
```

圖 4-47 Python 網路爬蟲程式碼 (2)

```
Python 3.6.2 Shell
File Edit Shell Debug Options Window Help
http://www.koreastardaily.com/tc/news/97733
( 22 )
台版《太陽》被打槍像莒光園地袁艾菲：你們覺得像嗎？
http://www.ettoday.net/news/20170829/999989.htm
( 23 )
演《鬼怪》編劇新作燒9億元李秉憲嚇跑電視台
http://www.appledaily.com.tw/appledaily/article/entertainment/20170827/37761593/
( 24 )
千萬打造軍教電視劇演員劇組互動模糊焦點 TVBS新聞網
http://news.tvbs.com.tw/entertainment/762414
( 25 )
【閃光彈】盤點5大螢幕CP 吻戲甜到爆炸| 即時新聞| 20170828 | 蘋果日報
http://www.appledaily.com.tw/realtimenews/article/new/20170828/1192049/
( 26 )
音樂串流服務正夯最愛用手機聽、這時段最熱門
http://www.setn.com/News.aspx?NewsID=288674
( 27 )
【影】台版《太陽》預告片出爐！ 陳禕倫大露8塊肌霸氣告白：我堅持，妳 ...
http://bepo.ctitv.com.tw/2017/08/277070/
( 28 )
台版太陽預告曝光！陳禕倫秀8塊猛肌求愛：妳做我女友| ETNEWS星光 ...
http://star.ettoday.net/news/997842?t=%E5%8F%B0%E7%89%88%E5%A4%AA%E9%99%BD%E9%A0%90%E5%91%8A%E6%9B%9D%E5%85%8
9%EF%BC%81%E9%99%B3%E7%A6%95%E5%80%AB%E7%A7%808%E5%A1%8A%E7%8C%9B%E8%82%8C%E6%B1%82%E6%84%9B%EF%BC%9A%E5%A6%B
3%E5%81%9A%E6%88%91%E5%A5%B3%E5%8F%8B
( 29 )
台版《太阳的后裔》首映盼提升军人形象
http://news.dwnews.com/taiwan/news/2017-08-29/60009682.html
( 30 )
水木劇MBC《醫療船》開播立刻登上收視冠軍反觀KBS《Manhole》再創新低...
https://www.koreastardaily.com/tc/news/97703
```

圖 4-48 Python 網路爬蟲程式碼 (3)

```
import requests  匯入 requests 網站內容請求套件
from bs4 import BeautifulSoup  僅從 bs4 中匯入 BeautifulSoup 網站內容解析套件

source = requests.get("https://news.google.com/news/search/section/q/太陽的後
裔/太陽的後裔?hl=zh-TW&ned=tw")
```
透過 requests 網站內容請求套件中的 get ( ) 工具將太陽的後裔查詢結果網址內容請求回來，隨後將所獲得內容放到等號左邊的 source 容器存放，完成後 source 容器會存放所有網站的內容，即使是我們用不到的內容 (如編碼或符號) 也會一併放入。

```
parse = BeautifulSoup (source.text)
```
透過 BeautifulSoup ( ) 網站內容解析工具將存有網站內容的 source 容器放進括弧內進行解析動作，而解析對象僅限於 text 網站內容文字部分，解析完畢後將處理好的內容存放至等號左邊的 parse 容器。

```
counter = 1
```
給定一個計數器，用來計算新聞篇數，起始值設定為 1。

```
for content in parse.select(".nuEeue"):
    print('(' ,counter, ')')
    title = (content.text)
    url = content.get('href')
    print(title)
    print(url)
    counter += 1
```

透過迴圈重複運作功能，自 parse 容器中挑選 select 出符合 .nuEeue 字樣的第一篇內容並將結果暫存在 content 容器之中，其後藉由 print ( ) Python 內建列印工具在螢幕上顯示計數器 counter 當前數值，由於計數器起始值為 1，因此 print ( ) 內的 counter 會從 1 開始計算，也契合從網站中抓取第一篇新聞內容。緊接著把 content 容器中 text 文字內容放置等號左邊的 title 容器 (即新聞標題)，並且透過 get ( ) 工具將 content 容器中的 href 內容取出後放至等號左邊 url 容器存放。由於目前 title 容器內已存放著第一篇新聞標題、url 容器內亦存放著第一篇新聞網址，因此可以透過 print ( ) 工具將 title 與 url 容器中的存放物列印在螢幕上，最後記得要將計數器 counter += 1，也就是把 counter 加 1 之後的值覆蓋回 counter 原始值，如 counter 目前為 1，+= 1 變成 2，覆蓋後 counter 值為 2。以上這些程式指令因撰寫在 for 迴圈之中，因此 for 迴圈會重複執行上述程式碼直到 parse 內的所有 .nuEeue 字樣處理完畢為止，即所有新聞標題與網址抓取完畢為止。

圖 4-49 Python 網路爬蟲程式碼

因此我們使用「工具」這個非正式說詞，然而在正式程式語言中，我們稱工具為函式 (function) 或方法 (method)，除非另有安排，否則括號內必須傳入一個標的以提供工具做為處理對象之用。

接著我們來說明程式碼 (見圖 4-49)，黃色標記處程式碼是用來將 requests 套件與 BeautifulSoup 套件匯入的語法，請再次注意！此處所欲匯入的 BeautifulSoup 沒有阿拉伯數字 4，這部分與安裝套件時所鍵入的 BeautifulSoup4 有所不同。藍色部分程式碼是專門用來設定「抓取標的」所使用之語法，白話的講，就是將人們在瀏覽器上所拜訪的網址告訴網路爬蟲，也就是將 Google 新聞平台查詢關鍵字詞後所顯示的結果網址放入 get ( ) 工具括號內。綠色部分程式碼的用途在於設定爬蟲的「抓取內容」，此部分可以視為爬蟲在正式執行抓取任務之前的網站內容掃描工作；換言之，若所欲抓取的網站內容龐雜，則掃描時間就會隨之增加。

灰色部分程式碼用途在於設定爬蟲的「抓取策略」，在大多數情形下，我們所欲抓取的內容資料不會只有一筆，所以透過抓取策略的設定來使爬蟲自動替我們抓取成千上萬筆資料，也就是所謂的大數據。請注意！抓取是一次性動作，若要讓爬蟲不斷的依照相同策略來抓取多筆資料，此時可使用程式設計中常見的「迴圈」技巧，也就是整個灰色標記處的程式碼。

透過以上的程式碼設定，我們可以快速的自外部網站爬取許多參考資料，然而判斷哪些資料是值得爬取或是爬取後對於大數據電子商務營運有無幫助，就需仰賴前些章節提到的資料跨界應用能力。無論如何，藉由網路爬蟲的優異外部資料爬取性能，我們就可以突破類似 Google Search Trends 那種制式資訊搜尋平台的限制，以較為彈性的方式決定自己所需取得的寶貴資料。

值得一提的是，由於本書並非是 Python 專書，因此僅以快速入門方式帶領大家領略 Python 網路爬蟲運作，如果已經對上述爬蟲運作產生興趣與成就感，並且打算往更進階的爬蟲設計技巧邁進，建議大家不妨在網路上查找 Python 網路爬蟲相關教材，相信不需多久就能成為具備網路爬蟲能力的大數據電商人才。

Chapter 5
站內情報探索

大數據電子商務之精髓在於善用自己所能掌握的顧客行為數據，若以零售型態網站來說，多數訪客會很頻繁的在網站上瀏覽所欲購買的品項，又或者是他們有可能會發生重複購買行為，一旦妥善利用此類的行為數據，不但有助於售後服務業務，更可以將這些歷史數據轉化成具有推薦力的數據。

那麼什麼樣的網站訪客會需要借助他人行為數據來增進自己的購物決策信心呢？答案就是不具購買經驗的消費者。俗話說：「不聽老人言，吃虧在眼前。」因此當我們打算購買一項商品，但是對於該項商品一無所知的時候，他人的購買或使用經驗將成為自己最好的參考資訊。有鑑於此，大數據電子商務網站若想要提升銷售業績，有很大一部分必須顧慮到不具購買經驗之潛在訪客；換句話說，若能夠針對這些潛在顧客予以開發，整體顧客貢獻度將能夠融入潛在顧客貢獻度。

在學理上若要使「他人經驗參考」能有效降低未具購買經驗人士的消費不確定性，則必須考量到口耳相傳的評論方向 (eWOM Information Direction) 與訊息來源網站的聲譽。這個概念是 Park 與 Lee[1] 兩位學者於 2009 年所提出 (如圖 5-1)，他們認為上述提到的「口耳相傳評論方向」與「訊息來源網站聲譽」對於口耳相傳成效而言，仍取決於所欲傳達商品之類型。例如：負向評論對於體驗性商品 (Experience product)[2] 的影響力將會高於搜尋性商品 (Search product)[3]。

試想，自己若打算在網站上購買一款新上市洗髮精，但卻在網路上發現該商品的負面評價，此時自己是否會因為無法肯定該洗髮精的效果而不敢購買呢？答案是肯定的！相似的，若所打算購買的是一個滑鼠，雖然同樣在網路上發現該滑鼠的負面評價，但是否比起洗髮精，自己更願意去嘗試購買並使用呢？畢竟比起洗髮精，滑鼠運作表現相對較容易事先掌握，這個體驗性商品影響力大於搜尋性商品影響力之現象也會發生在正面評論上；換句話說，「消費

1　Park, C., & Lee, T. M. (2009). Information direction, website reputation and eWOM effect: A moderating role of product type. *Journal of Business research*, 62(1), 61-67.

2　體驗性商品為消費者在購買或消費該類商品之前，無法得知商品表現，例如：紅酒、剪髮等。

3　搜尋性商品為消費者在購買或消費該類商品之前，可事先得知商品表現，例如：橡皮擦、手錶等。

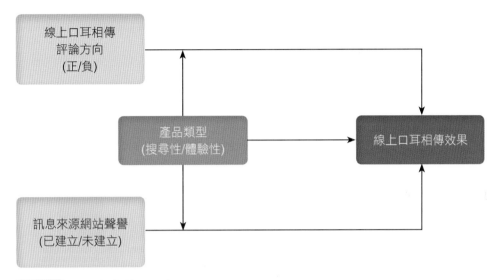

圖 5-1　口耳相傳效果示意 (資料來源：Journal of Business research)

者是否能夠事先預期體驗性商品之表現」扮演消費者購物決策的重要關鍵，而「他人經驗參考」能夠讓消費者更為降低購物不確定感。

　　至於在「訊息來源網站聲譽」方面，不論是正面或是負面的商品評論，若該評論訊息來自具一定規模或可信賴的網站，則更能夠影響沒有商品購買經驗的消費者。相反的，如果評論訊息是來自沒有規模或是一些小道消息，那麼即使沒有商品購買經驗之消費者也不會輕易相信如此的資訊來源。這個概念若融入商品型態，則具有聲譽的網站較能夠藉由口耳相傳來影響消費者對於體驗性或搜尋性商品的購買決策。

　　綜合以上說明，我們不難從日常生活中觀察到許多大型電子商務網站皆不約而同的在自家官網上提供「他人經驗參考」功能。以圖 5-2 藍色框線為例，博客來網路書店會在每一本書的下方提示「買了此商品的人，也買了……」，其用意在於告訴消費者還有哪些書是他人在購書的同時也一併購買。

　　以上「口耳相傳」或是「他人經驗參考」的案例不勝枚舉，但各家電商業者究竟是透過什麼樣的方式來落實此功能呢？其實各業者們所使用的方法千篇一律，都是採用購物籃分析 (又稱關聯法則)。在我們正式實作購物籃分析之

圖 5-2 口耳相傳實際應用 (資料來源：博客來)

前，邀請大家回顧一個知名的關聯法則案例。沃爾瑪 (WalMart) 是美國知名連鎖零售業者，多年前該公司資料分析人員從顧客歷史交易資料中發現到一個弔詭的現象，每到接近週末或是週末當天部分，男性顧客除了購買啤酒之外，還會順手購買嬰兒尿布。起初分析人員對此現象感到百思不解，心想男性顧客購買啤酒是可以理解的現象，但是男性顧客購買尿布的情況是相對少見，而啤酒與尿布同時購買就更為稀奇了，然而分析人員並未就此放棄追求真正的原因。

經過深入探討後發現，原來有不少男性顧客習慣週末躺在自家客廳的沙發上欣賞球賽，觀賽過程中來杯啤酒再愜意也不過了。至於一併購買尿布的現象則可能是體恤太太週間辛勞，在週末時刻，先生偶爾扮演家庭主夫分擔一下照顧小孩的責任，因此「啤酒與尿布」自此成為沃爾瑪在週末前或週末當天的黃金促銷商品組合。或許已經有不少人聽過這個案例，但是你知道上述「買了啤酒的人也買了尿布」是如何運算的嗎？緊接著我們以時下熱門的 R 語言程式做為工具，引導大家一同領略這個神奇且廣用的購物籃分析。

5.1 購物籃分析運作

　　所謂購物籃分析是指如何從顧客的實體購物籃或是線上購物車中探索出具有意義的商品銷售紀錄，若在大賣場眾人排隊結帳時觀察每位顧客的購物籃，勢必可以發現大多數顧客籃裡的購買品項不盡相同，但即使不盡相同也總是會遇到相似之情況，只是礙於時間與人力考量，我們很難杵在一旁觀察每位顧客的購物籃。但是大數據電子商務可以仰賴電腦運算能力，輕鬆的分析每位顧客購物籃內的購買品項。「購物籃分析」又稱為「關聯法則分析」，所謂關聯即是指品項與品項之間的關聯性，透過不斷縮小品項與品項之間的可能集合來找出最值得信賴且可靠的品項相關態勢。

　　以圖 5-3 為例，假設欲分析四個購物籃的交易情況 (即四次交易紀錄)，從「交易紀錄表」中可以看見「交易編號欄位」與「購買品項欄位」，從「購買品項欄位」中，我們可以發現計有 P1、P2、P3、P4、P5 五個品項曾被顧客購買，在經過第一次掃描後計算各品項單獨出現次數並且把只出現過一次的交易品項剔除 (即剔除 P4)，此時「購買品項欄位」僅剩下 P1、P2、P3、P5。接著配對各個品項所有可能的同時購買組合，包含 {P1 & P2}、{P1 & P3}、{P1 &

圖 5-3 購物籃分析運作

P5}、{P2 & P3}、{P2 & P5}、{P3 & P5}，其後進行二次掃描計算這些組合在「交易紀錄表」中出現次數，並且把只出現過一次的品項組合剔除 (即剔除 P1 & P2、P1 & P5)，此時「購買品項欄位」僅剩下 {P1 & P3}、{P2 & P3}、{P2 & P5}、{P3 & P5} 此四個組合。

同樣的，配對各個品項所有可能的同時購買組合，包含 {P1 & P2 & P3}、{P1 & P2 & P3 & P5}、{P1 & P3 & P5}、{P2 & P3 & P5}，最後進行第三次掃描計算這些組合在「交易紀錄表」中的出現次數，並且把只出現過一次的品項組合剔除 (即剔除 P1 & P2 & P3、P1 & P2 & P3 & P5、P1 & P3 & P5)，最後剩下 {P2 & P3 & P5} 且已無更多的組合可配對，因此找出 P2 & P3 & P5 這個關聯法則。這個看似簡單的購物籃分析概念，其實還需額外運算剔除門檻指標，而這些指標將在下節實作中予以說明。

5.2　購物籃分析之 R 語言實作

R 語言是一種專門用在統計分析、資料視覺化或是資料探勘的程式語言，目前已有許多科技大廠紛紛採用它做為資料分析工具，像是 Facebook、Google、Microsoft 等。除此之外，R 語言在就業市場上也頗為熱門 (如圖 5-4)，探究主要原因在於對企業來說，使用 R 語言並不需要支付任何費用，在開源節流的觀念下較能受到業者青睞。再者，R 語言屬於一種開放源碼 (open source) 的跨平台工具，只要業者有能力，皆可以自行開發 R 語言運算分析環境。有鑑於此，當我們在學習大數據電子商務相關數據分析技能時，不妨考慮將 R 語言列為學習重點，這也是為何本章節以 R 語言來呈現購物籃分析。

讀者可從 https://www.r-project.org 這個網址進入 R 語言官方網站 (如圖 5-5)，點擊紅色框線處的 Download CRAN 之後，即可來到圖 5-6 CRAN Mirror 畫面。此時讀者可自各國超連結列表中任選一網址來下載 R 語言，既然官方有提供 Taiwan 載點，建議大家仍然以台灣網址為下載首選 (如紅色框線處)，畢竟這些載點距離大家較近，可以提升整體下載效率。

不論自己是點選哪一個超連結來下載 R 語言，點擊下載連結後都可以看

 R 語言職務需求 (資料來源：104 人力銀行)

The R Project for Statistical Computing

[Home]

Download

CRAN

R Project

About R
Logo
Contributors
What's New?
Reporting
Bugs
Development
Site
Conferences
Search

Getting Started

R is a free software environment for statistical computing and graphics. It compiles and runs on a wide variety of UNIX platforms, Windows and MacOS. To download R, please choose your preferred CRAN mirror.

If you have questions about R like how to download and install the software, or what the license terms are, please read our answers to frequently asked questions before you send an email.

News

- R version 3.4.2 (Short Summer) prerelease versions will appear starting Monday 2017-09-18. Final release is scheduled for Thursday 2017-09-28.
- The R Journal Volume 9/1 is available.

圖 5-5　R 語言官方網站

Sweden
    https://ftp.acc.umu.se/mirror/CRAN/   Academic Computer Club, Umeå University
    http://ftp.acc.umu.se/mirror/CRAN/   Academic Computer Club, Umeå University

Switzerland
    https://stat.ethz.ch/CRAN/   ETH Zürich
    http://stat.ethz.ch/CRAN/   ETH Zürich

Taiwan
    https://ftp.yzu.edu.tw/CRAN/   Department of Computer Science and Engineering, Yuan Ze University
    http://ftp.yzu.edu.tw/CRAN/   Department of Computer Science and Engineering, Yuan Ze University
    http://cran.csie.ntu.edu.tw/   National Taiwan University, Taipei

Thailand
    http://mirrors.psu.ac.th/pub/cran/   Prince of Songkla University, Hatyai

Turkey
    https://cran.pau.edu.tr/   Pamukkale University, Denizli
    http://cran.pau.edu.tr/   Pamukkale University, Denizli
    https://cran.ncc.metu.edu.tr/   Middle East Technical University Northern Cyprus Campus, Mersin
    http://cran.ncc.metu.edu.tr/   Middle East Technical University Northern Cyprus Campus, Mersin

圖 5-6 R 語言官方下載 (1)

見圖 5-7 的版本選擇畫面，本例以紅色箭頭處的 Windows 作業系統版本為示範版本，當然讀者可自行選擇合適的下載版本。若自己是第一次下載 R 語言，那麼請選擇圖 5-8 紅色框線處的「base」或「install R for the first time」來取得 R 語言安裝檔，點擊後請接續點擊「Download R 3.4.1 for Windows[4]」，便可正式下載 R 語言安裝檔。

下載完成後便可開始進行安裝工作 (如圖 5-9)，在預設情況下，R 語言安裝會將繁體中文提示為優先使用語言，若讀者對其他版本的 R 語言有使用需求，則可自行從下拉式選單中切換安裝語言。由於接下來的安裝步驟不影響 R 語言運作，因此讀者從這個畫面開始，可一直點選「下一步」來完成安裝。

安裝完畢後，會在電腦桌面左下角的「開始工具列」中看見兩種版本的 R 語言，分別是 R i386 3.4.1 與 R x64 3.4.1 (如圖 5-10 紅色箭頭所示)，前者是供 32 位元中央處理器電腦使用的版本，而後者則是供 64 位元中央處理器電腦所

---

4 截至本書完稿為止，最新的 R 語言來到 3.4.1 版，然而一般軟體都會發生不定時更新情況，若讀者因版本差異無法實現本文範例演示時，請仍優先下載並安裝 3.4.1 版。

The Comprehensive R Archive Network

Download and Install R

Precompiled binary distributions of the base system and contributed packages, **Windows and Mac** users most likely want one of these versions of R:

- Download R for Linux
- Download R for (Mac) OS X
- Download R for Windows

R is part of many Linux distributions, you should check with your Linux package management system in addition to the link above.

Source Code for all Platforms

Windows and Mac users most likely want to download the precompiled binaries listed in the upper box, not the source code. The sources have to be compiled before you can use them. If you do not know what this means, you probably do not want to do it!

- The latest release (Friday 2017-06-30, Single Candle) R-3.4.1.tar.gz, read what's new in the latest version.
- Sources of R alpha and beta releases (daily snapshots, created only in time periods before a planned release).
- Daily snapshots of current patched and development versions are available here. Please read about new features and bug fixes before filing corresponding feature requests or bug reports.
- Source code of older versions of R is available here.

CRAN
Mirrors
What's new?
Task Views
Search

About R
R Homepage
The R Journal

Software
R Sources
R Binaries
Packages
Other

Documentation
Manuals
FAQs
Contributed

圖 5-7　R 語言官方下載 (2)

R for Windows

Subdirectories:

base	Binaries for base distribution (managed by Duncan Murdoch). This is what you want to **install R for the first time**.
contrib	Binaries of contributed CRAN packages (for R >= 2.11.x; managed by Uwe Ligges). There is also information on third party software available for CRAN Windows services and corresponding environment and make variables.
old contrib	Binaries of contributed CRAN packages for outdated versions of R (for R < 2.11.x; managed by Uwe Ligges).
Rtools	Tools to build R and R packages (managed by Duncan Murdoch). This is what you want to build your own packages on Windows, or to build R itself.

Please do not submit binaries to CRAN. Package developers might want to contact Duncan Murdoch or Uwe Ligges directly in case of questions / suggestions related to Windows binaries.

You may also want to read the R FAQ and R for Windows FAQ.

Note: CRAN does some checks on these binaries for viruses, but cannot give guarantees. Use the normal precautions with downloaded executables.

CRAN
Mirrors
What's new?
Task Views
Search

About R
R Homepage
The R Journal

Software
R Sources
R Binaries
Packages
Other

圖 5-8　R 語言官方下載 (3)

使用的版本，讀者若點擊 R x 64 3.4.1 之後無法順利運行 R 語言，即表示自己的電腦是 32 位元的中央處理器 (CPU)，請改為點選 R i386 3.4.1。

　　點擊後即可以看見 R 語言進入畫面，如圖 5-11。如同之前提到的 Python

圖 5-9 R 語言安裝

圖 5-10 R 語言安裝完成示意

1 (2017-06-30) -- "Single Candle"
2017 The R Foundation for Statistical Computing
64-w64-mingw32/x64 (64-bit)

R 是免費軟體，不提供任何擔保。
在某些條件下您可以將其自由散布。
用 'license()' 或 'licence()' 來獲得散布的詳細條件。

R 是個合作計劃，有許多人為之做出了貢獻。
用 'contributors()' 來看詳細的情況並且
用 'citation()' 會告訴您如何在出版品中正確地參照 R 或 R 套件。

用 'demo()' 來看一些示範程式，用 'help()' 來檢視線上輔助檔案，或
用 'help.start()' 透過 HTML 瀏覽器來看輔助檔案。
用 'q()' 離開 R。

>

圖 5-11 R 語言操作示意 (1)

一般，若覺得 R 語言的預設字體大小不夠大，可進入紅色框線處的「編輯」
→「GUI 偏好設定」來設定。進入設定畫面後，藉由圖 5-12 紅色框線處的下
拉式選單，即可調整字體大小。

　　透過 R 語言來進行購物籃分析或是關聯法則分析，必須安裝兩種套件，
分別是「arules」與「arulesViz」。前者專門用來執行關聯法則運算之用，後
者則是用來將關聯法則分析結果以視覺化呈現的套件。如同我們在 Python 章
節所提到的，若欲使用套件必須經過套件安裝與套件匯入，即使是 R 語言也
不例外。

　　因此現在就讓我們回到 R 語言操作介面，一同執行套件的安裝與匯入。
首先請依照圖 5-13 綠色箭頭處鍵入套件安裝指令 install.packages ('arules')，
輸入完畢按下鍵盤 Enter 鍵之後，R 語言即會與 CRAN[5] 連線，並且跳出如紅
色框線處的下載列表，此時讀者可自行從列表中擇一套件網址下載，本例以

5　CRAN 指的是 R 綜合典藏網 (Comprehensive R Archive Network)，裡頭存放許多原始碼、套件、
　說明文件等。

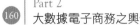

圖 5-12 R 語言操作示意 (2)

圖 5-13 R 語言套件安裝 (1)

China 做為示範，點擊「確定」按鈕後，即開始進行套件安裝，安裝完成後會看見如圖 5-14 安裝成功提示畫面。接著請依照上述方式進行 install.packages ('arulesViz') 套件安裝，由於這個套件安裝步驟與 arules 套件安裝步驟毫無二致，故不再贅述。

由於套件安裝完成之後必須要匯入才能使用，因此接下來我們說明套件匯入語法。如同先前提到的 Python 倉庫與工具概念，在 R 語言中，我們剛才所安裝的套件同樣可以被視為倉庫，而每一個套件倉庫中有許多工具可供大家使用。在 R 語言中若打算將已經安裝完成的套件倉庫匯入至 R 語言軟體中，可以輸入library ('arules') 與 library ('arulesViz') 這兩個指令 (如圖 5-15 綠色箭頭處)，待輸入完畢後，依照所匯入的不同套件，將會提示不同匯入成功訊息。

完成套件安裝與匯入之後，接下來我們就可以開始著手進行購物籃分析。大家也許會覺得要上哪找交易資料來從事分析呢？別擔心！R 語言內建許多範例資料，而「Groceries」這一個零售業交易紀錄恰好符合我們目前的分析需求。首先讓我們透過若干指令來解析一下這個範例資料，以圖 5-16 為例，讀者輸入 data (Groceries) 之後，隨即再次輸入 Groceries，即可以將其內容說明

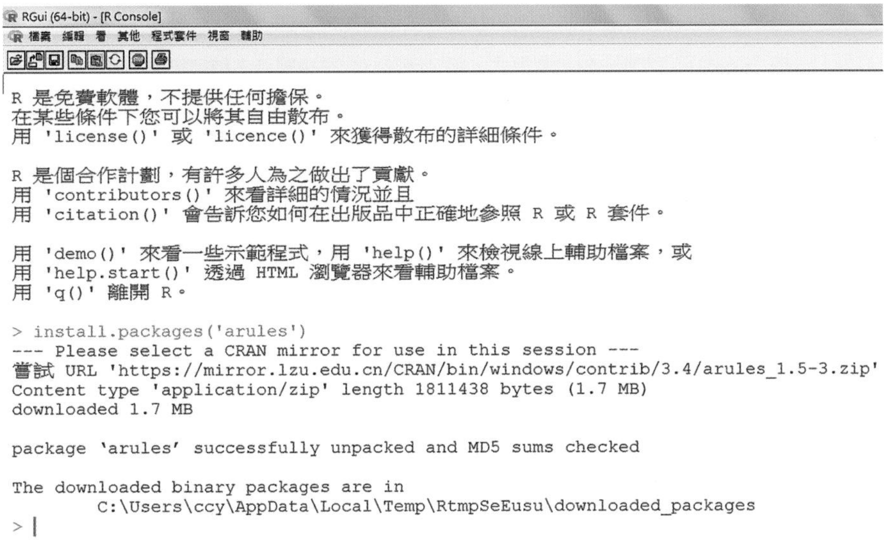
RGui (64-bit) - [R Console]
檔案 編輯 看 其他 程式套件 視窗 輔助
R 是免費軟體，不提供任何擔保。
在某些條件下您可以將其自由散布。
用 'license()' 或 'licence()' 來獲得散布的詳細條件。
R 是個合作計劃，有許多人為之做出了貢獻。
用 'contributors()' 來看詳細的情況並且
用 'citation()' 會告訴您如何在出版品中正確地參照 R 或 R 套件。
用 'demo()' 來看一些示範程式，用 'help()' 來檢視線上輔助檔案，或
用 'help.start()' 透過 HTML 瀏覽器來看輔助檔案。
用 'q()' 離開 R。
> install.packages('arules')
--- Please select a CRAN mirror for use in this session ---
嘗試 URL 'https://mirror.lzu.edu.cn/CRAN/bin/windows/contrib/3.4/arules_1.5-3.zip'
Content type 'application/zip' length 1811438 bytes (1.7 MB)
downloaded 1.7 MB
package 'arules' successfully unpacked and MD5 sums checked
The downloaded binary packages are in
C:\Users\ccy\AppData\Local\Temp\RtmpSeEusu\downloaded_packages
>
圖 5-14 R 語言套件安裝 (2)

```
R RGui (64-bit) - [R Console]
R 檔案 編輯 看 其他 程式套件 視窗 輔助

package 'seriation' successfully unpacked and MD5 sums checked
package 'igraph' successfully unpacked and MD5 sums checked
package 'colorspace' successfully unpacked and MD5 sums checked
package 'DT' successfully unpacked and MD5 sums checked
package 'plotly' successfully unpacked and MD5 sums checked
package 'visNetwork' successfully unpacked and MD5 sums checked
package 'arulesViz' successfully unpacked and MD5 sums checked

The downloaded binary packages are in
        C:\Users\ccy\AppData\Local\Temp\RtmpSeEusu\downloaded_packages
>
> library('arules')   ◀
Loading required package: Matrix

Attaching package: 'arules'

The following objects are masked from 'package:base':

    abbreviate, write

> library('arulesViz')   ◀
Loading required package: grid
> |
```

圖 5-15 R 語言套件匯入

```
R RGui (64-bit) - [R Console]
R 檔案 編輯 看 其他 程式套件 視窗 輔助

R 是個合作計劃，有許多人為之做出了貢獻。
用 'contributors()' 來看詳細的情況並且
用 'citation()' 會告訴您如何在出版品中正確地參照 R 或 R 套件。

用 'demo()' 來看一些示範程式，用 'help()' 來檢視線上輔助檔案，或
用 'help.start()' 透過 HTML 瀏覽器來看輔助檔案。
用 'q()' 離開 R。

> library('arules')
Loading required package: Matrix

Attaching package: 'arules'

The following objects are masked from 'package:base':

    abbreviate, write

> library('arulesViz')
Loading required package: grid
>
>
> data(Groceries)
> Groceries
transactions in sparse format with
 9835 transactions (rows) and
 169 items (columns)
>
> |
```

圖 5-16 R 語言之購物籃分析演示 (1)

讀取出來。從執行結果中，我們可以得知這個 Groceries 範例資料係由 9,835
筆交易紀錄與 169 個品項所交織出的資料表單。

　　換句話說，任何內建範例資料的讀取皆可透過 data ( ) 這個工具來將其載
入電腦記憶體內，隨後再鍵入該範例資料名稱，即可顯示範例資料的說明。
值得注意的是，若讀者在輸入 data (Groceries) 或 Groceries 之前，曾經將 R 語
言軟體關閉，那麼再次開啟 R 語言軟體之後，若直接輸入 data (Groceries) 或
Groceries 將會發生錯誤 (即無法找到該範例資料)。

　　主要原因在於一旦關閉 R 語言軟體，所有匯入的套件將會從電腦記
憶體中釋放，因此若關閉 R 語言軟體之後想要順利執行 data (Groceries) 或
Groceries，必須再次執行 library ('arules') 指令，畢竟 Groceries 是附屬在 arules
這個套件之下，所以必須再次匯入才能使用它裡面的範例資料 (如圖 5-16 綠色
框線處)。當然，若自己是以一氣呵成的方式且並未將 R 語言軟體關閉，那麼
就可以直接輸入 data (Groceries) 與 Groceries，而不需要再次匯入 arules 套件。

　　若想要進一步得知這個 Groceries 範例資料的摘要情況，則可以在 R 語
言軟體中輸入 summary (Groceries) 指令。從執行結果得知 (如圖 5-17 綠色框

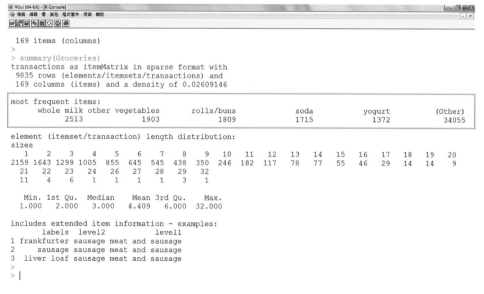

圖 5-17 R 語言之購物籃分析演示 (2)

線處)，最常被消費者購買的商品包括全脂牛奶 (whole milk)、其他蔬菜 (other vegetables)、肉捲／包子 (rolls/buns)、蘇打飲料 (soda)、優格 (yogurt) 以及其他 (Other)。而若想要得知每一筆交易的購買內容，則可以透過圖 5-18 指令來達成。其中 apply ( ) 這個指令可將其視為針對範例資料操作時，所需使用到的套用語法，也就是說，我們可以透過 apply ( ) 來將原本看似平淡無奇的範例資料予以處理後，再以有意義的型態來呈現。

為了讓大家體會 apply ( ) 的重要性，在此我們先以另外一個內建範例打個岔，之後再回到 Groceries 範例。以圖 5-19 為例，若讀者在 R 軟體中輸入 head (airquality) 指令，則可以在螢幕上顯示 airquality 範例資料中前六筆空氣品質資料 (如綠色框線處)。而若在 R 軟體中輸入 apply (airquality, 2, mean)，則可以計算每行資料的平均數 (如紫色框線處)。從這個簡單示範中，我們就可以體會到 apply ( ) 的實用性與重要性，也就是說 apply ( ) 可以協助我們處理原始資料，把原始資料改變或運算成我們所期盼之結果。

在體會到 apply ( ) 的實用性與重要性之後，我們再次回到圖 5-18 的演示。我們可以從圖中看見目前 apply ( ) 內含有三項參數，包含 Groceries@data [, 1:20]、2 以及 function (r) paste (Groceries@itemInfo [r, "labels"], collapse =

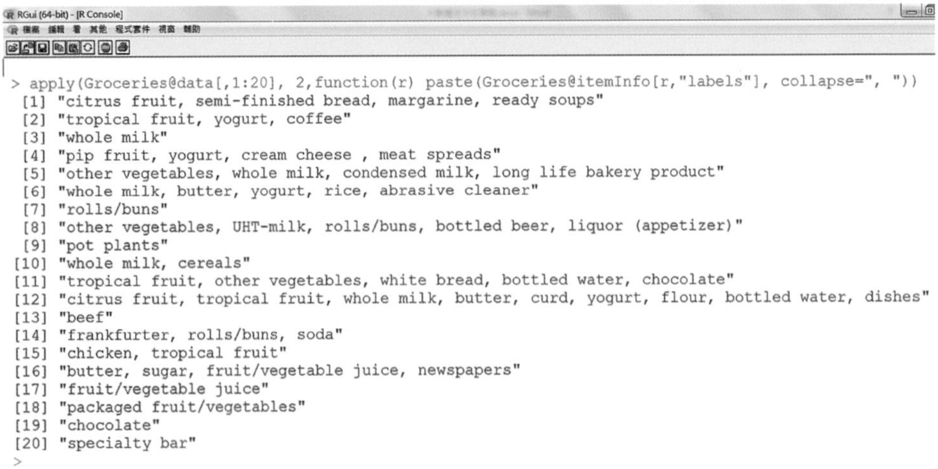

圖 5-18　R 語言之購物籃分析演示 (3)

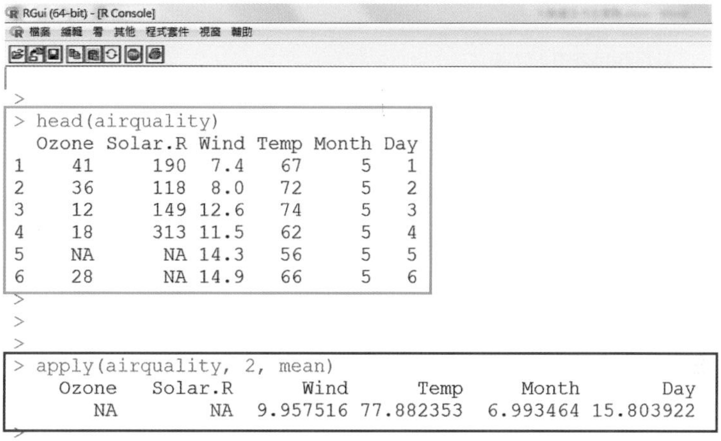

```
RGui (64-bit) - [R Console]
標案 編輯 看 其他 程式套件 視窗 輔助

>
> head(airquality)
  Ozone Solar.R Wind Temp Month Day
1    41     190  7.4   67     5   1
2    36     118  8.0   72     5   2
3    12     149 12.6   74     5   3
4    18     313 11.5   62     5   4
5    NA      NA 14.3   56     5   5
6    28      NA 14.9   66     5   6
>
>
>
> apply(airquality, 2, mean)
    Ozone   Solar.R      Wind      Temp     Month       Day
       NA        NA  9.957516 77.882353  6.993464 15.803922
>
```

圖 5-19 R 語言之購物籃分析演示 (4)

"，")，其中 Groceries@data [column, row] 表示所欲處理的範例資料名稱為 Groceries，透過 data 指令來表明所欲處理的範例資料是第幾行 (column) 與第幾列 (row)，本例 [, 1:20] 指的是無行第 1 至 20 列，也就是在不管「行」的情況下，處理前 20 筆「列」的交易紀錄。

至於 2 則是指以「行」為基礎的自定函式作為 (若為 1 則是以列為基礎)，白話的說，就是透過 paste (Groceries@itemInfo) [r, "labels"] collapse = "，") 來處理所有「行」資料。其中 paste ( ) 用途為將每一筆交易中的品項名稱予以串接後同時呈現，因此只要將 Groceries@itemInfo 傳入 paste ( ) 中，並且以「r 行」為方向，將商品品項的標籤 labels 列出且標籤與標籤之間以 collapse 方式透過空白來讓它們產生間隔顯示，如此才不致使執行結果全部黏在一起。透過以上的指令鍵入，我們便可從執行結果中看見Groceries 範例資料中的前 20 筆交易品項，例如：第 2 筆交易資料的商品有熱帶水果 (tropical fruit)、優格 (yogurt) 與咖啡 (coffee)。

如果讀者對於 itemInfo 仍不了解的話，不妨試著在 R 軟體中鍵入 Groceries@itemInfo [1:10,] 這個指令 (如圖 5-20 綠色箭頭處)，從綠色框線處的執行結果可以發現，itemInfo 內含許多商品品項資訊，包含品項名稱標籤

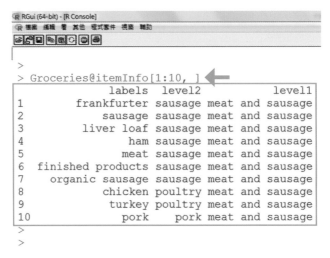

圖 5-20 R 語言之購物籃分析演示 (5)

(labels)、類別歸屬等級 level 2、類別歸屬等級 level 1 等。因此剛才在圖 5-18 所鍵入的 paste (Groceries@itemInfo) [r, "labels"] collapse = ", ") 指令就是期盼將 Groceries 範例資料中的 itemInfo 裡的品項名稱標籤 labels 取出後做整理。

截至目前為止，讀者應已熟悉 R 語言軟體的指令鍵入與執行方式，接著我們要進入購物籃分析的重頭戲。首先請大家自 R 語言軟體中鍵入 itemsets <- apriori (Groceries, parameter = list (minlen = 1, maxlen = 1, support = 0.02, target = "frequent itemsets")) 這個指令，其中最外層的 apriori ( ) 即是指目前打算呼叫 arules 套件內的 apriori ( ) 這個工具來幫助我們從事關聯法則分析，因此只要在 apriori ( ) 括弧內鍵入適當的指令，就能順利的將購物籃分析結果執行出來。括弧中第一個鍵入的 Groceries 即是購物籃分析的處理標的，第二個鍵入的 parameter 則是指執行該項分析所欲規劃的執行參數，包括 list ( ) 以及鍵入 list ( ) 括弧內的 minlen、maxlen、support、target 等，每一個參數涵義請參閱圖 5-21 說明。

從圖 5-22 的執行結果中，我們可以看見 Groceries 範例資料共計有 9,835 次交易紀錄，透過圖 5-3 一次掃描概念 (即 minlen = 1, maxlen = 1) 萃取出 169 個品項，而這 169 品項中只有 59 個品項符合支持度 0.02 的門檻 (即 support =

參數	說明
list ( )	將範例資料經過其他參數整理後列表出來
minlen	每一個項目集所含項目數的最小值
maxlen	每一個項目集所含項目數的最大值
support	支持度
target	所欲輸出的結果類型 (項目集或關聯法則)

圖 5-21 R 語言之購物籃分析演示 (6)

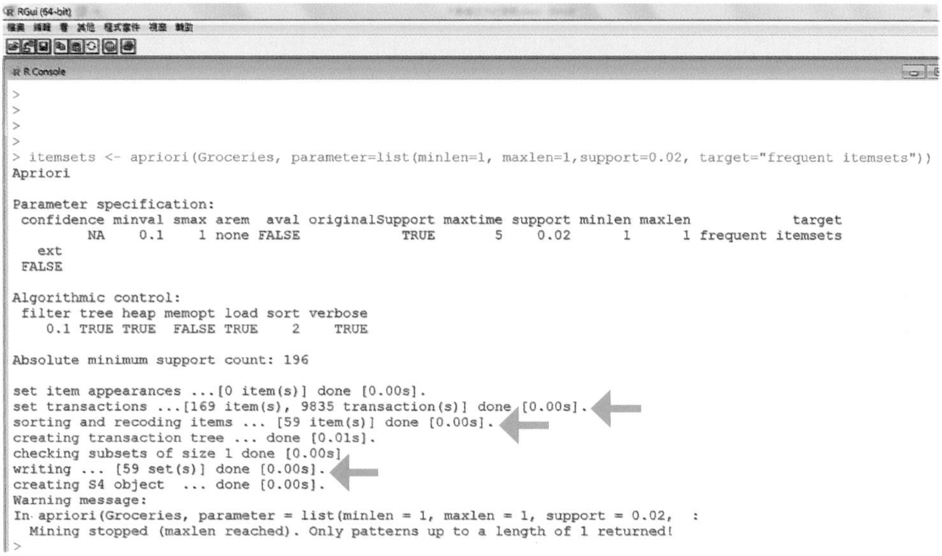


```
>
>
>
>
> itemsets <- apriori(Groceries, parameter=list(minlen=1, maxlen=1,support=0.02, target="frequent itemsets"))
Apriori

Parameter specification:
 confidence minval smax arem  aval originalSupport maxtime support minlen maxlen            target
         NA    0.1    1 none FALSE            TRUE       5    0.02      1      1 frequent itemsets
   ext
 FALSE

Algorithmic control:
 filter tree heap memopt load sort verbose
    0.1 TRUE TRUE  FALSE TRUE    2    TRUE

Absolute minimum support count: 196

set item appearances ...[0 item(s)] done [0.00s].
set transactions ...[169 item(s), 9835 transaction(s)] done [0.00s].
sorting and recoding items ... [59 item(s)] done [0.00s].
creating transaction tree ... done [0.01s].
checking subsets of size 1 done [0.00s]
writing ... [59 set(s)] done [0.00s].
creating S4 object  ... done [0.00s].
Warning message:
In apriori(Groceries, parameter = list(minlen = 1, maxlen = 1, support = 0.02,  :
  Mining stopped (maxlen reached). Only patterns up to a length of 1 returned!
>
```

圖 5-22 R 語言之購物籃分析演示 (7)

0.02)，其餘 110 個品項將予以刪除 (如綠色箭頭處)。所謂支持度 support 是指兩樣商品同時出現的次數再除以總交易次數，支持度愈高表示特定商品組合的出現次數愈頻繁。請注意！若把支持度門檻值設定得愈高，那麼所篩選出的項目集就會愈少，這個門檻值並沒有一定的標準，端看分析者在實務上的需求來決定。最後，在執行指令最左邊可以看見 itemsets <–，指的是將箭頭右邊的執行內容載入箭頭左邊的容器存放，因此目前 itemsets 這個容器存放了所篩選出

的 59 個項目集。

接著我們可以透過 inspect (head (sort (itemsets, by = "support"), 10)) 這個指令來檢視存放在 itemsets 裡面的項目集 (如圖 5-23)，其中 inspect ( ) 是一個檢查工具可被用來審視所欲查看的資料，因此在其括號內我們鍵入 head (sort (itemsets, by = "support"), 10) 之後即可將查看內容顯示出來，而所謂 head ( ) 是用來指定所欲提取資料集的內容 (藍色標記處) 與筆數 (黃色標記處)，至於藍色標記處內的 sort ( ) 則是資料排序工具，我們可以在其括號中鍵入 itemsets 與 by = "support"，如此 head ( ) 的顯示結果就會依照 support 支持度數值來遞增排序並且只顯示前十筆資料。

從圖中我們可以發現，最多次購買的品項是全脂牛奶、其次是其他蔬菜、肉捲／包子……等。此時，若我們再次執行相同的指令，便可以進行第二次掃描，即 itemsets <− apriori (Groceries, parameter = list (minlen = 2, maxlen = 2, support = 0.02, target = "frequent itemsets"))，請注意記得將剛才的 minlen = 1, maxlen = 1 調整為 minlen = 2, maxlen = 2，也就是將第一次掃描所萃取出的單一品項進行最小 2 項、最大 2 項的配對動作 (如同圖 5-3 二次掃描概念)。

圖 5-24 為第二次掃描執行結果，這一次自上一步驟存留的 59 項商品中萃取出 61 個項目集。若再次以 inspect (head (sort (itemsets, by = "support"), 10))

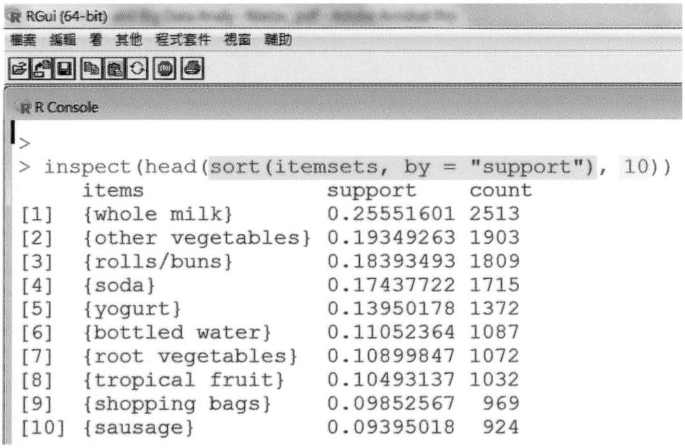

圖 5-23 R 語言之購物籃分析演示 (8)

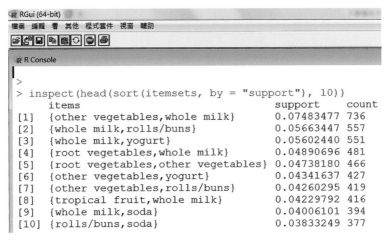

```
R RGui (64-bit)
檔案 編輯 看 其他 程式套件 視窗 輔助

R Console

> itemsets <- apriori(Groceries, parameter=list(minlen=2, maxlen=2,support=0.02, target="frequent itemsets"))
Apriori

Parameter specification:
 confidence minval smax arem  aval originalSupport maxtime support minlen maxlen           target  ext
         NA    0.1    1 none FALSE           TRUE       5    0.02      2      2 frequent itemsets FALSE

Algorithmic control:
 filter tree heap memopt load sort verbose
    0.1 TRUE TRUE  FALSE TRUE    2    TRUE

Absolute minimum support count: 196

set item appearances ...[0 item(s)] done [0.00s].
set transactions ...[169 item(s), 9835 transaction(s)] done [0.00s].
sorting and recoding items ... [59 item(s)] done [0.00s].
creating transaction tree ... done [0.00s].
checking subsets of size 1 2 done [0.00s].
writing ... [61 set(s)] done [0.00s].
creating S4 object  ... done [0.00s].
Warning message:
In apriori(Groceries, parameter = list(minlen = 2, maxlen = 2, support = 0.02,  :
  Mining stopped (maxlen reached). Only patterns up to a length of 2 returned!
```

圖 5-24 R 語言之購物籃分析演示 (9)

指令來查看 itemsets 內容後，可以看見圖 5-25 執行結果。眼尖的各位是否看見目前所萃取出的項目集已不像是第一次掃描時僅有單一品項，而是經過掃描、配對、比對支持度門檻值之後所萃取出之雙品項集合，其中最常一起被購買的商品組合是「其他蔬菜與全脂牛奶」，其次是「全脂牛奶與肉捲／包子」，而圖中所萃取出的項目集結大於 0.02 支持度門檻值。

```
R RGui (64-bit)
檔案 編輯 看 其他 程式套件 視窗 輔助

R Console

>
> inspect(head(sort(itemsets, by = "support"), 10))
      items                              support    count
 [1]  {other vegetables,whole milk}      0.07483477 736
 [2]  {whole milk,rolls/buns}            0.05663447 557
 [3]  {whole milk,yogurt}                0.05602440 551
 [4]  {root vegetables,whole milk}       0.04890696 481
 [5]  {root vegetables,other vegetables} 0.04738180 466
 [6]  {other vegetables,yogurt}          0.04341637 427
 [7]  {other vegetables,rolls/buns}      0.04260295 419
 [8]  {tropical fruit,whole milk}        0.04229792 416
 [9]  {whole milk,soda}                  0.04006101 394
[10]  {rolls/buns,soda}                  0.03833249 377
```

圖 5-25 R 語言之購物籃分析演示 (10)

接著我們進行第三次掃描動作，方法與上述的第一次、第二次掃描如出一轍，只要將 itemsets <- apriori (Groceries, parameter = list (minlen = 2, maxlen = 2, support = 0.02, target = "frequent itemsets")) 指令中的 minlen = 2, maxlen = 2 調正為 minlen = 3, maxlen = 3 即可。此次掃描從 61 商品項目中萃取出 2 個項目集 (如圖 5-26 綠色箭頭處)，經下達 inspect (head (sort (itemsets, by = "support"), 10)) 指令後發現這兩個項目集內容分別是「根莖類蔬菜、其他蔬菜、全脂牛奶」與「其他蔬菜、全脂牛奶、優格」，表示這兩類的三品項組合最常同時被消費者購買 (如圖 5-27)。

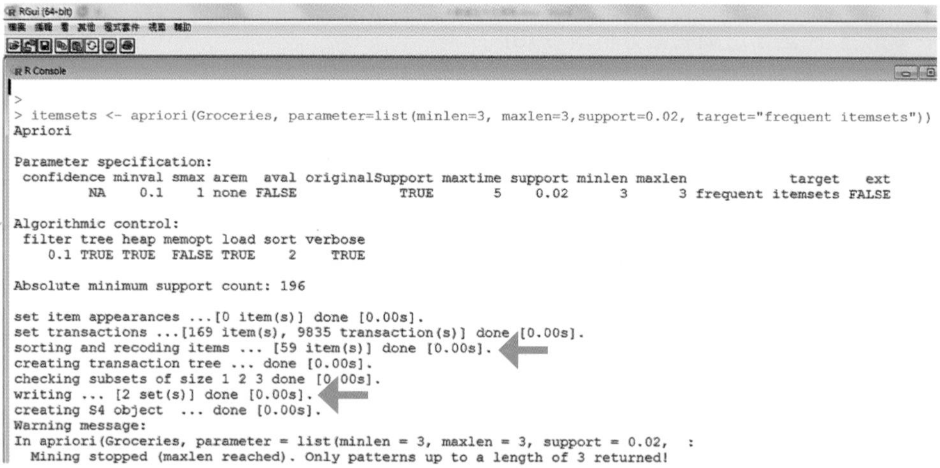

圖 5-26 R 語言之購物籃分析演示 (11)

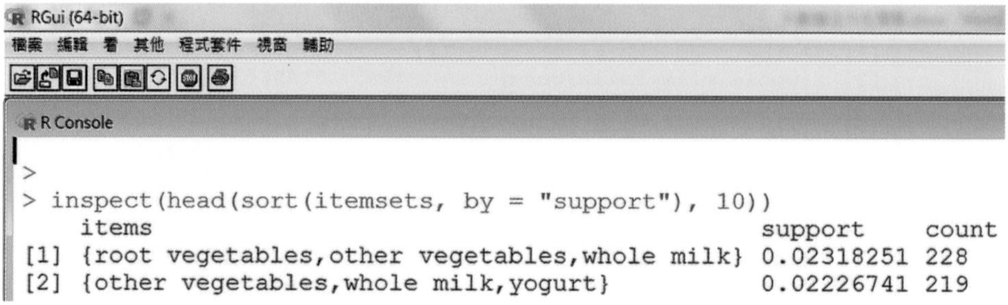

圖 5-27 R 語言之購物籃分析演示 (12)

接著我們再次執行 itemsets <- apriori (Groceries, parameter = list (minlen = 3, maxlen = 3, support = 0.02, target = "frequent itemsets")) 指令，並且將其中的 minlen = 3, maxlen = 3 調正為 minlen = 4, maxlen = 4 (如圖 5-28)，此時會發現綠色箭頭處所顯示數值為零，表示掃描與配對的動作已到盡頭，無法再進行下去，至此關聯法則運算稱為收斂或停止。

綜合以上教學，項目集掃描總共執行了三次，第一次掃描萃取出 59 個項目集、第二次掃描萃取出 61 個項目集、第三次掃描萃取出 2 個項目集，總計為 122 個項目集。其實我們並不需要這麼辛苦分三次下指令來從事三次掃描，分三次掃描是為了要讓讀者體會關聯法則的收斂過程，因此若自己確實理解關聯法則之運作，大可直接將 itemsets <- apriori (Groceries, parameter = list (minlen = 1, maxlen = 1, support = 0.02, target = "frequent itemsets")) 指令中的 maxlen 參數刪除，如此 apriori ( ) 這個工具會自動將所獲得的資料集配對至無法再配對為止 (如圖 5-29 綠色箭頭處)。截至目前為止，我們只執行了項目集掃描任務，尚未依照項目集的掃描結果來建立關聯法則，而關聯法則的建立才是購物籃分析的真正精髓所在，接下來，我們將介紹關聯法則建立方式及其注意事項。

在建立關聯法則之前，我們得先了解兩項指標，分別是「信賴度」

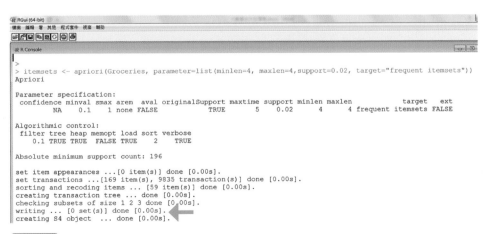

圖 5-28 R 語言之購物籃分析演示 (13)

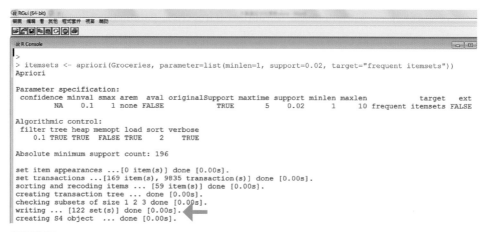

圖 5-29 R 語言之購物籃分析演示 (14)

(confidence) 與「增益值」(lift)。所謂信賴度是指消費者在購買 X 品項時,也一併購買 Y 品項的條件機率。假設範例資料中已知的全脂牛奶購買筆數有 100 筆,而這 100 筆交易紀錄中,同時有 50 筆也買了其他蔬菜,因此「買了全脂牛奶的人同時也買其他蔬菜」的信賴度為 50%,所以信賴度門檻設定得愈高,所萃取出的關聯法則愈值得信賴。

　　至於增益值是指關聯法則的信賴度是否與其預測購買品項在所有交易中出現的機率成正比,若所計算的 lift 數值為正數,則表示關聯法則與其預測購買品項出現機率成正相關,若 lift 計算數值為負值,則表示兩者之間呈現負相關。以剛才的「買了全脂牛奶的人同時也買其他蔬菜」的信賴度為 50% 為例,假設「其他蔬菜在所有交易紀錄中出現的機率」是 40%,那麼增益值 lift = 50/40 = 1.25,此數值為正值,表示「買了全脂牛奶的人同時也買其他蔬菜」與「其他蔬菜在所有交易紀錄中出現的機率」彼此之間為正相關。換句話說,若同時將「全脂牛奶與其他蔬菜」一起搭配促銷,其效果會比只促銷「其他蔬菜」還來得好。

　　在 R 軟體中,我們仍然可以利用 apriori ( ) 這個指令來萃取關聯法則,只是在參數設定方面與項目集掃描有些許差異。讀者可在 R 軟體中輸入 rules <- apriori (Groceries, parameter = list (support = 0.001, confidence = 0.6, target =

"rules")) 這個指令 (如圖 5-30)，其中 target 由原先的 target = " frequent itemsets " 改變成 target = "rules"，並且加入 confidence 信賴度門檻值，在此設定為 0.6，支持度由原先的 support = 0.02 修改為 support = 0.001，藉以避免門檻值過高而無法萃取出符合門檻值得項目集，最後我們將所有結果存放至 <– 左邊的 rules 容器。從執行結果中 (綠色箭頭處)，我們可以發現，此次的運算共萃取出 2,918 個關聯法則。

同樣的，我們可以藉由 inspect (head (sort (rules, by = "lift"), 10)) 指令來將排名前十名的關聯法則顯示在螢幕上頭 (如圖 5-31)，其中 lhs 是指 left hand side 的縮寫，而 rhs 則是指 right hand side 的縮寫，兩者以通常以 => 來區隔，即箭頭左側為 lhs、箭頭右側為 rhs。從增益值 lift 排序第一名 18.995654 的萃取法則中，我們可以看見 {Instant food products, soda}→{hamburger meat}，表示同時購買速食產品 (Instant food products) 與蘇打飲料 (soda) 的消費者也購買了漢堡肉 (hamburger meat)，讀者可以依類推，自行解讀其他關聯法則。

由於上述關聯法則是以文字型態來表達，在解讀上常常讓人看得眼花撩亂，因此我們可以藉由所匯入的 arulesViz 套件來製作具資料視覺化能力的關聯法則萃取報表。所需輸入的指令為 h_LiftRules <– head (sort (rules, by =

```
>
> rules <- apriori(Groceries, parameter=list(support=0.001, confidence=0.6, target = "rules"))
Apriori

Parameter specification:
 confidence minval smax arem  aval originalSupport maxtime support minlen maxlen target   ext
        0.6    0.1    1 none FALSE            TRUE       5   0.001      1     10  rules FALSE

Algorithmic control:
 filter tree heap memopt load sort verbose
    0.1 TRUE TRUE  FALSE TRUE    2    TRUE

Absolute minimum support count: 9

set item appearances ...[0 item(s)] done [0.00s].
set transactions ...[169 item(s), 9835 transaction(s)] done [0.00s].
sorting and recoding items ... [157 item(s)] done [0.00s].
creating transaction tree ... done [0.00s].
checking subsets of size 1 2 3 4 5 6 done [0.01s].
writing ... [2918 rule(s)] done [0.00s].
creating S4 object  ... done [0.00s].
```

圖 5-30 R 語言之購物籃分析演示 (15)

```
R RGui (64-bit)
檔案 編輯 看 其他 程式套件 視窗 輔助

> inspect(head(sort(rules, by="lift"), 10))
       lhs                          rhs                     support confidence       lift count
[1]  {Instant food products,
      soda}                     => {hamburger meat}   0.001220132  0.6315789 18.995654    12
[2]  {soda,
      popcorn}                  => {salty snack}      0.001220132  0.6315789 16.697793    12
[3]  {ham,
      processed cheese}         => {white bread}      0.001931876  0.6333333 15.045491    19
[4]  {tropical fruit,
      other vegetables,
      yogurt,
      white bread}             => {butter}           0.001016777  0.6666667 12.030581    10
[5]  {hamburger meat,
      yogurt,
      whipped/sour cream}      => {butter}           0.001016777  0.6250000 11.278670    10
[6]  {tropical fruit,
      other vegetables,
      whole milk,
      yogurt,
      domestic eggs}          => {butter}           0.001016777  0.6250000 11.278670    10
```

圖 5-31 R 語言之購物籃分析演示 (16)

"lift"), 5) 與 plot (h_LiftRules, method = "graph")，意指將所獲得的 rules 以 lift 值來排序並取出前五筆資料，最後將這五筆資料存放置 <- 左邊的 h_LiftRules 容器，之後再透過 plot ( ) 這個工具來繪製視覺化報表，其所接收的第一個 參數為資料來源 h_LiftRules、第二個參數為繪製方法，此處設定為 method = "graph"。上述指令執行完畢後，R 語言會自動開啟另一個視窗來呈現視覺化 報表。以圖 5-32 綠色框線處為例，同時購買 ham 與 processed cheese 的消費者 也會購買 white bread，透過此視覺化資料呈現方式對於關聯法則解讀工作而 言，將更為輕鬆。

最後我們必須提醒讀者，雖然將信賴度降至 support = 0.001 並且把 confidence 設定成 0.6 可以萃取出 2,918 個豐富的關聯法則，但其實有許多法 則禁不起增益值 lift 的考驗，因此在萃取最終關聯法則時，不宜將禁不起考驗 的關聯法則納入，像是「高信賴度/低支持度」的法則，此類法則表示同時購 買 X 與 Y 品項的比例很高，但這個 X→Y 的組合卻在所有交易紀錄中占比不 高，因此若以這樣的法則來策劃行銷活動，恐怕會徒勞無功。截至目前為止， 我們已經學習到如何將發生在網站內的行為透過購物籃分析來精進大數據電子 商務運作，接下來的任務就仰賴讀者發揮自身想像力，思考看看還有哪些可能

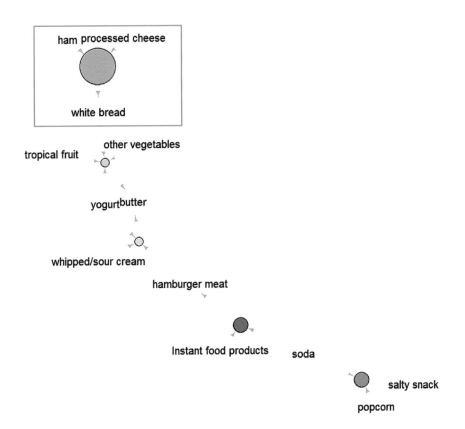

圖 5-32 R 語言之購物籃分析演示 (17)

的配對項目值得我們從事購物籃分析，有時候或許能夠萃取出有趣且看似不合理卻富有高度價值的黃金法則也說不定，這個概念就好比沃爾瑪萃取出「啤酒→尿布」這個看似怪異卻能夠使業績提升的關聯法則。

Chapter 6

社群情報探索

　　社群網路是近年來高度熱門之議題，舉凡食、衣、住、行、育、樂，日常生活上的大小事皆能透過社群網路來與群內好朋友們分享。大數據電子商務也因為受惠於社群網路的高滲透性，慢慢的從單純社群概念衍生出社群交易概念，也就是所謂的社群商務。約莫在 2012 年時，社群商務訴求行動商務之應用，到了 2013 年社群商務較為重視口碑傳遞效果，而時間來到 2014 年起，社群商務逐漸驗證了大數據所帶來的商業助益，因此「社群」、「行動」、「口碑」、「大數據」可謂是新世代大數據電子商務所不能忽視的重點。

　　本章欲討論的「社群情報探索」即是為了因應近年來社群商務興起之後，各社群商務業者在經營上所需要的社群行為資料掌握所規劃。那麼為何掌握社群行為資料對社群商務來說那麼重要呢？Liang[1] 等學者在 2011 年提出社群商務驅力模式 (如圖 6-1)，從模式中我們可以得知，社群商務的參與意圖 (Social Commerce Intention) 以及社群商務的持續參與意圖 (Continuance Intention) 可以由社交支持 (Social Support)、關係品質 (Relationship Quality)、網站品質 (Web Site Quality) 等因素所驅動。

　　其中社交支持包含情感支持 (Emotional Support) 與資訊支持 (Informational Support)，也就是社群經營業者可以藉由「情感支持」與「資訊支持」這兩項驅力來誘發民眾參與社群商務的單次意圖，甚至是持續意圖。舉兩個例子，Facebook 臉書裡頭的「讚」按鈕，以及後續所推出的「大心、哈、哇、嗚、怒」等按鈕，就是一種促使民眾參與社群商務的情感支持驅力 (如圖 6-2 紅色框線)，參與民眾可以透過諸如此類的按鈕來表達他們對於發文者的情感支持。

　　圖 6-3 是另一個例子，從蝦皮拍賣的粉絲專頁上可以看見許多商品販售貼文，若社群參與者對於某篇商品促銷貼文感到興趣，並且打算將促銷資訊分享給他的親朋好友，那麼就可以透過紅色框線中的「分享」功能來達成。如同前文所提到的「情感支持」案例，「資訊支持」亦是「社交支持」組成要素之一，畢竟社群參與民眾較容易留意或接受來自好友分享的貼文，進而促進了他

1　Liang, T. P., Ho, Y. T., Li, Y. W., & Turban, E. (2011). What drives social commerce: The role of social support and relationship quality. *International Journal of Electronic Commerce*, 16(2), 69-90.

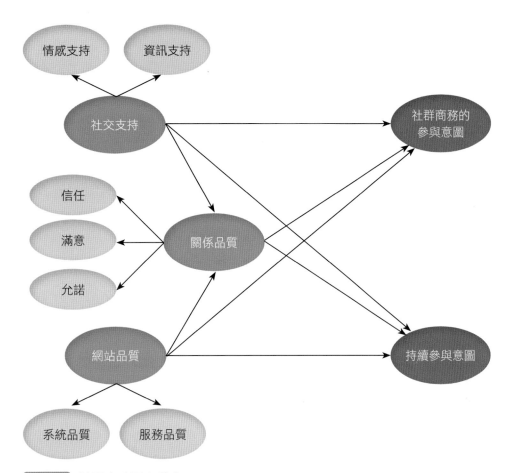

圖 6-1 社群商務驅力模式 (資料來源：International Journal of Electronic Commerce)

們參與社群商務之單次意願或持續意願。

「社交支持」除了能夠直接驅動民眾對社群商務的「單次參與意圖」或「持續參與意圖」，更能夠透過對「關係品質」的影響力來達成間接促進之效果。換句話說，一旦能夠有效的確保社群商務中的關係品質，那麼社群經營者將有機會獲得參與民眾對於社群商務網站的信任 (Trust)、滿意 (Satisfaction)、允諾 (Commitment)。最後，不論是「關係品質」、「單次參與意圖」或是「持續參與意圖」，都會受到「網站品質」的影響。也就是說，社群商務畢竟仍依附在網站架構上運作，因此若網站的服務品質 (Service Quality) 或系統品

圖 6-2 社群情感支持示意 (資料來源：Facebook)

質 (System Quality) 不佳，那麼社群商務順利運作之必要條件將無法完善，也就更遑論後續所衍生的「關係品質」、「單次參與意圖」以及「持續參與意圖」。

既然「社交支持」、「關係品質」、「單次參與意圖」、「持續參與意圖」對於社群商務經營成功而言非常重要，有沒有什麼辦法可以讓社群經營者掌握這幾個重要因素在社群網站上的表現呢？答案是肯定的！接下來的內容我們將以微軟旗下的 Power BI 軟體來抓取社群網站資料。或許有些讀者會認

圖 6-3 社群資訊支持示意 (資料來源：蝦皮拍賣 Facebook 粉絲專頁)

為，為了要讓大數據電子商務分析工作更加的名副其實，確實有必要使用一些專業的大數據分析工具，其實不盡然。Power BI 軟體操作介面與大家所熟悉的 Excel 試算表極為相似，不但可以達到社群情報探索目的，更可以用最低成本 (Power BI 可以免費使用)、最少學習心力來迅速參與社群商務的大數據分析。現在就請讀者準備好自己的電腦，一同進入社群商務大數據分析世界。

6.1 Power BI 安裝與設定

Power BI 的下載網址為 https://powerbi.microsoft.com/zh-tw/desktop/，進入後可看見如圖 6-4 紅色框線處的「進階下載選項」，點擊該選項之後瀏覽器頁面會切換至下載語言選擇畫面 (如圖 6-5)，此時請大家將語言選項切換至「中

圖 6-4 Power BI 下載 (1) (資料來源：Microsoft)

Microsoft Power BI Desktop 專為分析師所設計。其結合了先進的互動式視覺效果，並內建領先業界的資料查詢與模型。建立報表，並將其發行至 Power BI。Power BI Desktop 讓您隨時隨地都能提供他人即時的關鍵剖析資料。

圖 6-5 Power BI 下載 (2) (資料來源：Microsoft)

文 (繁體)」後再點擊紅色「下載」按鈕。

　　點擊下載按鈕之後會看見如圖 6-6 下載類型選擇畫面，若自己電腦是 64
位元的中央處理器，那麼請將 PBIDesktop_x64.msi 選項核取，而若自己電腦
屬於 32 位元中央處理器，則請選取 PBIDesktop.mst，選取完畢之後即可點選
紅色框線處的「Next」下一步按鈕。

　　待檔案下載完畢後，讀者可至存檔處點擊剛才所下載的安裝檔，點擊後
即可看見如圖 6-7 畫面，由於接下來安裝過程所碰到的選項設定並不會影響
Power BI 運作，因此請讀者不斷點擊「下一步」按鈕直到安裝完畢為止。安
裝完畢之後，接下來我們就要開始示範臉書社群軟體資料的抓取，在一般情
況下，臉書資料抓取分為兩大情境，包含「具管理權限」以及「不具管理權
限」，所謂具管理權限指的是自己 Facebook 帳號下的臉書社交互動資料抓
取，而不具管理權限則是指抓取非自己帳號下所管轄的臉書社交互動資料抓
取。

選擇您要的下載項目

檔案名稱	大小
PBIDesktop.msi	124.5 MB
PBIDesktop_x64.msi	142.3 MB

下載摘要：
KBMBGB
You have not selected any file(s) to download.

總大小：0

Next

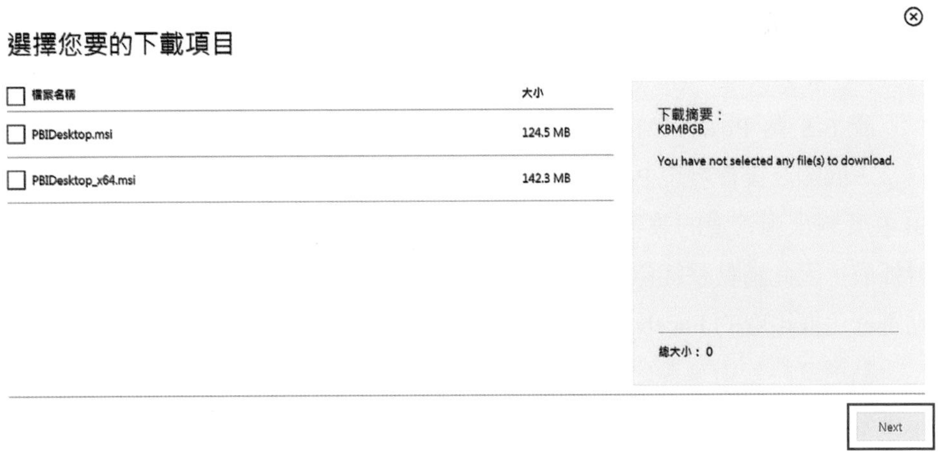

圖 6-6　Power BI 下載 (3) (資料來源：Microsoft)

圖 6-7 Power BI 安裝與設定

6.2 臉書資料探索 (具管理權限)

　　圖 6-8 為 Power BI 執行畫面,首先請大家點擊紅色框線處的「取得資料」,展開之後會發現 Power BI 能夠接受的可能資料來源非常多,表示 Power BI 在資料來源管道的兼容性非常高。由於本節所要傳達的是 Facebook 社交資料抓取,因此請點擊紅色箭頭處的「更多」,再從圖 6-9 資料管道來源清單中點選紅色框線處的 Facebook 做為主要資料來源管道。

　　點選資料管道來源之後,Power BI 會顯示圖 6-10「連線到第三方服務」訊息來詢問分析者是否不斷的與資料來源管道保持連線狀態,在此建議各位不要將紅色框線處的「不要再針對此連接器警告我」的選項予以核取,此舉有助於我們不斷留意到是否與資料來源管道保持連線進而提取到最新的資料,接著請大家點擊紅色箭頭處所指向的「繼續」按鈕。

　　此時系統畫面會切換至圖 6-11 狀態,我們可以在紅色框線處看見一個輸

圖 6-8　Power BI 與社群資料串接 (1)

圖 6-9　Power BI 與社群資料串接 (2)

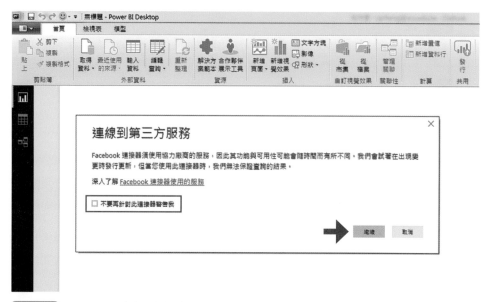

圖 6-10 Power BI 與社群資料串接 (3)

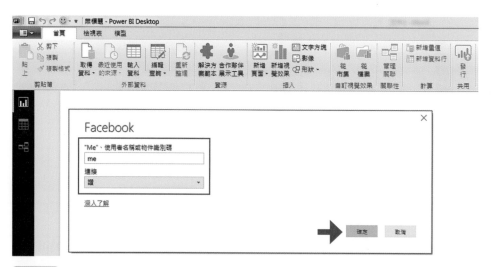

圖 6-11 Power BI 與社群資料串接 (4)

入方塊與一個下拉式選單，上方輸入方塊是要我們告知 Power BI 所欲抓取的 Facebook 標的，由於本節所要演示的是具管理權限的臉書資料抓取，也就是自己的臉書帳號，故請輸入「Me」即可。下方的下拉式選單主要目的在於告知 Power BI 所欲抓取的 Facebook 互動資料種類，在此我們以大家再熟悉也不過的「讚」做為互動資料抓取標的，選取後即可點擊紅色箭頭處的「確定」按鈕。由於這個動作等同於要求 Power BI 進入自己帳號下的 Faccebook 進行抓取資料，因此系統會要求事先登入自己的 Facebook，如圖 6-12 紅色框線處。

　　登入自己 Facebook 之後，在原先紅色框線處的「登入」按鈕狀態即會改變成如圖 6-13 紅色框線處的「以其他使用者身分登入」，表示當下已經用特定身分登入。費了好一番功夫完成帳號授權連接動作後，接下來只要點擊紅色框線處的「連接」按鈕，Power BI 就會立即依照我們的意願，向 Facebook 提取資料，並且將提取結果顯示在資料表單上，如圖 6-14。

　　從圖中我們可以在紅色框線處看到一串網址 https://graph.facebook.com/v2.8/me/likes，此網址就是由 Facebook 官方所提供的 Graph API 資料串接器，專司於將資料從 Facebook 中提取出來，所謂 API 指的是應用程式插件 (Application Programing Interface)，可以把它想像成家裡頭的電器一般，只要

圖 6-12 Power BI 與社群資料串接 (5)

圖 6-13 Power BI 與社群資料串接 (6)

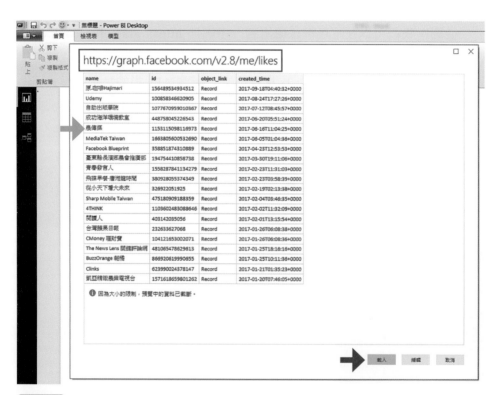

圖 6-14 Power BI 與社群資料串接 (7)

將插頭通電，電器即可立即運作，因此只要正確使用 Graph API，就可以將
Facebook 上的社交資料提取出來。

截至目前為止，Facebook 的 Graph API 來到 v2.8 版，這也是為何在 API
網址中會看到「v2.8」字樣，請注意！不同版本之間 Graph API 所使用的指令
不盡相同，讀者在使用時宜特別留意。至於在網址中所看到「me」字樣，指
的是目前提取 Facebook 資料的帳號標的，me 是自己的 facebook 之意，若是
他人帳號的 Facebook 資料，則須將 me 改為對方帳號。最後在「likes」字樣方
面，likes 是讚的意思，也就是說所欲提取的資料內容形態將會在這個部分中
以網址來呈現。綜合以上介紹，我們可以從提取資料表單中看見 name、id、
object_link、created_time 等欄位，例如：我們可以看見目前所示範的 Facebook
帳號曾經點擊「農傳媒」粉絲專頁的讚而加入粉絲，點擊加入時間為 2017 年
6 月 16 日 (如圖 6-14 綠色箭頭處)。經過以上的敘述與解說後，讀者接著可點
擊紅色箭頭處的「載入」按鈕，

上述「載入」按鈕點擊後，一開始並無法看見如圖 6-15 綠色框線處的資
料，主要原因在於我們尚未將紅色框線處的欄位核取，一旦確實核取這些欄

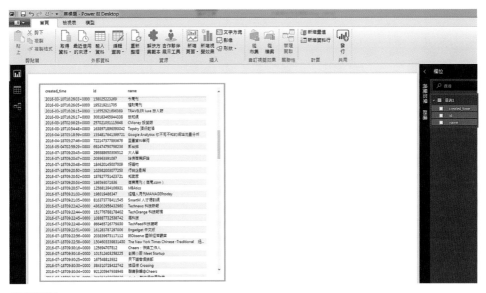

圖 6-15 Power BI 與社群資料串接 (8)

位之後，綠色框線處的表單就會自動呈現在空白處。以上示範資料是從自有 Facebook 帳號下所提取的資料，讀者可再次依照圖 6-8 ~圖 6-11 步驟，重新提取其他「讚」之外的社交互動資料。

6.3　臉書資料探索 (不具管理權限)

　　社交情報探索之價值在於除了能夠提取自己帳號轄下的社交軟體資料以外，還要能夠提取他人帳號下所管理的社交軟體資料，如此才能發揮大數據電子商務裡應外合的綜合效益。本節所要演示的臉書資料探索與上一節的社交資料提取大同小異，彼此之間最大的差異在於我們現在所欲提取的是不具管理權限的社交資料，也就是他人帳號轄下的臉書資料提取。在此我們以近期頗為知名的「蝦皮拍賣」做為示範標的，其粉絲專頁網址為 https://www.facebook.com/ShopeeTW/?fref=ts。

　　首先我們必須自「取得資料」→「更多」→「Facebook」告知 Power BI 目前所欲提取的 Facebook 社交資料標的 (步驟詳如圖 6-8~圖 6-11)，接著在圖 6-16 紅色框線處的上方欄位輸入蝦皮拍賣的臉書帳號，也就是 ShopeeTW，本

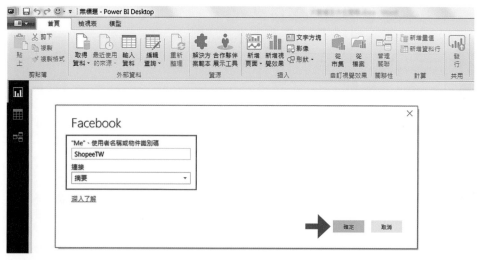

圖 6-16　Power BI 與社群資料串接 (9)

例試圖以「讚」之外的資料做為提取標的，因此請將連接處的下拉式選單展開後選取「摘要」，完成這兩件事項後，即可點擊紅色箭頭處的「確定」按鈕。

點擊完畢之後，讀者勢必發現一個奇怪的現象，那就是系統畫面顯示無法連接 (如圖 6-17)，為什麼會這樣呢？若再仔細端詳紅色框線處的無法連接說明原因：「The limit parameter should not exceed 100」，表示所欲提取的資料超過 100 筆以上，因此超出了 Facebook Graph API 的限制。

為了使提取資料能夠順利，並且突破無法連結的困境，我們必須手動修改 Graph API 網址內的參數。首先請點擊綠色箭頭處的「取消」按鈕，接著點選「取得資料」→「空白查詢」(如圖 6-18)，接著請在圖 6-19 綠色箭頭處的空白欄位中輸入：「= Facebook.Graph("https://graph.facebook.com/v2.8/ShopeeTW/feed?limit=100")」。

其中 limit = 100 即表示一次提取資料不超過 100 筆，每達到 100 筆資料時，就再次提取另 100 筆資料，透過此參數的設定來突破 Graph API 的限制。

以上這些步驟只是資料提取的查詢動作，查詢完畢之後仍需點擊圖 6-20 畫面左上角紅色框線處的「關閉並套用」，如此才能將所查詢出來的資料匯入

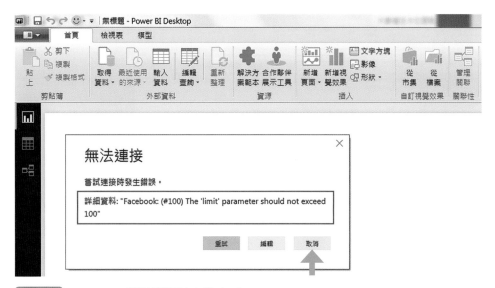

圖 6-17 Power BI 與社群資料串接 (10)

圖 6-18 Power B I與社群資料串接 (11)

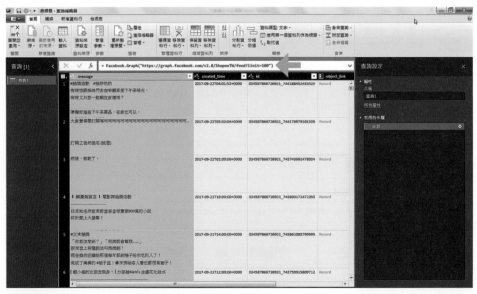

圖 6-19 Power BI 與社群資料串接 (12)

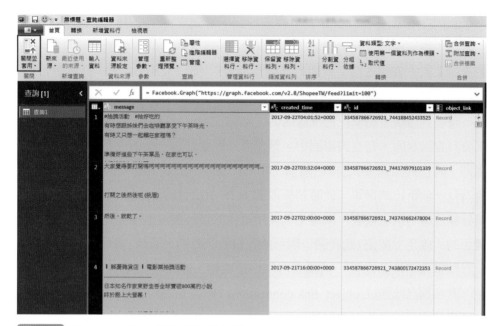

圖 6-20 Power BI 與社群資料串接 (13)

至資料表單中 (如圖 6-21 所示)。請注意！在預設情況下，圖 6-21 不會有任何
表單內容出現，因此別忘了要將畫面右側綠色箭頭處的各個欄位核取，如此表
單才能夠順利呈現，此動作與圖 6-15 雷同。

圖 6-21 Power BI 與社群資料串接 (14)

我們在本章開頭的圖 6-1 中曾經提到「社交支持」是由「情感支持」與「資訊支持」所組成，但是我們從圖 6-21 所匯入的資料中並無法看見與「情感支持」或「資訊支持」有關的社交互動資料 (如 Facebook 讚、分享等)，因為我們尚未將資料展開。

現在就請讀者點擊紅色框線處的「編輯查詢」，以便將系統畫面再次切換到資料查詢狀態。在查詢畫面中，請讀者仔細觀察每一個欄位標題圖示，不盡相同，請找到如圖 6-22 綠色箭頭所指向的圖示並且將其點擊展開。展開之後會看見一個下拉式選單，此時請核取圖 6-15 所沒有的 connections 隱藏欄位，其餘欄位請勿再次核取，以避免稍後所匯入的資料欄位重複，完成之後請點擊黃色的「確定」按鈕 (此展開步驟可能花費較多時間，請耐心等候)。

點擊確定按鈕之後，請讀者再次仔細觀察，剛才所展開的 object_link 欄位，其名稱已改變成 object_link.connections (如圖 6-23)，此時請再次點擊綠色箭頭處的圖示以進行二次展開。

我們可以從紅色框線處看見二次展開後的結果，其中包含 comment 與 likes 欄位，由於這兩個欄位並未在資料表單中出現過，再加上此二欄位是

圖 6-22　Power BI 與社群資料串接 (15)

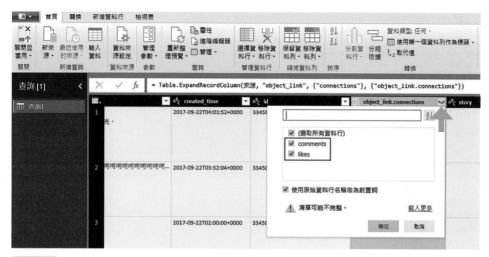

圖 6-23 Power BI 與社群資料串接 (16)

我們所欲傳達的「情感支持」與「資訊支持」所在,因此請將其核取後,點擊黃色的「確定」按鈕。同樣的,二次展開亦需花費許多時間,故請務必耐心等候。完成展開之後,我們可以再次觀察資料欄位名稱,剛才的 object_link.connections已改變成 object_link.connections.comments 與 object_link.connections.likes,此時若點擊此兩欄位下的任一 Table 字樣,則可以在畫面下方看見預覽資料 (如圖 6-24 與圖 6-25),其中圖 6-24 裡的 message 是粉絲專頁上的粉絲留言,可以將其視為「社交支持」中的「資訊支持」,而圖 6-25 中的 name 即是按讚者的Facebook 帳號名稱,屬於「社交支持」中的「情感支持」。

如同先前所提到,任何資料查詢後的匯入動作都必須經過套用,才能夠將所查詢出的資料匯入表單並做後續分析,因此請讀者記得點擊畫面左上角的「關閉並套用」,如同我們在展開欄位時那般的等候,隨著粉絲專頁內容愈多,匯入資料所需花費的時間也愈長,肯定會比展開欄位所需花費的時間多出不少,因此請讀者仍然耐心等候。

費了好大一番功夫終於把所欲分析的資料匯入至表單中,接著我們便可以從事許多進階分析。在此本例示範粉絲專頁貼文的按讚數比較分析。首先請大

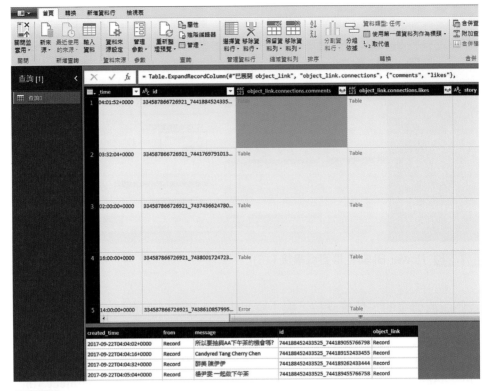

圖 6-24 Power BI 與社群資料串接 (17)

家在圖 6-26 紅色框線處「視覺效果」中選擇數據分析領域中常使用到的長條圖，接著核取紅色箭頭處的「message」與「object_link.connections.likes」這兩個欄位，核取完畢之後，依照黃箭頭路徑以滑鼠拖曳方式分別將 message 拖拉至「軸」、將 object_link.connections.likes 拖拉至「值」，接著將綠色框線處的「篩選」項目中的視覺效果層級篩選予以設定，其中 message 選擇「不是空白」，表示僅篩選出含有讚數的貼文，不具任何讚數的貼文將會被排除。

　　隨後將 object_link.connections.likes 的篩選條件設定為大於 1，意即只要是貼文含有 1 個以上的讚數即會被篩選出來。系統會根據以上的設定來將資料繪製成長條圖，從圖 6-26 中我們可以發現每一篇貼文的讚數不盡相同，其中獲得最多讚數的貼文為藍色箭頭處所指的貼文，其次是綠色箭頭處所指向的貼

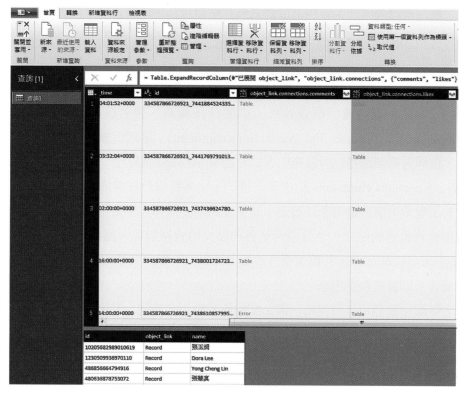

圖 6-25　Power BI 與社群資料串接 (18)

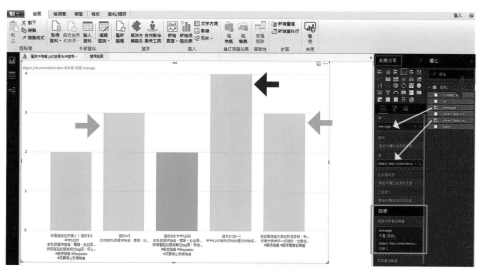

圖 6-26　Power BI 與社群資料串接 (19)

文。透過這樣的方式，我們可以輕易的判斷蝦皮拍賣粉絲專頁上的各個貼文獲得粉絲按讚的成效，也就是能夠輕鬆觀察「社交支持」中的「情感支持」狀況。

至於在「社交支持」中的「資訊支持」方面，筆者透過上述的方式將圖 6-27 紅色框線處「視覺效果」中選擇長條圖，接著核取紅色箭頭處的「message」與「object_link.connections.comments」這兩個欄位，核取完畢之後，依照黃箭頭路徑以滑鼠拖曳方式分別將 message 拖拉至「軸」、將 object_link.connections.comments 拖拉至「值」，接著將綠色框線處的「篩選」項目中的視覺效果層級篩選予以設定，其中 message 選擇「不是空白」，表示僅篩選出含有留言的貼文，不具任何留言的貼文將會被排除。隨後將 object_link.connections.comments 的篩選條件設定為大於 1，即只要是貼文含有 1 個以上的留言，即會被篩選出來。

從圖中我們可以發現每一篇貼文的留言數不盡相同，其中獲得最多留言的貼文為藍色箭頭處所指向的貼文，其次是咖啡色箭頭處所指向的貼文。透過這樣的方式，我們也可輕易的判斷蝦皮拍賣粉絲專頁上的各個貼文獲得粉絲留言

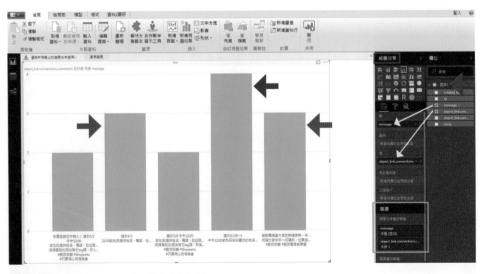

圖 6-27 Power BI 與社群資料串接 (20)

的成效，也就是能夠掌握「社交支持」中的「資訊支持」情況。值得注意的是，圖 6-26 與圖 6-27 的結果居然一模一樣，也就是各個貼文在讚數與留言數獲得上平分秋色，這個現象或許只是純屬巧合，讀者仍應該萃取更多資料比數，始能確認此現象的合理性。遺憾的是，除非自己擁有大量處理資料的時間或是具備大型電腦運算主機，否則以通盤考量方式將蝦皮拍賣粉絲專頁上所有的資料抓回，將會耗費極大量等待時間與電腦運算資源，因此這部分還請讀者審慎斟酌。

6.4　IBM Watson 社交情報探索

除了上述 Power BI 在 Facebook 粉絲專頁資料抓取上的應用之外，坊間仍有許多業者提供類似 Google Trends 的情報蒐集工具，但卻是更為聚焦在社群資料的情報蒐集應用。IBM 約略於 2011 年推出以自然語言查詢為基礎的 Watson 人工智慧系統，該系統類似 iPhone 手機裡頭的 Siri，使用者可以自由的提出問題，隨後由人工智慧來找出最佳問題解答。其實早在 Google AlphaGo 打敗棋王一事之前，Watson 就已經在綜藝問答節目上以機器人的姿態打敗人類問答紀錄保持者，因此將 Watson 視為問答型人工智慧鼻祖，一點也不為過。Watson 在發展的過程中不斷的進化，所認識的事物也逐漸增多，甚至包含時下流行的社群資料問答。時間來到 2017 年，IBM 終於讓 Watson 支援以中文為主的社群資料問答，使得我們在社群資料探索上能夠突破 Facebook 以外之場域。換句話說，Facebook 只是狹義上的社交軟體，現今仍有許多流竄在非 Facebook 場域以外的社交資料，值得你我一同來探索。

有鑑於此，本節將以 IBM Watson 做為演示標的，引領大家體會廣義的社交情報探索。如果自己是大數據電子商務從業人員，或是自己對於大數據電子商務感到有興趣之人士，接下來所傳達的技能肯定可以讓自己在專業領域中獨樹一格，甚至能夠充分展現出社群情報探索之價值。

IBM Watson 屬於一種雲端應用，因此使用者不需事先經過軟體安裝步驟即可透過網頁瀏覽器來體驗 Watson 所宣稱的人工智能。首先請大家在瀏覽器

網址處鍵入 https://www.ibm.com/tw-zh/marketplace/watson-analytics，隨後便能夠看見如圖 6-28 的畫面，點擊紅色箭頭處的「免費試用版」之後，便可看見圖 6-29 畫面，此時請大家再次點擊綠色框線處的「免費試用版」。由於自己

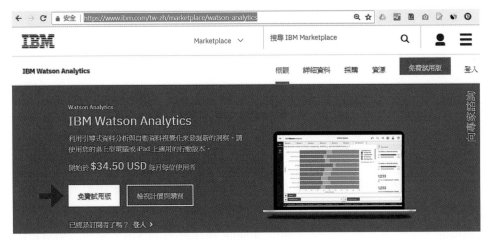

圖 6-28 IBM Watson 社交情報探索平台 (資料來源：www.ibm.com)

圖 6-29 IBM Watson 社交情報探索平台設定與操作 (1)

是第一次與 Watson 打交道，因此必須在正式使用 Watson 之前，事先執行註冊步驟 (如圖 6-30)，因此請大家依照各項欄位指示輸入註冊所需資料，完成後請點擊綠色的「繼續」按鈕，接著 Watson 會要求我們進行電子郵件驗證 (如圖 6-31)，因此請登入自己在圖 6-30 中所輸入的電子郵件信箱，找到來自 IBM 所寄來的驗證信，並且依照指示完成驗證動作。

通過上述電子郵件驗證之後，系統會將大家引導至圖 6-32 畫面，此時請點擊藍色箭頭處的「Get Started」以便進入圖 6-33 系統主畫面。

在系統主畫面左上方有一個下拉式選單 (如圖 6-33)，將其展開後可看見「IBM Watson Analytics for Social Media」選項，此選項即為本節要介紹的 IBM Watson 社交情報探索，點擊該選項後即可進入到圖 6-34 畫面。眼尖的各位應該不難發現在這個選項旁有一個綠色「BUY」字樣，表示 IBM Watson

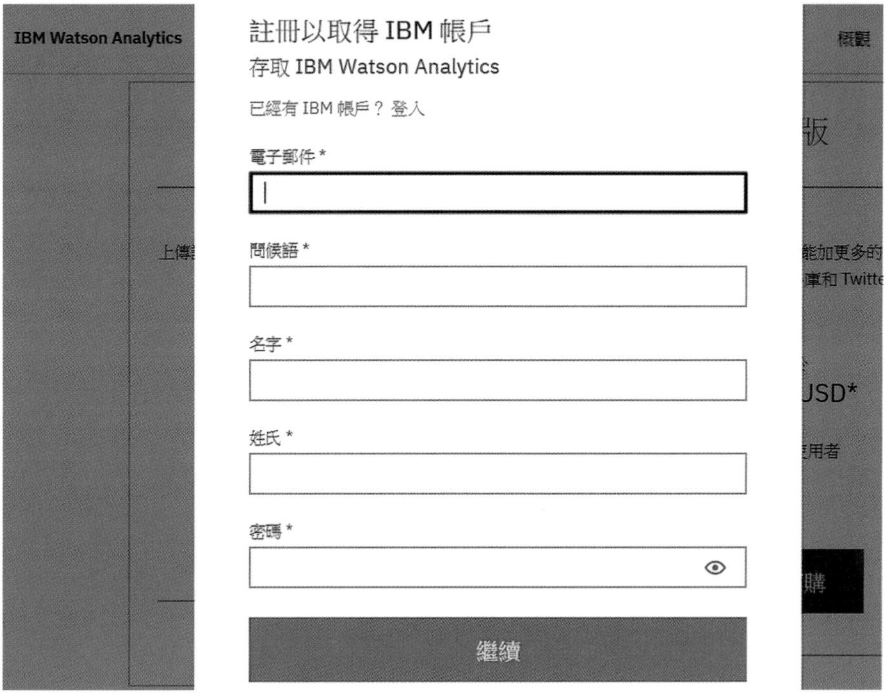

圖 6-30　IBM Watson 社交情報探索平台設定與操作 (2)

圖 6-31　IBM Watson 社交情報探索平台設定與操作 (3)

圖 6-32　IBM Watson 社交情報探索平台設定與操作 (4)

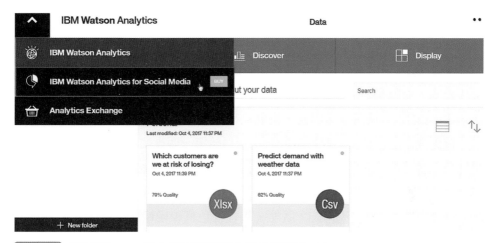

圖 6-33 IBM Watson 社交情報探索平台設定與操作 (5)

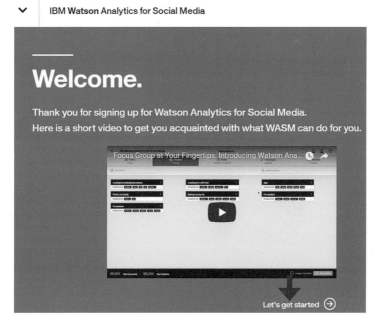

圖 6-34 IBM Watson 社交情報探索平台設定與操作 (6)

Analytics for Social Media 只能免費試用 30 天，試用期截止後，必須付費才能再繼續使用。

在圖 6-34 中讀者可以看見關於 IBM Watson Analytics for Social Media 的影片介紹，無論是否打算觀賞這個影片，都必須點擊紅色箭頭處的「Let's get started」才能正式使用這項服務，也就是來到圖 6-35 的操作畫面。

首先我們必須替當下要探索的社交資料給定一個專案名稱，因此請大家點擊紅色框線處的「+ New project」並且在圖 6-36 紅色框線處輸入專案名稱，本例輸入「社交資料探索練習」，完成後接著點擊藍色的「Next」按鈕。此時系統會將畫面切換至圖 6-37 狀態，請在紅色框線處輸入任意的主題 (topic) 名稱，本例輸入「Seafood」，這個主題名稱給定動作其實就是指分析者所欲得知的特定關鍵字詞在社交網路上的興情狀況。命名完畢後請點擊藍色的「Add」按鈕，如此系統便會將大家引導至 Watson 社交資料探索正式畫面，開始針對「Seafood」這個關鍵字詞進行探索 (如圖 6-38)。

在圖 6-38 紅色箭頭處我們可以看見「Seafood」這個關鍵字詞的粗估搜尋數為 106K (即 106,000)，為什麼這裡我們稱它為粗估呢？原來這個數值係依照綠色框線處的相關設定預設值所萃取而出，但若更改這些預設值之後，「Seafood」關鍵字詞的搜尋數量勢必改變，因此我們稱它為粗估值。

圖 6-35　IBM Watson 社交情報探索平台設定與操作 (7)

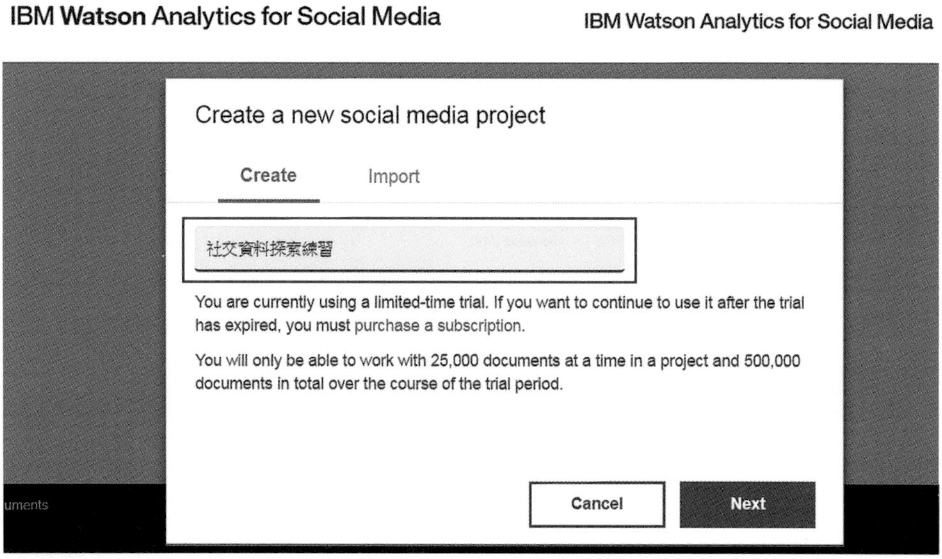

圖 6-36 IBM Watson 社交情報探索平台設定與操作 (8)

圖 6-37 IBM Watson 社交情報探索平台設定與操作 (9)

　　在一般情況下，分析者得依照自己的分析需求來調整預設值，包含 Themes、Dates、Languages、Sources 等，其中「Themes」指的是資料主題區隔，例如：目前所稱的「Seafood」是指「海鮮」或是「宗教」？在主題上必須予以釐清。「Dates」是指所欲查詢關鍵字詞的肇生區間，也就是發生這件

圖 6-38 IBM Watson 社交情報探索平台設定與操作 (10)

事情的時間段落，而「Languages」則是指「Seafood」關鍵字詞的背景語言，也就是該字詞相關社交資料是發生在哪一個語系國家。至於「Sources」則是指社交資料發生的場域。倘若自己打算異動目前搜尋的關鍵字詞，可從紅色框線處的選項來修改或刪除關鍵字詞內容。

　　本例將「Themes」設定為宗教、「Dates」限制在 09/05/2017－10/05/2017 這一個月內、「Languages」調整成中文 (Chinese) 並且關閉英文 (English)、「Sources」維持預設七種可能的社交資料來源，一切設定完成後，讀者可以觀察圖 6-39 紅色箭頭處的「Seafood」關鍵字詞搜尋數量已經從原先的 106K 下降為 12K (即 12,000)，表示目前估計值比先前的粗估值還來得精準。大家一定迫不及待想要知道上述設定值情境下的搜尋結果，那麼請點擊紅色框線處的「Create data set」，Watson 便會立刻發揮它的強大探索功能。

　　由於受到試用版本之限制，因此在點擊 Create data set 之後，Watson 會提示警告畫面，告訴我們目前所使用的搜尋資料限額情況 (如圖 6-40)，此時我們並不需要做出任何回應，請繼續點擊藍色框線處的「Continue」按鈕即可。

　　完成上述點擊動作之後，Watson 便開始萃取社交資料，隨後讀者可在圖 6-41 紅色箭頭處看見分析完成「Analysis Completed」字樣，這表示我們已經可以點擊紅色框線處的「View analysis」來觀看分析結果，同時讀者也可以從

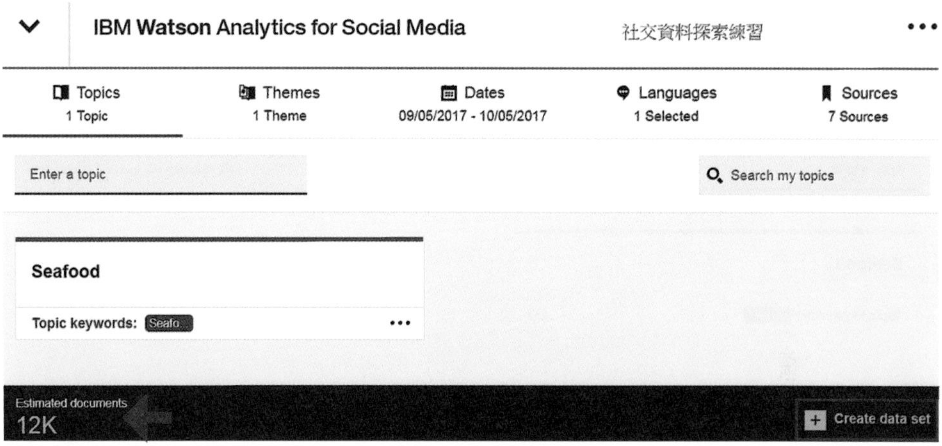

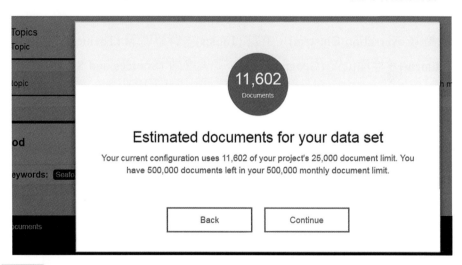

圖 6-39 IBM Watson 社交情報探索平台設定與操作 (11)

圖 6-40 IBM Watson 社交情報探索平台設定與操作 (12)

綠色箭頭處觀察到最終的社交資料萃取數量「Total documents：2,284」與總
提及數量「Total mentions：2,567」，現在就請大家點擊紅色框線處的「View
analysis」。

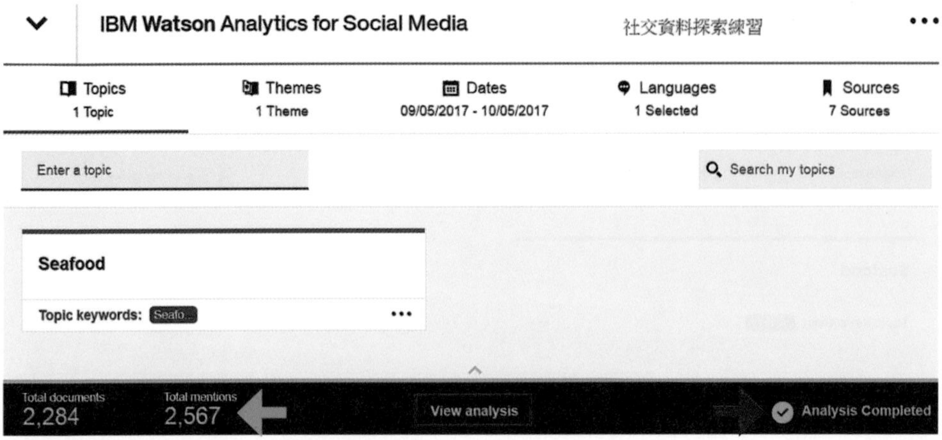

圖 6-41 IBM Watson 社交情報探索平台設定與操作 (13)

在圖 6-42 分析結果畫面中，我們約略可將功能區分為三大部分，其中數字 1 區塊處的下拉式選單可供分析者選擇目前所欲觀察的分析種類，包含對話匯集 (Coversation Clusters)、主題 (Topics)、背景區隔 (Themes)、情感分布 (Sentiment)、地理位置 (Geography)、來源與網站 (Sources and Sites)、影響力作者 (Influential Authors)、行為 (Behavior)、人口統計變數 (Demographics) 等，

圖 6-42 IBM Watson 社交情報探索平台設定與操作 (14)

若本例點擊紅色箭頭處的情感分布 (Sentiment) 選項，則系統會在數字 2 區塊中顯示資料視覺化分析結果，並且在數字 3 區塊處顯示來源資料 (如圖 6-43)。

從紅色框線處中，我們可以清楚看見「Seafood」這個關鍵字詞的情感分析結果，若依照顏色深淺度來看，該字詞的正面聲量 (Positive) 明顯較負面聲量 (Negative) 來得多，乍看之下這個字詞在社交網路上是非常正面的，但若仔細觀察綠色框線處的來源資料即可看見，原來正面聲量所指的「Seafood」是中秋節烤肉的佳餚，由於中秋佳節屬於歡樂節日，因此被 Watson 判定為社交資料中的正面聲量，但是若仔細端詳綠色框線處的內容後便可得知此篇新聞資料其實是敘述海鮮食材上漲，Watson 認為好像不是這麼正面卻也不是那麼負面，因而給予淺綠著色而非深綠著色，也就是正面稍偏中性聲量。至於在負面聲量方面，Watson 自己就非常有信心的判定。相信大家印象仍然十分深刻，「Seafood」是屬於負面的社交資料，即藍色框線處的宗教騙色事件。

在大數據電子商務中，許多銷售策略必須仰賴外部資料，而除了 Facebook 之外，仍有許多值得參考的資料流竄在其他社群管道中 (若將圖 6-38 綠色框線中的 Sources 展開後即可看見更多如圖 6-44 的社交資料管道)，因此透過 IBM Watson Analytics for Social Media 將能有效協助電商業者判斷廣大的網民興情。例如：有志於從事大數據電子商務業者可透過 IBM Watson

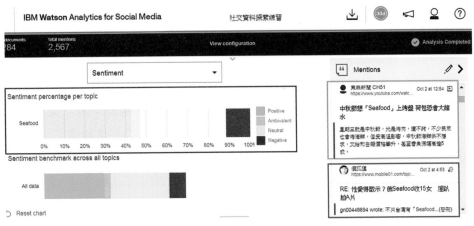

圖 6-43 IBM Watson 社交情報探索平台設定與操作 (15)

圖 6-44 IBM Watson 社交情報探索平台設定與操作 (16)

Analytics for Social Media 來了解自己品牌在網路上的輿情分布，亦可透過它來剖析特定品牌在網民心目中的看法。

舉例來說，假設自己是一個微型電商業者，現正打算搭上 iPhone 8 上市後熱潮，並且在自家電商平台上販售 iPhone 8 相關周邊商品，然而卻擔心不慎進貨到地雷商品，屆時消費者不買單還算事小，若大量閒置庫存無法順利售出，才真的是賠大了！此時我們可以透過上述 IBM Watson Analytics for Social Media 在進貨前事先探索一下究竟廣大的 iPhone 使用者在社群網站上如何表達他們對於 iPhone 周邊商品的需求或看法，找出答案後便能夠有效契合消費者需求，進而降低商品庫存的風險。

以圖 6-45 為例，筆者將圖 6-38 藍色框線處的主題設定為「愛瘋」並且在相同項目下設定進階篩選條件，包含紅色框線處的主題關鍵字「Topic keywords：iPhone」與綠色框線處的情境關鍵字「Context keywords：配件」，再次執行搜尋後，可得到圖 6-46 的分析結果。

從畫面左上角處我們可以發現上述設定值共獲得 5,714 項相關結果，此時若點擊紅色箭頭處的負面聲量色塊，即可在綠色箭頭處顯示所對應的負面社交

圖 6-45　IBM Watson 社交情報探索平台設定與操作 (17)

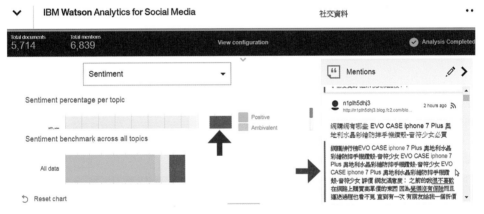

圖 6-46　IBM Watson 社交情報探索平台設定與操作 (18)

資料出處。從這個社交資料來源中，我們可以發現網民所討論的 iPhone 配件是「水晶彩繪防摔手機殼」，而從紅色底線處，我們亦可以發現若干的負面字眼，像是「很不喜歡」、「覺得沒有保險」等，亦可以從沒有底線文字中發現原來該位發文網民不喜歡的事物是指「高價手機殼」，因此若自己打算在網路上販售高價手機殼，恐怕就無法契合這類型網民之需求。

　　截至目前為止，我們介紹了社交情報探索的三種方式，當然坊間仍有許多不同的社交情報探索工具與做法，讀者可將本節示範視為自己接觸非 Facebook 社交資料探索的敲門磚，日後仍需依照自身需求來延伸學習。

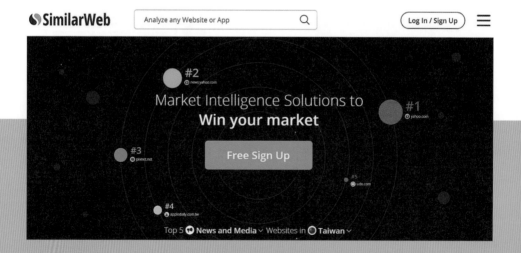

大數據電子商務之
數位足跡掌握

新世代電子商務訴求的是能夠有效應用大數據，即便許多電商業者仍然以網站為工具來與其顧客互動。網站發明約莫可以回溯至二十年前，在當時網站充其量只能稱得上是單向的訊息布告欄，隨著日後網路頻寬不斷升級，再加上網頁製作技術日新月異，過去傳統的「單向訊息」布告式網站已慢慢的進化，直至今日訪客不但能夠在網站上看到琳琅滿目且非常精美的網站內容，更能夠在網站上表達自己的想法或選擇，至此，「雙向訊息」互動式網站的普及已漸落實。

在過去單向訊息網站的時代裡，若想要捕捉訪客的網站足跡，通常是透過所謂的點擊流分析 (click stream analytics)，也就是在網站程式碼中設計若干計數器或是觸發器，一旦訪客到達特定頁面後，觸發器就會被驅動乙次，進而驅動計數器開始進行人次累計功能，最後可以統計出某個網站或頁面受到訪客青睞之情況。

然而進入特定網站或頁面這件事情很可能只是電子商務經營成功的必要條件 (即訪客得先進站才能對其進行行銷活動)，進站之後仍要能夠有效的監測訪客是否持續與網站互動，甚至在許多時候，訪客的網站參訪行為是有脈絡可循的，因此傳統的「點擊流分析」並無法滿足諸如此類的整體行為脈絡掌握。除此之外，經營電子商務事業絕非是獨占事業，受惠於電子商務經營門檻較低之故，使得相同業務會有多家業者同時經營線上交易，使得電子商務自千禧年泡沫化復甦後，達到百家爭鳴盛況。

換言之，經營電子商務除了要確實了解自己網站的行為資料之外，仍有必要參考競爭對手網站的行為資料，如此才能落實知彼知己、百戰百勝的目標。然而上述所提到的「點擊流分析」同樣無法協助電商經營者同時觀察自己與他人的網站行為資料，因此透過相關大數據工具，將能有效的突破過去技術瓶頸所產生的分析障礙。

本篇將探討大數據電子商務之數位足跡掌握，數位足跡指的是網站訪客或上網裝置使用者其在網上的行為脈絡，而能夠落實數位足跡掌握之工具非常多，有些需要分析者負擔使用費、有些則是完全免使用費，因此為了降低大家學習成本，本篇將介紹兩大免費工具：Google Analytics 與 SimilarWeb。

Google Analytics 屬於一種站內式 (on-site) 流量分析工具[1]，擅長針對單一網站進行深度的行為探索，而 SimilarWeb 則屬於站外式 (off-site) 流量分析工具，能夠同時針對兩個網站從事廣度的行為差異比較。透過站內式與站外式的流量分析工具使用，將能夠使大數據電子商務的經營更加面面俱到。

---

1 Google Analytics 雖然也有部分站外式分析功能，但以比例上來說，不及其所擁有的站內式分析功能，故多數情況下仍稱其為站內式分析。

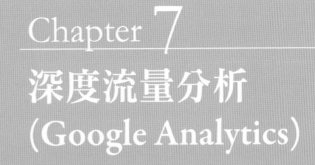

Chapter 7

深度流量分析
(Google Analytics)

Google Analytics (GA) 是由美國網路公司 Google 所推出的一套網站流量分析 (web analytics) 工具，此工具自 2005 年於各個國家上市之後，迅速吸引許多企業爭相採用，歸納原因如下：

(1) 免使用費

Google 向來以免費的策略推廣自家產品，不論是大家常用的 Gmail 或是熟悉的 YouTube，甚至是閒暇時撰寫生活心得的 Blogger，通通不需要使用者付費。Google 官方認為，一個好用的工具必須要透過免費的方式來廣為流傳，如此才能獲得更多的使用者。承襲這樣的理念，Google Analytics (GA) 完全不需要使用者付費，只要使用者擁有 Gmail 帳號，登入 GA 平台之後，就能夠馬上使用。而免費使用這個推廣策略確實受到許多業者青睞，根據許多市場調查公司的報告指出，GA 是全球前五百大企業所採用的流量分析首選工具。

(2) 雲端便利

想像一下在雲端概念尚未興起的年代，我們往往需要為了安裝一個軟體而準備許多光碟片，一片裝完換另一片，還真是有些麻煩！所謂「雲端」是指一切的軟體運作都發生在網路上，軟體使用者不需要在自己電腦上事先做安裝動作，只要利用自己的帳號密碼登入後即可在網路上使用該軟體的任何功能。GA 是一種雲端軟體，只要使用 Gmail 登入後即可使用。此外，受惠於雲端運算能力，不同人使用不同的 Gmail 帳號登入，仍可以看見相同的 GA 分析報表，此舉將有助於工作團隊在流量分析任務上的互動。

(3) 高度支援

某些時候也許自己對於所使用的軟體不甚熟悉，也許需要上網查詢他人使用心得。然而並非每一種流量分析軟體都能夠輕易的在網路上找到參考資料。GA 恰好可以彌補這項缺憾，GA 堪稱是使用人數最多的流量分析工具之一，因此不論是在官方網站上或是在網路上，GA 皆流通著許多參考教材，這些教材扮演相當重要的諮詢角色。除此之外，GA 分析平台內亦提供顧問專家輔導選項，只要自己願意，都可以將分析報表授權給 GA 顧問團隊，該團隊會在

適當時間 (如流量表現不佳) 主動與 GA 分析者聯繫，提供專業的流量分析協助。

(4) 證照職缺

　　GA 分析如同許多資訊軟體一般，提供使用者考取證照，然而 GA 國際證照與其他軟體證照最大差異處在於GA國際證照不需任何考照費用。這項做法維持 Google 一貫免費作風，因此考照人士將能夠以最低成本獲取證照資格。除此之外，GA 國際證照不像其他證照一般只能強調「證照考取率」，它還能夠在「證照就業率」上有很大的發揮空間，意指 Google Analytics Individual Qualification (GAIQ) 證照能夠在就業市場中獲得業者青睞。

　　以圖 7-1 紅色框線處為例，GA 證照並非只有受到資訊或行銷業者所青睞，即使是生技業者仍然高度仰賴具備大數據電子商務分析能力的人才。值得一提的是，報名 GA 證照考試後並不需要大老遠親赴認證中心參加考試，只要是在能夠上網的電腦環境，隨時都能夠上網參加 GAIQ 認證考試。

圖 7-1　GAIQ 證照職缺查詢 (資料來源：104 人力銀行)

綜合以上敘述，本章以 Google Analytics 做為主要的流量分析工具演示，我們將示範兩種 GA 安裝方式，分別是傳統網站 HTML 程式碼安裝與套版式網站安裝，不論是哪一種安裝方式，讀者都能夠輕鬆的將 GA 追蹤碼植入分析標的，其後便能好整以暇的蒐集任何發生在網站上的行為資料。

7.1 傳統網站 HTML 程式碼安裝

7.1.1 Google Analytics 運作原理

在正式安裝 GA 之前，讓我們先來了解一下網站或網頁的結構。普天之下，幾乎任何網站或網頁都是由 HTML 語言所撰寫出來的，所謂 HTML 指的是 Hyper-Text Markup Language，其中 Hyper-Text 是超文件之意，也就是將線下內容放到線上去，以便成為超文件內容。至於 Markup 是標記的意思，任何 HTML 都是以 <xxx> ...... </xxx> 標籤形式來呈現。

以圖 7-2 紅色框線處為例，若我們在任意網頁上滑鼠無法點擊處「按壓滑鼠右鍵」→ 點選「檢視網頁原始碼」便能看見該網頁背後運作的 HTML 程式碼 (如圖 7-3)，白話的說，我們所看到的精美網頁就是由這個複雜 HTML 程式

圖 7-2　檢視網頁 HTML 原始碼示意 (1) (資料來源：YAHOO 奇摩)

```
1   <!DOCTYPE html>
2   <html id="Stencil" lang="zh-Hant-TW"
    class="StencilRoot  my3columns ua-wk ua-win
    ua-6.1 ua-wk537  l-out Pos-r https fp fp-
    default ltr desktop Desktop bkt692">
3   <head>
4
5       <title>Yahoo奇摩</title><meta http-
    equiv="x-dns-prefetch-control" content="on">
    <link rel="dns-prefetch" href="//s.yimg.com">
    <link rel="preconnect" href="//s.yimg.com">
    <link rel="//dns-prefetch"
    href="//y.analytics.yahoo.com"><link
```

圖 7-3 檢視網頁 HTML 原始碼示意 (2) (資料來源：YAHOO 奇摩)

碼所打造出來。

　　若我們自網頁原始碼中仔細檢視，任何網頁最外層一定都是由 <html> 起頭並且以 </html> 這個標籤做為結尾，受限篇幅之故，讀者可自行將圖 7-3 畫面移動至最下方便可看見 </html> 標籤。換句話說，開頭標籤格式為 <xxxx>、結尾標籤格式為 </xxxx>。除了 <html> ...... </html> 標籤之外，我們還可以從網頁原始碼發現 <head> ...... </head> 與 <body> ...... </body> 這兩組標籤，其中 head 是指網頁的標頭，好比我們人類的腦袋一般，所有網頁運作思維都放置在此組標籤內。至於 body 就好像是人體所穿著的衣服一樣，任何放置在 body 標籤中的內容都會一五一十的呈現在網頁上。小結以上說明，幾乎九成以上的網站或網頁都是以 <html> ...... </html> 做為最外層標籤，此組標籤又包含了 <head> ...... </head> 與 <body> ...... </body> 這兩組標籤。

　　接著我們要來介紹 GA 運作的精髓，也就是 GATC 追蹤碼 (Google Analytics Tracking Code)。我們以 Google 官方商店網站做為示範案例 https://shop.googlemerchandisestore.com (如圖 7-4)，藉以描述 GATC 追蹤碼之運作。

　　圖 7-5 為上述 Google 官方商店所捕捉到的流量分析報表，其中該網站在過去一週獲得 23,111 人次的拜訪，在這些人之中，有 20,714 是新使用者，也就是第一次拜訪這個網站 (如紅色框線處)。若以工作階段 (進站次數) 而言，該網站在過去一週捕捉到 28,232 次進站，平均每位訪客的進站次數為 1.22 次

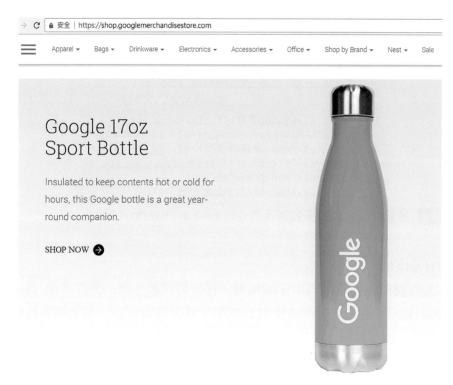

圖 7-4　GATC 追蹤碼運作示意 (1) (資料來源：Google)

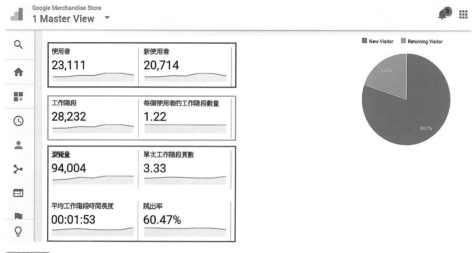

圖 7-5　GATC 追蹤碼運作示意 (2) (資料來源：Google)

(如綠色框線處)。而倘若以瀏覽頁數來看，該網站在過去一週總共被瀏覽了
94,004 次，訪客每次進站平均瀏覽頁數為 3.33 頁，然而訪客雖然瀏覽了許多
頁面，亦進站了許多次，但是每次停留時間都不是很長，平均停留時間為 1 分
53 秒，甚至每一百位訪客之中，就有高達 60.47 位訪客進站之後，並未點擊任
何內容就跳離網站。以上這些指標堪稱 GA 的基礎指標，但這些指標資料究竟
是怎麼樣形成或計算的呢？原來關鍵就在於 GATC 追蹤碼。

圖 7-6 為 GATC 追蹤碼的運作示意，紅色框線處就是所謂 GATC 追蹤碼，
只要將這組追蹤碼植入至網頁 HTML 程式碼之中，它就可以開始運作。因此
綠色箭頭處指向的側錄網站就是 GA 分析標的，GATC 追蹤碼會在標的網站中
記錄所有發生之行為，並且將所記錄到的行為資料傳遞至 GA 伺服器，待 GA
伺服器將所接收到的流量資料整理與運算後，再由 GA 伺服器端回傳整理好的
流量分析報表給分析者。現在問題來了！當大家理解 GATC 追蹤碼的運作原
理之後，我們究竟該把 GATC 追蹤碼放置在網頁 HTML 中的何處呢？是不是
任意放置即可？還是該把它放在 <head> ...... </head> 或 <body> ...... </body> 之
內呢？

經過筆者親自實驗，GATC 追蹤碼可以放置在網頁程式碼的任一處，然而
不同的放置區塊對於流量分析工作其實是有很大的影響。舉個例子，也許大家
曾經遭遇網路塞車的情況，大家不妨回想一下，每當網路塞車時，網頁畫面的
延遲呈現景象是由上而下 (top-down) 來呈現網頁內容抑或是由下而上 (bottom-
up) 來將網頁內容呈現呢？相信大家共同的答案是前者。沒錯！幾乎所有的網
頁都是以 top-down 方式在運作背後 HTML 程式碼，這也是為何我們在解讀圖
7-3 網頁原始碼的時候亦是遵照由上而下之順序。有鑑於此，GATC 追蹤碼宜
放置在網頁原始碼愈上方處愈好，若將 GATC 追蹤碼放置在網頁原始碼的下
方處，萬一有某位訪客參訪網站不久後隨即跳離網站，此時 GATC 追蹤碼尚
未被觸發，也就無法偵察到該位訪客。

綜合以上說明，在絕大多數的情況下，筆者強烈建議大家把 GATC 追蹤
碼放置在 <head> ...... </head>之內，除非放在<head> ...... </head> 之內會導致
原有 <head> ...... </head> 中的程式碼出現錯誤，否則我們應該盡可能的及早喚

這是您的追蹤程式碼，請將其複製並貼入每個所要追蹤網頁的程式碼。

```
<script>
  (function(i,s,o,g,r,a,m){i['GoogleAnalyticsObject']=r;i[r]=i[r]||function(){
  (i[r].q=i[r].q||[]).push(arguments)},i[r].l=1*new Date();a=s.createElement(o),
  m=s.getElementsByTagName(o)[0];a.async=1;a.src=g;m.parentNode.insertBefore(a,m)
  })(window,document,'script','//www.google-analytics.com/analytics.js','ga');

  ga('create', 'UA-52700224-1', 'auto');
  ga('send', 'pageview');

</script>
```

Google Analytics Tracking Code (GATC)

側錄網站

GA 伺服器

圖 7-6　GATC 追蹤碼運作示意 (3)

醒 GATC 之運作，以便確保流量分析報表的準確度。

　　下一節我們將示範如何以免費的 HTML 編輯軟體製作一個簡單網頁，當網頁製作完畢之後，接著示範如何自 Google Analytics 中取得 GATC 追蹤碼，並且將它放置在 <head> …… </head> 之中，最後再帶領大家透過 GA 的即時報

表功能來驗證 GATC 追蹤碼是否正常運作。

7.1.2 簡單網頁製作 (以學校網頁空間為例)

這一節我們要透過免費 HTML 編輯器來製作一個簡單的網頁，如此 GA 才能有分析標的。首先請大家在自己的 Chrome 瀏覽器中鍵入網址 http://goo.gl/60R9m。完成後便可在自己瀏覽器上面看見如圖 7-7 畫面，此時請點擊紅色框線處的「+加到 CHROME」按鈕，接著點擊圖 7-8 紅色箭頭處的「新增擴充功能」按鈕，不一會兒功夫，原先的「+加到 CHROME」按鈕將會顯示成如圖 7-9 紅色框線處的「已加到 CHROME」，至此完成了 PageEdit 安裝。PageEdit 是一個輕量化且內嵌式的 HTML 網頁編輯軟體，透過 plug-in 方式，將網頁編輯工作與網頁瀏覽器連動，因此只要正確的將 PageEdit 安裝在 Chrome 瀏覽器，就能夠在 Chrome 瀏覽器右上角看見 PageEdit 的小圖示 (如圖 7-10 紅色箭頭處)。

圖 7-7 HTML 網頁編輯器安裝 (1)

圖 7-8 HTML 網頁編輯器安裝 (2)

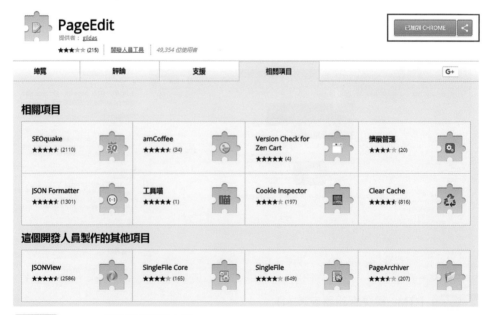

圖 7-9 HTML 網頁編輯器安裝 (3)

圖 7-10 PageEdit 網頁編輯器使用 (1)

　　PageEdit 在新增一張網頁的操作方式較不直觀,具體方式為 (如圖 7-11 標號圖示):(1) 先從 Chrome 開啟任一網站首頁;(2) 接著點擊畫面右上方的 PageEdit 小圖示,此時的 Chrome 瀏覽器已進入 PageEdit 編輯模式;(3) 接著點擊畫面左上方的新增頁面圖示 (類似空白 A4 紙圖樣),如此便能完成新增一張空白網頁的動作。現在請大家點擊紅色框線處的「原始碼」以便將編輯

圖 7-11 PageEdit 網頁編輯器使用 (2)

模式切換至程式碼模式。從程式碼模式中可以發現我們在圖 7-3 中所討論到的 HTML 標籤，證實絕大數網頁的 HTML 結構都是由 <html> ...... </html>、<head> ...... </head> 以及 <body> ...... </body> 標籤所組成 (如圖 7-12)。

現在請大家再次點擊圖 7-12 紅色框線處的「原始碼」，將原始碼編輯畫面模式切回至一般編輯模式。在一般編輯模式下，讀者可以任意輸入任何文字或插入圖片，這些素材將會成為網頁製作完畢後的網頁內容。以圖 7-13 為例，筆者在一般編輯模式中輸入「我的第一個 GA」，之後請記得將輸入的內容存檔，點擊紅色箭頭處的磁碟片圖示存檔，即可看見圖 7-14 畫面。

此時請點擊紅色框線處的「Download the page」，剛製作的檔案就會下載至自己電腦預設的下載目錄，其後讀者可點擊圖 7-15 紅色框線處的「在資料夾中顯示」，將存放下載檔案的資料夾開啟。

PageEdit 的預設存檔名稱為 Unnamed page.html，這個檔名將會在之後成為自己的網址，因此為了日後輸入方便，不妨透過滑鼠對著這個檔案按壓右鍵將檔案「重新命名」為較容易記憶的檔名 (如圖 7-16 紅色箭頭處)，在此我們將 Unnamed page.html 改名為 myga.html，修改完畢後即可看見如圖 7-17 的畫面。

圖 7-12 PageEdit 網頁編輯器使用 (3)

圖 7-13 PageEdit 網頁編輯器使用 (4)

圖 7-14 PageEdit 網頁編輯器使用 (5)

圖 7-15 PageEdit 網頁編輯器使用 (6)

圖 7-16 PageEdit 網頁編輯器使用 (7)

　　若我們以滑鼠點擊更名後的 myga.html，則會在圖 7-18 的 Chrome 瀏覽器上面看見 myga.html 內容，也就是「我的第一個 GA」。此時不少讀者應該會很高興，認為自己的網頁製作成功了！但也別開心得太早，請仔細觀察紅色框線處的網址 file:///C:/Users/ccy/Downloads/myga.html，是否發現跟平常所常見的網址有點不太一樣呢？確實，大家所看到的網址並非真正的網址，它只能稱為檔案路徑。換句話說，若我們離開自己電腦之後，就再也無法存取這個 myga.html 網頁檔，因此到目前為止，myga.html 只能視為檔案而非網頁。那麼我們該如何將 myga.html 變成網頁檔呢？關鍵就在於網頁空間或雲端空間，

圖 7-17　PageEdit 網頁編輯器使用 (8)

圖 7-18　PageEdit 網頁編輯器使用 (9)

倘若自己擁有一個網頁空間，只要將製作好的 myga.html 上傳，就能夠使它成為名副其實的網頁檔。然而對於一般人而言，擁有網頁空間的成本不太低，再加上我們不可能拿自己實際工作上接觸到的網站來練習 GA 安裝，因此我們只能想辦法退而求其次的找一個類似網頁空間的場域來練習實作了。

　　如果自己是經濟狀況許可的上班族，不妨從網路上向網路經營者租用網頁空間 (如中華電信)，但如果自己是經濟拮据大學生，請別浪費學校提供給自己的網路資源，幾乎每間大學都會提供學生個人網頁空間。在此我們將以東吳大學的學生個人網頁空間[1] 做為示範 (如圖 7-19)，透過自己的學號與密碼來開啟自己的網頁空間，開啟後便能將剛剛製作完成的 myga.html 上傳至空間內，使 myga.html 成為真正的網頁檔。

　　依照東吳大學電算中心的指示，筆者以學生的學號與密碼來登入 FTP 主機。所謂 FTP 指的是檔案傳送協定 (File Transfer Protocol)，也就是當我們在傳送網頁檔至網頁空間上面時所需使用到的一種網路協定。這個協定與我們

圖 7-19　網頁檔上傳個人網頁伺服器 (1)

1　請注意！由學校電算中心所提供的學生網頁空間是個人專屬，非該校註冊學生並無法使用。除此之外，每一間學校的網頁空間設定方式不盡相同，請讀者在操作本節內容之前，先行查看自己學校的操作說明。

平常上網時在網址前端所看見的 HTTP 協定不同。HTTP 是超文件傳輸協定 (Hyper-Text Tranfer Protocol)，專門用來讀取存放在網頁空間上的 html 網頁檔。因此請記住，傳檔時使用 FTP、讀檔時使用 HTTP。

　　坊間有許多的 FTP 免費軟體可以下載，但其實 Windows 作業系統已內建 FTP 功能，我們只需要依照圖 7-20 紅色框線指示，在任意資料夾的路徑處輸入由學校所提供的網頁空間網址，即可開啟 FTP 網頁檔案傳輸畫面，本例網頁空間網址為 ftp://myweb.scu.edu.tw/。網頁空間網址輸入完畢，按下鍵盤 Enter 鍵之後，即會看見輸入帳號與密碼提示畫面，此時請依照學校所給予自己的帳號及密碼來輸入 (如圖 7-21)，輸入完畢「登入」之後就可把自己專屬的網頁空間資料夾開啟 (如圖 7-22)。由於東吳大學電算中心規定，若欲在自己網頁空間內傳輸網頁檔，必須先建立一個 www 資料夾，因此讀者須依照圖 7-23 步驟，在網頁空間的空白處按壓滑鼠右鍵後點選「新增」→「資料夾」，完成後即可在自己的網頁空間上看見新增的 www 資料夾 (如圖 7-24)。

圖 7-20 網頁檔上傳個人網頁伺服器 (2)

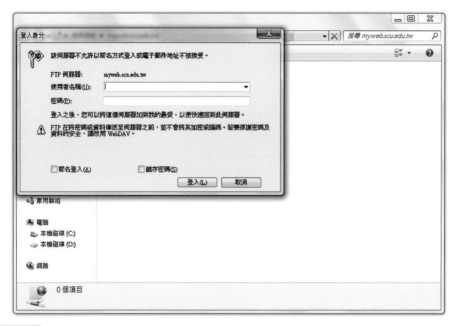

圖 7-21 網頁檔上傳個人網頁伺服器 (3)

圖 7-22 網頁檔上傳個人網頁伺服器 (4)

圖 7-23　網頁檔上傳個人網頁伺服器 (5)

圖 7-24　網頁檔上傳個人網頁伺服器 (6)

　　接著請點擊這個 www 資料夾以便進入圖 7-25 畫面，此時我們已經進到紅色框線處的 myweb.scu.edu.tw/www/ 路徑裡面，只要依照圖 7-26 指示將圖 7-17 所製作好的 myga.html 拖曳至網頁空間上面即可完成 FTP 檔案上傳動作，至此 myga.html 也由普通檔案搖身一變成真正的網頁檔。現在就讓我們再次回到 Chrome 瀏覽器，輸入由學校所規定的網頁檔讀取網址 http://myweb.scu.edu.tw/~04170121/myga.html (如圖 7-27 紅色框線處)，試試看所上傳的網頁檔是否能夠順利在瀏覽器中讀取。如果順利讀取的話，Chrome 瀏覽器會把 myga.html 的內容讀取出來並顯示在螢幕上。做到這邊是不是覺得非常有成就感呢？沒錯，雖然我們所製作的網頁非常簡陋，但它卻是個運作正常的網頁，此時不妨也拿出自己手機，打開手機內所安裝的瀏覽器，再次鍵入 http://myweb.scu.edu.tw/~04170121/myga.html，相信大家仍然可以在手機上順利看見 myga.html 的內容，而一旦手機順利讀取到 myga.html，就表示我們就算離開自己的電腦，也能在任意地點透過手機讀取自己製作的網頁。

圖 7-25 網頁檔上傳個人網頁伺服器 (7)

圖 7-26 網頁檔上傳個人網頁伺服器 (8)

我的第一個GA

圖 7-27 網頁檔上傳個人網頁伺服器 (9)

以上為簡單網頁製作示範，日後若自己有興趣，仍可不斷擴增 myga.html
內容，甚至是新增其他 html 頁面也不會是問題，但請記得每次發生新增檔案
或是檔案異動時，都必須再次將電腦上的 html 檔案拖曳至網頁空間上，如此
才能將網頁空間上舊的 html 覆蓋，藉以保持最新狀態。費了好一番功夫終於
把網站建置完成，由於所建置的網站屬於我們自己帳號轄下所管理，因此接
下來我們就可以把 GATC 追蹤碼植入到 myga.html 的 <head> ...... </head> 標籤
內。但問題是我們要到哪兒去取得 GATC 追蹤碼呢？讓我們趕緊進入下一節
內容。

7.1.3 Google Analytics 安裝

由於每一個網站有其專屬的 GATC 追蹤碼，因此在取得 GATC 追蹤碼之
前，我們必須先完成 GA 的相關設定。首先請讀者在自己 Chrome 瀏覽器上鍵
入 GA 平台網址 https://www.google.com.tw/intl/zh-TW/analytics/，輸入完畢之後
便可看見如圖 7-28 畫面。接著請點擊綠色箭頭處的「建立帳戶」按鈕，此時
系統會先要求登入自己的 Gmail，完成 Gmail 登入之後，系統會將畫面切換至
註冊頁面 (如圖 7-29)，此時請點擊紅色框線處的「註冊」按鈕，以便將畫面導

圖 7-28　Google Analytics 登入畫面

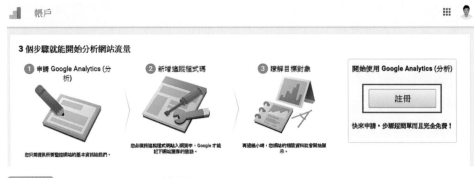

圖 7-29 Google Analytics 註冊 (1)

引至圖 7-30 狀態。

　　由於我們現在所欲分析標的是網站而非行動應用程式 APP，因此請大家務必確認已點擊綠色箭頭處的「網站」選項。接著請大家在藍色框線處輸入任

圖 7-30 Google Analytics 註冊 (2)

意 GA 帳號名稱，本例輸入「我的 GA 練習」。請注意！Gmail 帳號與 GA 帳號兩者不同，一個 Gmail 帳號底下可附掛 100 個 GA 帳號。隨後請大家在紅色框線處輸入自己所喜歡的資源名稱 (資源指的是網站)，本例輸入「我的第一個網站」。每一個 GA 帳號底下可以附掛 50 個資源；換句話說，目前的「我的 GA 練習」此 GA 帳號底下可以跟著「我的第一個網站、我的第二個網站、我的第三個網站……我的第五十個網站」。最後請大家在綠色框線處輸入分析標的的網址，也就是指目前資源 (或網站) 的網址，由於我們是透過學校提供的網頁空間來練習 GA 安裝，也已經設置好自己網頁，因此在這邊需輸入自製網站的網址，即 http://myweb.scu.edu.tw/~04170121/。請注意！此處網址輸入切勿輸入成 http://myweb.scu.edu.tw/~04170121/myga.html，這樣的輸入方式等同於要求 GA 僅分析黃色標記處的 myga.html 單一頁面，然而未來難保不會有額外頁面新增，因此我們不應該指定任何特定網頁檔名，反而應該留白，也就是請 GA 幫忙分析 04170121 資料夾下的所有網頁檔。

輸入完畢之後，請繼續將畫面往下移動，此時會看見圖 7-31 紅色框線處的「產業類別」，若自己有打算使用綠色箭頭處的「技術支援」與「帳戶專家」功能，那麼必須正確選擇與自己網站經營型態相符的產業，如此 GA 官方團隊始能針對正確產業型態給予流量分析輔導，此外在 GA 平台中會有某些站外式流量分析對比功能，若沒有選擇正確產業型態，一旦從事不同網站之間的流量比較分析將不具意義 (如零售業流量表現 vs. 汽車業流量表現)。

不過由於我們正處於 GA 初學與練習階段，而且我們自製的個人網頁也稱不上所謂的產業，因此「產業類別」請讀者自行擇一選取即可。接著請大家確認綠色框線處的「報表時區」是否為「台灣」，隨後將畫面移動至最下方並點擊「取得追蹤 ID」按鈕 (如圖 7-32 紅色框線處)，此處所稱追蹤 ID 就是指 GATC 追蹤碼的編號，點擊按鈕後請再次點擊服務條款合約中的「我接受」按鈕 (如圖 7-33 綠色箭頭處)。

此時系統畫面會切換至圖 7-34 狀態，從紅色框線中，我們可以看見所謂的追蹤 ID：UA-106890100-1，其中 106890100 即是指 GA 帳號，而後頭的 -1 則是目前的資源 (或網站) 編號，此編號最多可新增至 -50，也就是一個

帳戶

產業類別 ⑦
請選取一個 ▾

報表時區
台灣 ▾ (GMT+08:00) 台北

資料共用設定 ⑦

您使用 Google Analytics (分析) 所收集、處理和儲存的資料 (「Google Analytics (分析) 資料」) 均以安全隱密的方式保管。如《隱私權政策》所述,我們只會使用這些資料來維護並保護 Google Analytics (分析) 服務、進行重大系統作業,以及在極少數的例外狀況下,出於法律上的考量而使用。

使用資料共用選項,可進一步管理 Google Analytics (分析) 資料的共用方式。瞭解詳情

☑ Google 產品與服務 建議採用
　　提供 Google Analytics (分析) 資料給 Google,以協助我們改善產品和服務。如果您停用這個選項,資料還是有可能流向已與 Analytics (分析) 明確連結的其他 Google 產品。如要查看或變更設定,請前往各資源的「產品連結」區段。

☑ 基準化 建議採用
　　向匯總資料集提供的匿名數據,Google Analytics (分析) 即可進行基準化分析並發佈研究報告,方便您瞭解資料趨勢。在發佈資料前,我們會移除其中所有可辨識您網站的資訊,並與其他匿名資料整併。

➤ ☑ 技術支援 建議採用
　　允許 Google 技術支援代表在必要時存取您的 Google Analytics (分析) 資料,以提供服務和尋求技術問題的解決。

➤ ☑ 帳戶專家 建議採用
　　允許 Google 行銷專家與 Google 銷售專家存取您的 Google Analytics (分析) 資料及帳戶,讓他們找出方法協助您改善設定與分析方式,並與您分享最佳化訣竅。如果您沒有專屬的銷售專家,請將這項存取權授予已獲得授權的 Google 代表。

圖 7-31 Google Analytics 註冊 (3)

 帳戶

☑ Google 產品與服務 建議採用
　　提供 Google Analytics (分析) 資料給 Google,以協助我們改善產品和服務。如果您停用這個選項,資料還是有可能流向已與 Analytics (分析) 明確連結的其他 Google 產品。如要查看或變更設定,請前往各資源的「產品連結」區段。

☑ 基準化 建議採用
　　向匯總資料集提供的匿名數據,Google Analytics (分析) 即可進行基準化分析並發佈研究報告,方便您瞭解資料趨勢。在發佈資料前,我們會移除其中所有可辨識您網站的資訊,並與其他匿名資料整併。

☑ 技術支援 建議採用
　　允許 Google 技術支援代表在必要時存取您的 Google Analytics (分析) 資料,以提供服務和尋求技術問題的解決。

☑ 帳戶專家 建議採用
　　允許 Google 行銷專家與 Google 銷售專家存取您的 Google Analytics (分析) 資料及帳戶,讓他們找出方法協助您改善設定與分析方式,並與您分享最佳化訣竅。如果您沒有專屬的銷售專家,請將這項存取權授予已獲得授權的 Google 代表。

瞭解 Google Analytics (分析) 如何保護您的資料。

100 個可使用的帳戶中,您已使用了 0 個。

 取消

圖 7-32 Google Analytics 註冊 (4)

圖 7-33 Google Analytics 註冊 (5)

圖 7-34 Google Analytics 註冊 (6)

GA 帳號底下可以附掛 50 個分析資源的意思。接著請再次將畫面往下移動，展開綠色箭頭處的下拉式選單後，即可看見紅色框線處的 GATC 追蹤碼 (如圖 7-35)。

接著請依照圖 7-36 指示，將紅色框線處的 GATC 追蹤碼完整選取後，按

圖 7-35 Google Analytics 註冊 (7)

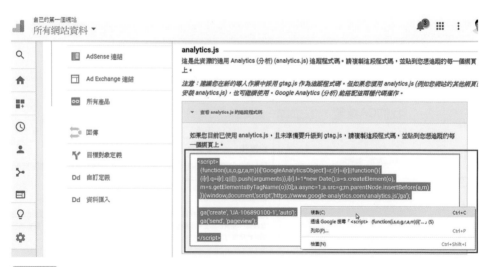

圖 7-36 Google Analytics 註冊 (8)

壓滑鼠右鍵選「複製」，如此我們便能將所複製下來的 GATC 追蹤碼植入到
網頁原始碼內，因此請再次將 Chrome 瀏覽器中的 PageEdit 編輯模式開啟，也
就是先回到 Chrome 瀏覽器，並且在網址處鍵入自製網站的網址 http://myweb.
scu.edu.tw/~04170121/myga.html，再點擊畫面右上方的 PageEdit 小圖示 (如圖
7-37 綠色箭頭與紅色箭頭處)。

　　為了方便識別網頁在加入 GATC 追蹤碼前後之差異，此次筆者在網頁內
容中新增了一句話：「(已加入 GATC 追蹤碼)」(圖 7-37)，並且點擊紅色框
線處的「原始碼」，以便將「一般網頁編輯模式」切換至「網頁原始碼編輯
模式」。其後請將滑鼠游標停留在 </head> 標籤末端，按壓若干次鍵盤 Enter
鍵，如此才能挪出空間給即將貼上的 GATC 追蹤碼 (如圖 7-38)。貼上 GATC
追蹤碼之後 (如綠色框線處)，請別忘了再次點選紅色框線處的「原始碼」，將
「網頁原始碼編輯模式」切回「一般網頁編輯模式」，完成後請點擊圖 7-38
綠色箭頭處的磁碟片存檔圖示，並且依照圖 7-39 指示點擊「確定」按鈕，至
此我們已經完成了 GATC 追蹤碼植入網頁原始碼的動作。

　　緊接著我們必須將已植入 GATC 追蹤碼的網頁上傳至自己的網頁空
間，因此請再次點擊綠色箭頭處的磁碟片存檔圖示，並且點擊紅色框線處的
「Download the page」(如圖 7-40)，此次所下載的網頁檔與我們在圖 7-17 所
下載的 myga.html 不同，而 PageEdit 也很貼心的將此次下載的網頁檔命名為
myga (1).html (如圖 7-41 紅色箭頭處)。接著請重複圖 7-26 動作，將剛下載好
的 myga (1).html 拖曳至網頁空間內，完成後就可以在自己的網頁空間中看見
myga.html 與 myga (1).html，後者為具有 GATC 追蹤碼的網頁 (如圖 7-42)。

圖 7-37 GATC 追蹤碼植入網頁原始碼 (1)

```
<!DOCTYPE html>
<html>
  <head>
    <title></title>
      <script>
(function(i,s,o,g,r,a,m){i['GoogleAnalyticsObject']=r;i[r]=i[r]||function(){
(i[r].q=i[r].q||[]).push(arguments)},i[r].l=1*new Date();a=s.createElement(o),
m=s.getElementsByTagName(o)[0];a.async=1;a.src=g;m.parentNode.insertBefore(a,m)
})(window,document,'script','https://www.google-analytics.com/analytics.js','ga');

ga('create', 'UA-106890100-1', 'auto');
ga('send', 'pageview');

</script>
  </head>
  <body>
    <p>
      <strong><span style="font-size:24px;">我的第一個GA </span></strong></p>
    <p>
      <strong><span style="font-size:24px;">(已加入GATC追蹤碼)</span></strong></p>
  </body>
</html>
```

圖 7-38　GATC 追蹤碼植入網頁原始碼 (2)

圖 7-39　GATC 追蹤碼植入網頁原始碼 (3)

圖 7-40 將植入 GATC 的網頁原始碼上傳 (1)

現在就讓我們回到 Chrome 瀏覽器，在網址處輸入 http://myweb.scu.edu.
tw/~04170121/myga (1).html，試圖製造一筆流量供 GATC 捕捉。完成後我們便
可以回到 GA 平台中的即時報表來觀看目前的流量表現。以圖 7-43 紅色框線
處為例，點擊「即時」→「總覽」即可看見目前偵測到 1 筆流量，也就是圖
7-44 紅色框線處的「目前站上有 1 位活躍使用者」，其所使用的進站裝置為
「桌機」。

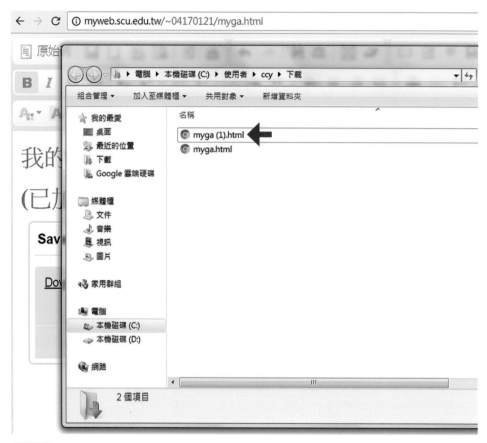

圖 7-41 將植入 GATC 的網頁原始碼上傳 (2)

此時若讀者拿起自己手機，並且在手機瀏覽器中輸入相同的網址 http://myweb.scu.edu.tw/~04170121/myga (1).html[2]，便可看見圖 7-45 紅色框線處的另一筆流量，因此目前自己網站上共計有 2 筆流量，一筆為桌機流量以橘色顯示，另 1 筆為行動裝置流量以綠色顯示。

以上案例充其量僅是指引大家如何在 HTML 網頁原始碼環境中安裝 GA，然而依照目前筆者所傳達之內容，讀者在學習 GA 仍有兩大困境：(1) 無法取

2 myga 與 (1) 之間有空一格，即 myga (1).html，若不慎輸入沒有空格的 myga(1).html，將無法讀取網頁內容。

圖 7-42 將植入 GATC 的網頁原始碼上傳 (3)

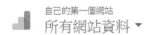

圖 7-43 GATC 追蹤碼運作檢測 (1)

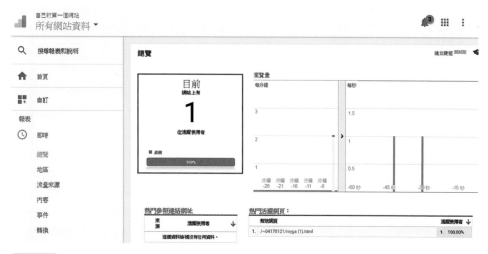

圖 7-44 GATC 追蹤碼運作檢測 (2)

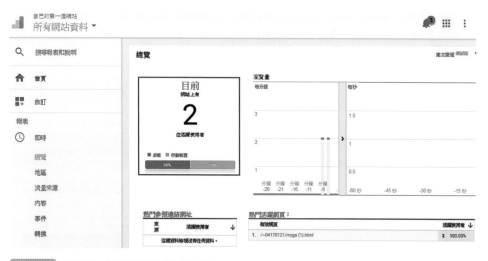

圖 7-45 GATC 追蹤碼運作檢測 (3)

得足夠流量數據;(2) 流量數據取得後,不知如何解讀。

(1) 無法取得足夠流量數據

如果讀者從剛才我們所完成安裝的 GA 平台內隨意點擊任何功能,相信大

家會發現絕大多數的分析報表都無法顯示，主要原因在於我們所練習的自製網頁流量少得可憐，即便是人脈再好的人透過廣邀好友的方式來網站上面製造流量，也比不上那些大型網站所能獲取的自然造訪流量。為了促進大家的學習成效，Google 非常佛心的提供真實網站的 GA 分析示範帳號。此處所指的示範帳號流量分析報表係來自於圖 7-4 Google 官方商店上所捕捉到之流量，藉由此豐富且真實的流量報表，將有助於大家對於流量分析學習的涉獵深度。有鑑於此，我們接下來將示範如何將 Google 官方的 GA 示範帳號加入自己的 Gmail 帳號之下。

首先請大家從 Chrome 瀏覽器中鍵入 https://support.google.com/analytics/answer/6367342?hl=zh-Hant 這一個網址，完成後便會看見圖 7-46 畫面。接著請讀者再次將畫面向下移動直到看見圖 7-47 紅色框線處的「存取示範帳戶」為止，點擊該連結之後，Google 便會將示範帳戶安裝到自己的 Gmail 帳號下 (如圖 7-48)。

安裝完畢後，若 GA 平台未自動將畫面切換到示範帳戶報表的話，則讀者

圖 7-46 GA 示範帳號安裝 (1) (資料來源：Google)

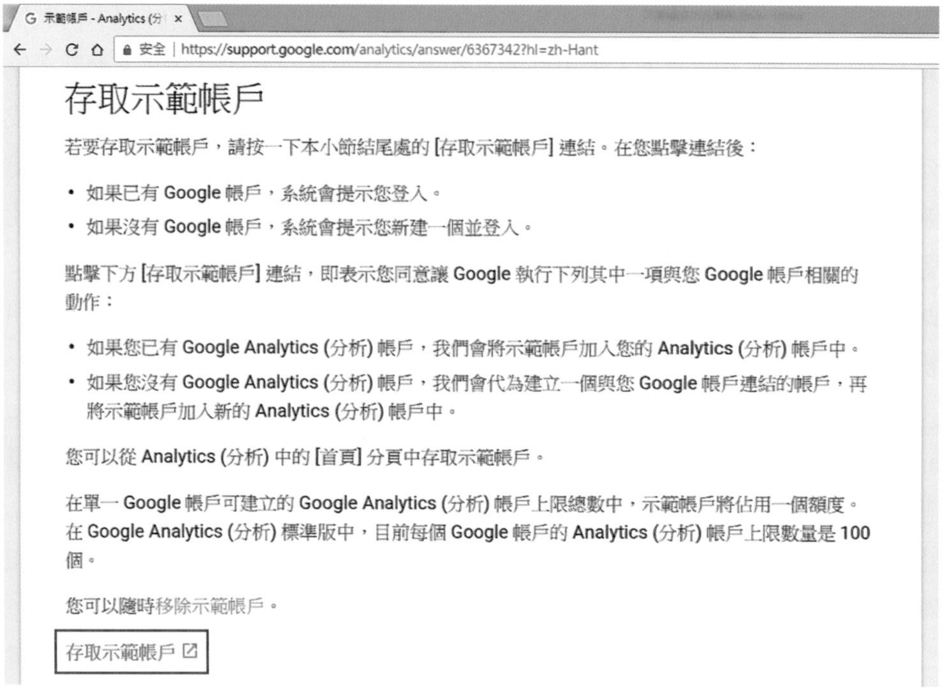
示範帳戶 - Analytics (分
安全 | https://support.google.com/analytics/answer/6367342?hl=zh-Hant
存取示範帳戶
若要存取示範帳戶，請按一下本小節結尾處的 [存取示範帳戶] 連結。在您點擊連結後：
• 如果已有 Google 帳戶，系統會提示您登入。
• 如果沒有 Google 帳戶，系統會提示您新建一個並登入。
點擊下方 [存取示範帳戶] 連結，即表示您同意讓 Google 執行下列其中一項與您 Google 帳戶相關的動作：
• 如果您已有 Google Analytics (分析) 帳戶，我們會將示範帳戶加入您的 Analytics (分析) 帳戶中。
• 如果您沒有 Google Analytics (分析) 帳戶，我們會代為建立一個與您 Google 帳戶連結的帳戶，再將示範帳戶加入新的 Analytics (分析) 帳戶中。
您可以從 Analytics (分析) 中的 [首頁] 分頁中存取示範帳戶。
在單一 Google 帳戶可建立的 Google Analytics (分析) 帳戶上限總數中，示範帳戶將佔用一個額度。在 Google Analytics (分析) 標準版中，目前每個 Google 帳戶的 Analytics (分析) 帳戶上限數量是 100 個。
您可以隨時移除示範帳戶。
存取示範帳戶

圖 7-47 GA 示範帳號安裝 (2) (資料來源：Google)

可依照圖 7-48 指示，點擊畫面左上方紅色框線處的 GA 商標圖示，隨後從自己 Gmail 下附掛的眾多 GA 帳號中找到示範帳號，也就是綠色框線處的 Demo Account (Beta)，將其展開之後便可以點擊 Google Merchandise Store 資源 (或網站) 底下的 1 Master View 來觀看如圖 7-49 的報表。

從報表中，我們可以很明顯觀察到，Google 示範帳戶內的流量非常豐富。以過去一年的總流量來計算，Google 示範帳戶網站獲得 774,437 人次訪客，其中有 765,805 為第一次造訪網站的訪客。是否覺得這樣的流量比起自製網站龐大得許多呢？因此若自己打算學習某些 GA 分析功能，但發現自己所管理的網站流量不夠多，此時不妨來到 GA 示範帳戶來從事流量觀摩吧！

(2) 流量數據取得後，不知如何解讀

除了以上的流量不足所招致的學習障礙之外，如同我們在圖 1-5 所提及的

圖 7-48 GA 示範帳號安裝 (3)

資料轉化力，在許多時候，即使我們獲得許多流量資料後，仍不知道可以著墨的分析方向在何方。雖然這個部分較難以透過紙本教材的方式來傳授，但讀者仍可透過日常生活中的案例來訓練流量分析能力。以剛才我們提到的「即時報表」來說，電商業者經常偏好以「時間」為概念來舉辦許多促銷方案，然而每當促銷時段來臨的那一刻起 (如圖 7-50 綠色框線處)，消費者是否有確實響應這樣的活動呢？因此透過「即時報表」之協助，我們便能清楚得知類似這樣以時間為基礎的行銷成效，而這也是電商業者邁入大數據分析時所不能忽略的資料分析能力。

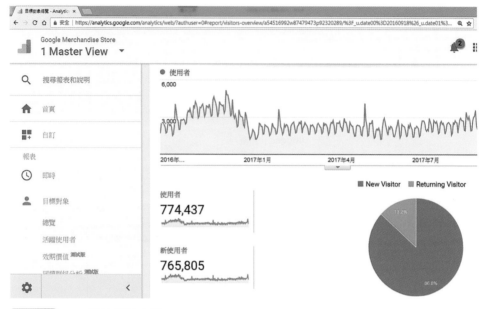

圖 7-49 GA 示範帳號安裝 (4)

圖 7-50 GA示範帳號安裝 (5) (資料來源：PChome)

截至目前為止，我們已經學會如何把 GATC 追蹤碼安裝至網頁原始碼內，而這種網頁原始碼植入 GATC 追蹤碼之程序，屬於最傳統且正式的 GA 安裝方式，然而並非每一個人都能夠享有學校提供的個人網頁空間，因此對於上述的演示恐怕窒礙難行。別擔心！下一節我們將演示更為簡單的套版式網站 GA 安裝方法，只要自己申請一個套版式網站，也可以很迅速的將 GA 植入。

7.2　套版式網站安裝

所謂套版式網址是指網站的建造非以上述 HTML 網頁原始碼為主要編製工具，而是以內容管理系統 (Content Management System) 方式透過相關欄位的資料輸入來建立網站。這個概念類似我們將自己想販售的商品上架至拍賣網站前所需經歷的資料輸入步驟一般。套版式網站最大優點在於異動簡單迅速，同樣是修改一個商品圖案或商品說明，在 HTML 網頁原始碼情境下，可能需要費許多功夫才能達成，而套版式網站則只需要將所欲修改的圖片或說明，事先在 CMS 後台中儲存後上傳，即可完成內容異動。

然而套版式網站也並非沒有缺點，它最大缺點在於環境彈性受到限制，也就是說網站擁有者並無法隨心所欲的主張網站所要呈現的樣式。值得注意的是，不論是傳統形式的 HTML 網站編寫環境或是較新型態的套版式網站，它們兩者之間並無絕對的好與壞，端看網站建置者自身需求。

本節以 Google Site 協作平台做為套版式網站演示工具，選擇 Google Site 的原因包含：(1) 它是由 Google 所推出的架站平台，如同 GA 一般，只需要使用 Gmail 帳號登入，即可快速建置網站。(2) Google Site 與 Google Analytics 同樣都是由 Google 所推出的產品，兩者在相容性方面可以獲得最大的兼容。(3) 更重要的是，Google Site 維持 Google 一貫傳統，在預設功能情境下，使用者不需付擔任何費用，因此對於初學階段的讀者可謂是一大佳音。

7.2.1　簡單網頁製作 (以套版式網頁為例)

首先請大家事先登入好自己的 Gmail，如此便能免除許多繁冗步驟。

Google Site 協作平台上市至今已有九個年頭,期間經歷許多次規模不一的大小改版。截至 2017 年 9 月為止,Google Site 官網上所使用的協作平台操作介面屬於大改版後的最新介面,雖然 Google Site 仍容許使用者繼續使用舊版操作介面,但我們仍以最新操作介面做為主要演示範例,這一部分尚請大家格外留意。

　　首先請大家在 Chrome 瀏覽器中鍵入 https://sites.google.com/new?usp=jotspot_si 這一個網址,請注意!Google 新版本的協作平台僅支援 Chrome 或 Firefox 瀏覽器,並不支援 IE 瀏覽器,因此請大家在鍵入網址之前再三確認。網址輸入後便能看見如圖 7-51 畫面,接著請點擊綠色箭頭處的新增圓球,以進入網頁編輯模式 (如圖 7-52)。

　　在網頁編輯模式中,讀者可以在藍色框線處輸入該頁面標題,在此,筆者以「GA 分析網站」做為新增標題,當然大家也能夠由右側各個元件項目中加入想要在網頁上放置的內容,如果各個動作之間有失誤,則可透過紅色框線處的「返回」或「下一步」按鈕來修正。在製作網頁的過程若有需要預覽網頁製作完成時的樣態,那麼可以透過棕色框線內的「眼睛」選項來進行預覽。當然如果自己想要邀請他人一同致力於該頁面的編輯製作,則可利用棕色框線內的

圖 7-51　Google Site 協作平台使用與設定 (1)

「人形」選項來將網頁編輯權限授權給第三者，而這正是「協作平台」中「協作」兩字的精髓。

由於本例僅示範簡易的套版式網站製作，如果自己有更為精美的圖案可供使用，不妨試著從圖 7-52 紅色箭頭處的「變更圖片」與綠色箭頭處的「標頭類型」來做調整。最後別忘了，由於我們也許會製作一個以上的網站，因此大家有必要在綠色框線處給予目前的協作平台一個名稱，以便日後區隔不同協作平台網站，此處筆者輸入「我的第二個網站」。

當一切準備就緒之後，即可點擊藍色框線處的「發布」按鈕 (如圖 7-53)，這個動作好比我們在 HTML 網頁原始碼編輯環境中透過 FTP 將所製作好的檔案上傳至個人網頁空間一般，點擊「發布」按鈕之後，便可看見如圖 7-54 畫面。

Google Site 允許使用者在圖 7-54 紅色框線處輸入自己想要命名的網址名稱，輸入任意內容之後，系統會自動檢查該名稱是否已被其他 Google Site 使用者選用，若通過檢查，則會在右側看見藍色的打勾圖示。接著我們就可以把下方處的網址先行複製，待點擊綠色框線處「發布」按鈕之後，再將其貼上到瀏覽器的網址列。當然若不打算讓自己製作的網站被 Google 搜尋引擎收錄，

圖 7-52 Google Site 協作平台使用與設定 (2)

圖 7-53　Google Site 作平台使用與設定 (3)

圖 7-54　Google Site 協作平台使用與設定 (4)

那麼可以核取藍色框線處的「要求公開搜尋引擎不顯示我的網站」。圖 7-55
為網頁發布後將網址輸入到瀏覽器時的瀏覽畫面，在此我們刻意以 IE 瀏覽器
來讀取所發布的網址，表示由 Google Site 製作出來的網頁符合標準規範，能

本網頁使用全新的「Google 協作平台」製作。建立精美的網站，就是這樣輕鬆簡易。

圖 7-55 Google Site 協作平台使用與設定 (5)

夠在許多瀏覽器上正常讀取。

7.2.2 Google Analytics 安裝

　　如同我們在 HTML 網頁原始碼章節中所提到的，目前我們只是把網站或網頁設置好，它確實是可以正常運作，然而 GA 尚未被安裝在協作平台裡面，因此不論自己或好友如何瀏覽剛才所製作好的網頁，所衍生出的相關瀏覽行為皆無法被 GA 所捕捉到。有鑑於此，我們必須在網站或網頁準備就緒之後，隨即安裝 GA，在套版式網站情境下的 GA 安裝方式便利許多，我們只要將圖 7-56 紅色框線處的「更多」選項展開，便可以看見圖 7-57 綠色框線處的「網站分析」選項，此處所指的網站分析就是 GA 分析，點擊後可看見如圖 7-58 畫面。

圖 7-56　Google Site 協作平台使用與設定 (6)

圖 7-57　Google Site 協作平台使用與設定 (7)

我的第二個網站

網站分析
將您的網站連結至 Google Analytics (分析) 帳戶，即可取得網站
使用情形的深入分析和相關指標。

Google Analytics (分析) 追蹤 ID
UA-106890100-2

關閉　　　　　　　　　　　　　取消　　儲存

圖 7-58　Google Site 協作平台使用與設定 (8)

　　眼尖的各位應該已經發現，此處的 GA 安裝不用像我們之前提到的將 GATC 追蹤碼放入 <head> ...... </head> 之中，反而是透過追蹤 ID 的方式來完成，因此我們只要在圖 7-58 紅色框線處鍵入 GA 帳號的追蹤 ID，便能夠讓 GA 認識當下的協作平台網頁，也就能開始進行流量分析工作。

　　取得 GA 追蹤 ID 方式也非常簡單，但在取得前，我們必須再次複習 GA 的帳號結構，即一個 Gmail 底下可以附掛 100 個 GA 帳號，每一個 GA 帳號可以附掛 50 個網站資源。我們在 HTML 網頁原始碼章節所使用的是 50 個網站資源限額中的一項資源，因此為了讓 GA 知道目前協作平台屬於另一個不同資源 (也就是 50 個網站資源限額中的另一項資源)，我們有必要回到 GA 平台中新增另一個資源，如此也才能取得新的追蹤 ID 編號。

　　現在請讀者依照圖 7-59 指示，進入 GA 平台之後，點擊紅色框線處的「齒輪」圖樣，以便來到管理員設定畫面。在管理員設定畫面中，讀者會看見三層級設定畫面，請大家事先找到綠色框線處的「資源」層設定，展開之後請點擊紅色箭頭處的「新建資源」，此時畫面會切換到圖 7-60 狀態。

圖 7-59 Google Site 協作平台使用與設定 (9)

圖 7-60 Google Site 協作平台使用與設定 (10)

　　請注意！目前各位所看見的追蹤 ID 是專屬於 HTML 網頁原始碼章節中所製作的網頁，並不能將它直接複製後貼上圖 7-58 紅色框線處的位置。如果誤將這組追蹤 ID 輸入，那麼會導致 GA 報表同時將兩個網站流量混為一談，也就是不同網站不宜使用相同追蹤 ID。有鑑於此，請大家依照圖 7-60 指示來新增一項資源，並取得該新增資源的專屬追蹤 ID。

　　請大家在紅色框線處鍵入目前所欲新增的網站資源名稱，在此，筆者輸入「我的第二個網站」，隨後「網站網址」處輸入由協作平台所發布的網站網址，本例網址為 https://sites.google.com/view/ccy0999，接著請將畫面繼續往下方移動，直到看見圖 7-61 狀態為止。請讀者自行選擇紅色框線處的「產業類別」與「報表時區」，完成後便可點擊綠色框線中的「取得追蹤 ID」按鈕。

　　此時讀者會在圖 7-62 紅色框線處看見另一組追蹤 ID，本例編號是「UA-106890100-2」，其中 106890100 就是 GA 帳號，此帳號會與 HTML 網頁原始碼章節中自製網站所使用的帳號相同，而 -2 則表示這是該帳號底下所附掛的

圖 7-61 Google Site 協作平台使用與設定 (11)

圖 7-62 Google Site 協作平台使用與設定 (12)

第二個資源。因此請大家將自己的 UA-xxxxxxxxx-2 複製起來，把它貼入圖
7-58 的追蹤 ID 欄位之中後，點擊藍色的儲存按鈕，至此便完成套版式網站的
GA 安裝步驟。如果大家對 GA 的操作已經很熟悉，相信套版式網站的 GA 安
裝比起 HTML 網頁原始碼環境的 GA 安裝還來得容易許多，也能夠從以上步
驟體會到套版式網站的便利。接著大家不妨在自己的協作平台網頁上點擊「重
新整理」，以便製造一筆流量來讓 GA 捕捉，並且檢驗追蹤 ID 是否正常運
作。以圖 7-63 紅色框線處為例，如果追蹤 ID 運作正常，那麼我們就能夠在即
時報表處看見當下進站的訪客流量。

圖 7-63 Google Site 協作平台使用與設定 (13)

Chapter 8

廣度流量分析
(SimilarWeb)

到目前為止，我們所介紹的 GA 是屬於一種站內式 (on-site) 流量分析工具，任何發生在側錄網站內的行為，都能夠被 GA 一五一十的捕捉。然而在許多時候，我們不只會跟自己比較，我們甚至想要知道自己所經營的網站績效相對於由競爭對手所經營的網站績效的對比。此時，僅仰賴站內式流量分析工具並無法滿足此類的對比需求，因此透過站外式流量分析工具，便能夠幫我們有效的對比網站與網站之間的流量表現。

SimilarWeb 自從 2009 年上市以後受到許多電商業者的高度採用，主要原因在於它的易用性與廣泛性。有別於類似 GA 這種站內式流量分析工具在使用之前必須安裝 GATC 追蹤碼或是輸入追蹤 ID，SimilarWeb 站外式流量分析不需要進行使用前安裝，使用者只需來到它的入口網站，便能夠立即使用其所提供的站外式流量對比功能。此外，受惠於這樣的站外式流量對比能力，因此若以幅員來說，它的分析規模其實比 GA 還來得更為廣闊。綜合上述介紹，本章以 SimilarWeb 做為主要演示工具。

8.1　SimilarWeb (自我網站絕對分析)

圖 8-1 為 SimilarWeb 入口網站，其網址為 https://www.similarweb.com/。在正式操作 SimilarWeb 之前，讀者可事先預想好兩個網站的網址，由於 SimilarWeb 是站外式分析工具，因此即使自己沒有別人網站的管理編輯權限，也能夠透過輸入網址的方式來進行流量分析。本例以台灣知名兩大電商業者官方網站做為分析標的，分別是東森購物 (http://www.etmall.com.tw/) 與 PChome 24 線上購物 (http://24h.pchome.com.tw/)。首先我們將東森購物的網址鍵入綠色鍵頭處的查詢框，點擊放大鏡之後便可進行分析。

依照圖 8-2 的分析結果可知，東森購物網站的全球網站排名為 20,620 名並且呈現排名向上趨勢，而若以單一國家而言，該網站的國家排名為 316 名，此排名同樣呈現向上趨勢。若以網站類別來區分，該網站在購物類型網站中的排名為 139名，呈現向下趨勢。如果用大數據電子商務角度來看，前兩項指標較不具意義 (即全球與國家排名)，主要原因在於前兩項指標的比較基準並非只

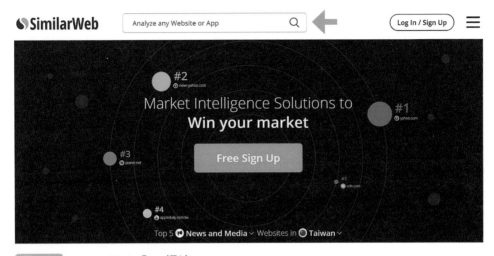

圖 8-1　SimilarWeb 入口網站 (資料來源：SimilarWeb)

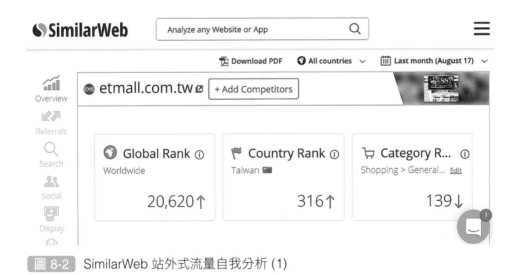

圖 8-2　SimilarWeb 站外式流量自我分析 (1)

局限在購物類型網站；換句話說，當比較基準不一致時，所分析出來的結果較難以定論良窳。很明顯的，在特定分析時段內 (預設值為過去一個月)，該網站表現確實不如其他前 100 名購物類型網站來得佳。此時若把網站經營目標放置在提升自家官網在同類型網站內的排名時，那麼就得繼續觀察所有會影響到網

站排名的其他指標。

　　以圖 8-3 為例[1]，乍看之下，該電商網站似乎在過去一個月之內獲得不少的總拜訪次數 (Total Visits = 2.91M)，但若仔細觀察紅色框線處的平均停留時間 (Avg. Visit Duration) 與每次參訪瀏覽頁數 (Pages per Visit) 可發現，多數在該網站上的停留時間不超過四分半鐘且平均每次參訪頁數約五頁，表示訪客在網站上表現出匆忙的瀏覽行為，即四分鐘之內瀏覽五張網頁，等同於每一張網頁瀏覽時間不到一分鐘，針對此現象可謂是喜憂參半。喜的是，如果這個快閃行為代表訪客非常明確知道自己所欲購買之商品，而業者也確實成功將商品銷售出去，那麼快閃也未必不是件好事。憂的是，若訪客只是受到一些外在的促銷訊息吸引而來到網站，但最終並未完成交易，那麼這種短期快速瀏覽行為勢必對業者的業績沒有太多幫助。

　　再者，若我們以流量來源國審視 (如圖 8-4)，則可以發現該電商網站的流量多數來自於台灣，這項看似理所當然的指標表現似乎沒有什麼值得討論的，但若該網站業者打算經營跨境電商，又或者是正在經營跨境電商，那麼當多數

圖 8-3　SimilarWeb 站外式流量自我分析 (2)

1　圖 8-3 綠色框線處的開關可供分析者切換兩種數據結果，左側是指所有分析數據係來自於 SimilarWeb 所蒐集，右側則是指分析數據係來自於 Google Analytics 所提供，本節以左側開關為主要演示數據。

SimilarWeb 站外式流量自我分析 (3)

流量集中於特定國度時，等同間接的宣告跨境電商的經營成效不彰。

接著讓我們來看看不同管道之間的流量 (如圖 8-5)，在過去一個月的所有桌上型電腦流量中，有 34.38% 流量是藉由搜尋引擎 (Search) 管道所產生的；換句話說，有不少訪客是藉由搜尋引擎的引導而進入該購物網站。至於排名第

SimilarWeb 站外式流量自我分析 (4)

二順位的流量管道是以直接輸入網址 (Direct) 方式而進入該網站，讀者對於這樣的結果應該不感到意外，畢竟 etmall.com.tw 是屬於非常容易記憶的網址，因此亦有 31.86% 的訪客不需要透過搜尋引擎或其他管道指引，就可以直接鍵入網址進站。再者，有 20.81% 的訪客係透過推薦連結 (Referrals) 方式進入該網站，所謂推薦連結指的就是超連結，若某位訪客點擊東森購物放置在站外的連結而被引導進入網站，這樣的流量我們即稱為推薦連結流量。

值得注意的是，或許各位熟悉的超連結網址是我們常見的網站資源存取形態，但有的時候我們會將推薦連結以變形方式來使用，像是 QR-Code 就是一個很好例子。我們也能從圖中發現大約有 8.69% 的流量係來自於社交軟體 (Social)、有 2.95% 的流量係來自於廣告 (Display)，以及有 1.31% 流量來自於電子郵件 (Email)，不論是哪一種引流管道，SimilarWeb 都能夠替我們如實記錄，使電商業者能夠判斷自己的流量究竟是來自於哪一個管道，引流成效量好的管道應繼續予以強化，而引流成效不佳的管道則可以設法改善。

值得注意的是，雖然透過流量管道分析可以知道哪一個管道的引流成效較好，然而網路屬於開放世界，誰也無法阻止訪客經過特定管道的導引進站後，最終卻來到競爭對手的網站，因此管道分析可能只是延攬訪客成效的初步觀察，訪客進站後的離站參訪網站也是有必要知道的。因此若我們將 SimilarWeb 畫面再次往下移動，則可以看見訪客「來源管道分析」與「離站參訪網站分析」(如圖 8-6)，其中紅色框線處為訪客來源管道分析，而綠色框線處則是訪客離站參訪網站分析。

以紅色框線處的訪客來源管道分析結果來說，比價網站 findprice.com.tw 的引流成效最佳，其次是 feebee.com.tw 同樣屬於比價網站，表示訪客打算透過比價網站來找出他們心目中最便宜的商品。然而電商業者即便可藉由比價網站之協助，順利引流訪客光臨自家網站，但訪客仍可能在缺乏黏度的情況下轉而參訪其他網站，這個現象可以從綠色框線處的 momoshop.com.tw 得到驗證，即訪客參訪完東森購物網站之後轉而參訪 momo 購物網站。

由於在圖 8-5 中我們曾提到搜尋引擎 (Search) 管道所產生的引流效果最好，因此 SimilarWeb 很貼心的分析了訪客們究竟是查詢哪些字詞而被搜尋引

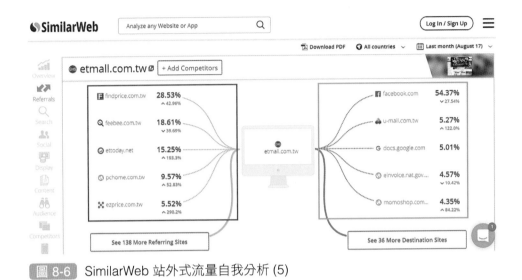

圖 8-6　SimilarWeb 站外式流量自我分析 (5)

擎查詢結果引導至電商業者的官網 (如圖 8-7)。請注意！訪客點擊搜尋引擎的查詢結果可以分為兩種，分別是紅色框線的隨機搜尋 (Organic Searches) 與綠色框線的付費搜尋 (Paid Searches)，前者是指未經過付費廣告操弄排序的網站查詢結果，後者則是指透過付費方式刻意對應訪客查詢字詞所呈現出的查

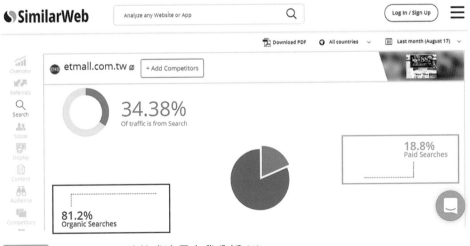

圖 8-7　SimilarWeb 站外式流量自我分析 (6)

詢結果，也就是關鍵字廣告。從紅色框線處我們可以看見在所有搜尋引擎的 34.38% 引導流量之中，有 81.2% 是藉由隨機搜尋所產生，而透過付費搜尋所產生的流量僅占所有搜尋引擎引導流量的 18.8%，此結果表示多數訪客並不需要透過付費的關鍵字廣告引導即可透過自然查詢方式進站。然而不論是隨機搜尋或是付費搜尋，此兩者都是一種字詞查詢動作，因此電商經營者有必要掌握訪客在這兩種搜尋方式上的使用字詞。

以圖 8-8 為例，我們可以從隨機搜尋的字詞分析結果得知，多數訪客是查詢「東森購物」這一個字詞而來到購物網站、其次是「東森」這一詞，顯見訪客非常具體知道自己當下所欲進入的網站名稱。比較弔詭的是，排名第三的搜尋字詞居然是競爭對手官網名稱「momo 購物台」，也就是說訪客雖然在搜尋引擎上查詢「momo 購物台」這個關鍵字，最後卻未點擊該網站的查詢結果而進站，反而是去到東森購物網站。

為什麼會出現這樣的情況呢？原來這一切是可以解釋的。若我們自己嘗試在 Google 搜尋引擎查詢「momo 購物台」此關鍵字，雖然所查詢出來的結果千篇一律都與該購物網站直接相關，但若將查詢畫面移動到最下方的「換頁處」，則可以看到圖 8-9 紅色框線處的「東森購物」推薦連結。原來 Google

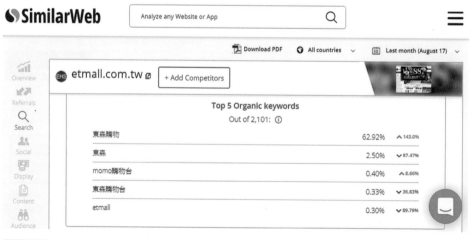

圖 8-8　SimilarWeb 站外式流量自我分析 (7)

富邦集團- 維基百科，自由的百科全書
https://zh.wikipedia.org/zh-tw/富邦集團 ▼
舊稱, momo購物台. 網站. 頻道官方網站. 收看方法隱藏△. 有線电视. 臺灣全國有線電視, 35頻道. 臺灣全國有
線電視, 48頻道. 富邦集團是臺灣一個以金融為核心的企業集團，與國泰集團系出同源，創始人蔡萬才原掌管
國泰 ...

momo購物台的相關搜尋

購物網	東森購物台
momo電話	森森購物
momo摩天商城	momo twice
momo旅遊	momo親子台
momo折價券	momo壽喜燒

1	2	3	4	5	6	7	8	9	10		下一頁

圖 8-9　SimilarWeb 站外式流量自我分析 (8)

會依照訪客查詢字詞的關聯性與網站 SEO[2] 積分來自動推薦相關的查詢字詞給訪客，因此在經營電子商務網站時，可千萬別忽略這個天上掉下來的禮物，妥善的維護自身網站在搜尋引擎上的排序評分，如此便能增加自己網站的曝光度，即便訪客所查詢的字詞看似與自家官網無關。

　　圖 8-10 為付費搜尋字詞的分析結果，其中「東森」與「東森購物」此兩組關鍵字詞的引流成效最佳。以「東森購物」這個字詞來說，它共計引流了所有附費搜尋流量中的 2.90% 流量，表示每一百位受到關鍵字廣告吸引而點擊進站的訪客中，有 2.9 位訪客是使用「東森購物」這個字詞查詢後點擊關鍵字廣告進站 (如圖 8-11 紅色框線處)。

―――――――――――

2　SEO (Search Engine Optimization) 指的是搜尋引擎最佳化，也就是網站經營者依照搜尋引擎業者的期盼來維護自家網站，若滿足搜尋引擎業者的期盼程度愈高，就愈能夠在訪客查詢到與自己網站有關的字詞時，會優先被搜尋引擎業者提示在訪客查詢結果的列表上方。

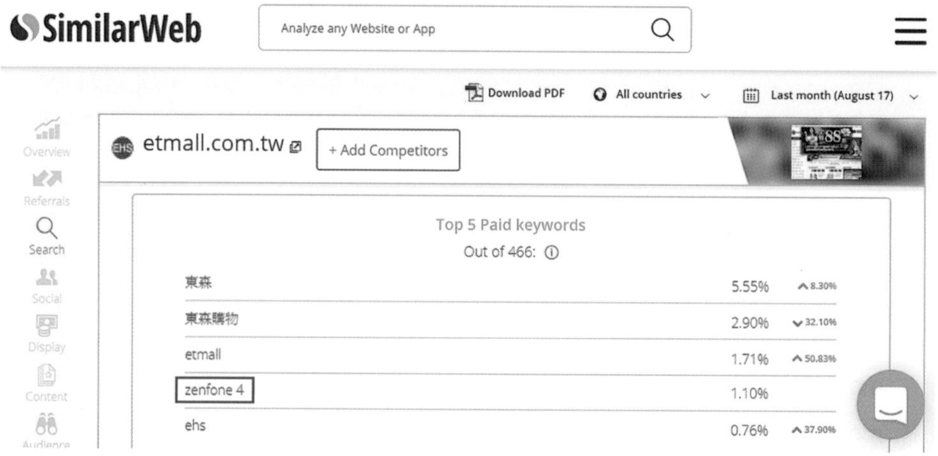

圖 8-10　SimilarWeb 站外式流量自我分析 (9)

圖 8-11　SimilarWeb 站外式流量自我分析 (10)

　　然而若將這個結果對照至圖 8-8 所提到的隨機搜尋字詞分析，使用關鍵字廣告在「東森購物」這個字詞上恐怕是多此一舉。試想，既然訪客腦海中有深刻的品牌名稱烙印，也能夠依照這樣的記憶藉由隨機搜尋方式來找到自己所欲進入的網站，又何必需要為了特定品牌名稱打上個關鍵字廣告呢？因為唯有類似圖 8-10 紅色框線處的 zenfone 4 搜尋字詞才有必要將它與關鍵字廣告做連

結，畢竟訪客在搜尋引擎中輸入該字詞時所查詢出來的結果，勢必不只有自家官網 zenfone 4 銷售訊息，故透過付費搜尋機制介入，將能有效對應訪客的查詢需求。綜合以上說明，SimilarWeb 所提供的「隨機搜尋字詞分析」與「付費搜尋字詞分析」正是電商業者可用來掌握訪客「搜尋行為」與其所使用的「搜尋字詞」重要利器。

如同我們在「社交情報探索」章節中所提到的，社交流量在大數據電子商務中扮演了舉足輕重的角色，因此請大家再次將 SimilarWeb 往下移動直到看見圖 8-12 社交流量來源分析畫面為止。從圖中我們可以發現在眾多社交軟體當中，以 Facebook 的引流成效最佳、其次是 Youtube、豆瓣 (Douban) 與 Instagram。

這看似再合理也不過的流量分布，卻隱藏許多耐人尋味的議題。所謂合理指的 Facebook 確實為台灣最多人使用的社群軟體，因此它的優異引流能力不在話下。因此有些電商業者便打算加碼，試圖多在使用人數第二高的社群軟體中著墨。然而我們從分析報表中清楚看見，引流能力排名第二的社交管道居然

圖 8-12 SimilarWeb 站外式流量自我分析 (11)

不是我們所認知的一般性社交軟體，反而是擁有社交功能的影音網站。此現象是否意味著受限於網路無法接觸實體商品之故，因此消費者在購買商品前，往往會仰賴商品的影音介紹來更加了解商品？若是，那麼一股腦的打算在使用人數第二名的社交軟體上有所著墨，實為不智。

再者，我們可以從分析結果中看見 Intagram 引流成效相對於其他社交管道並沒有那麼突出，這是否意謂著受到 Instagram 使用群族年輕化之影響，年輕人消費力道不比上班族或年長者來得強，故在 Instagram 上所著墨的引流作為或是商品促銷廣告宜以符合年輕人消費能力的角度來設計呢？

最後我們來看一下廣告投放管道的成效分析，請大家再次將 SimilarWeb 頁面往下移動至圖 8-13 畫面。從分析結果中，我們可以看見 Display Ads 的引流成效僅占了所有流量的 2.95%，所謂 Display Ads 所指為關鍵字廣告以外的顯示型態廣告。若以顯示型態廣告放置管道的引流成效而論，我們可以看見成效最好的兩個管道分別是 Mobile01.com、udn.com。

大家都知道 Mobile01 是屬於一種論壇式網站，網站裡分門別類的呈現各式主題，並且廣邀網民至論壇上討論議題或是發表心得。由於不具經驗的商品

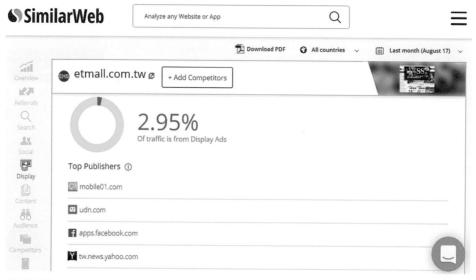

圖 8-13　SimilarWeb 站外式流量自我分析 (12)

使用者能夠從論壇上獲得許多商品知識，因此將 Mobile01 視為各式商品解惑大百科，一點也不為過 (如圖 8-14)。換言之，每當電商業者在判斷廣告投放管道是否具備一定人氣時，也必須一併考量廣告投放之場域是否能夠對應至廣告所提及的商品內容，由於 Mobile01 已被訪客或消費者認定為可靠的訊息來源，因此在其網站上所出現的廣告較容易受到他們的青睞。

在學理上，我們可以用推薦來源可信度 (Source Credibility) 來看待此現象，Luo 等學者在 2013 年提出一份研究報告[3]，從圖 8-15 中我們可以得知推薦時的說服力道愈強，就愈能夠對推薦可信度有所助益 (Recommendation Persuasiveness → Recommendation Credibility)，但這條關係式仍會受到推薦來源可信度 (Recommendation Source Credibility) 之挑戰，一旦可信度喪失，那麼原先所建立的推薦說服力將會逐漸被稀釋直到完全失去可信度為止。因此電商業者若打算將廣告或相關的商品介紹放至在結盟網站時，必須要考量到該網站在訪客或消費者心目中的可信度觀感，否則很有可能會徒勞無功。

以上我們介紹了許多 SimilarWeb 的預設功能，如果覺得上述功能非常實

圖 8-14　SimilarWeb 站外式流量自我分析 (13) (資料來源：Mobile 01)

3　Luo, C., Luo, X. R., Schatzberg, L., & Sia, C. L. (2013). Impact of informational factors on online recommendation credibility: The moderating role of source credibility. *Decision Support Systems*, 56, 92-102.

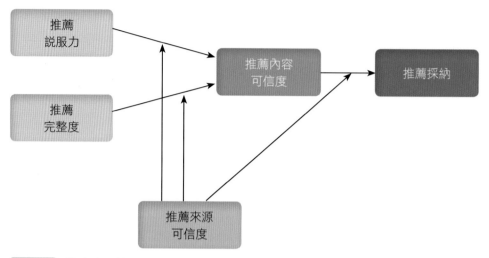

圖 8-15 他人意見接納模型 (資料來源：Decision Support Systems)

用，但卻期盼能夠以更便利的方式來使用它，那麼我們可以從 Chrome 瀏覽器中，以內嵌方式來隨時享用 SimilarWeb 的分析功能。具體做法為進入 Chrome 線上應用程式商店 (https://chrome.google.com/webstore?hl=zh-TW)，隨後在圖 8-16 紅色框線處鍵入similarweb 關鍵字詞後，按壓鍵盤 Enter 鍵進行查詢，完

圖 8-16 SimilarWeb 站外式流量自我分析 (14)

成後便會在畫面中綠色框線處看見 SimilarWeb 外掛程式，此時請點擊紅色箭頭處的「加到 CHROME」按鈕，完成後即可在瀏覽器右上方看見 SimilarWeb 的商標圖案 (如圖 8-17 紅色箭頭處)。

　　SimilarWeb 外掛程式的使用方式非常簡單，只要先來到所欲分析的網站首頁 (本例以 Mobile01 首頁為例)，接著點擊瀏覽器右上方的 SimilarWeb 圖案，此時 SimilarWeb 便會自動導入該網址，並且將分析結果以彈出式視窗來呈現 (如綠色框線處)。

8.2　SimilarWeb (他人網站相對分析)

　　截至目前為止，筆者所示範的 SimilarWeb 分析僅局限在自我網站的絕對分析之上，但是別忘了SimilarWeb 是屬於站外式流量分析的一種工具，它真正強大之處在於能夠針對不同網站進行流量品質的相對分析，因此本節仍以上一節所提到「東森購物網站」做為分析標的，將其網站流量對比至它的勁敵「PChome 購物」，一方面試圖呈現兩種同質網站的流量對比分析結果，另一

圖 8-17　SimilarWeb 站外式流量自我分析 (15)

方面也同時傳達 SimilarWeb 強大的相對分析功能。

由於 SimilarWeb 相對分析功能是該業者的一大賣點，因此在使用時不像分析單一網站那般直接輸入網址即可，我們必須在正式使用之前，事先註冊以便享有更完整功能[4]。有鑑於此，請再次從瀏覽器中鍵入 https://www.similarweb.com/ 網址，並且點擊圖 8-18 紅色框線處的「Log In/Sign Up」，點擊後即可看見圖 8-19 畫面，請讀者依照各個欄位指示，自行輸入相對應的資料，本例為節省時間，將以紅色箭頭處的現成 Google 帳號做為 SimilarWeb 帳號使用，讀者可自行決定是否依樣畫葫蘆或是額外註冊新的 SimilarWeb 帳號。

若讀者選擇以 Google 帳號做為 SimilarWeb 帳號使用，系統會跳出帳號授權許可畫面 (如圖 8-20)，此時請讀者點擊藍色的「允許」按鈕，隨後畫面會來到圖 8-21 狀態，請接著依照欄位指示輸入相對應資料，輸入完畢後請點擊紅色箭頭處的「Continue」，至此註冊動作告一段落。

圖 8-22 為基準網站網址，輸入畫面，也就是指事先輸入基礎網站的網址，隨後才有辦法鍵入對比網站網址以便進行流量的相對分析，因此請大家在

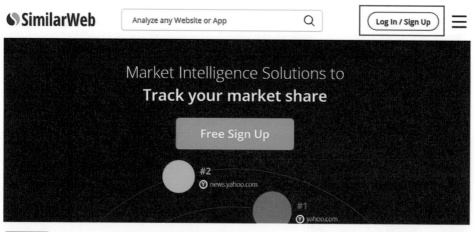

圖 8-18 SimilarWeb 站外式流量對比分析 (1)

4　即使已經註冊 SimilarWeb，然而受限於試用版之故，所能使用的功能數量仍不及付費版來得多，讀者可自行斟酌是否加入付費版的使用行列。

SimilarWeb
Analyze any Website or App
Get the Full Comparison with SimilarWeb PRO
Get a side-by-side comparisons for each traffic channel and data points.
Sign in with LinkedIn
Sign in with Google
OR
First Name *
Last Name *

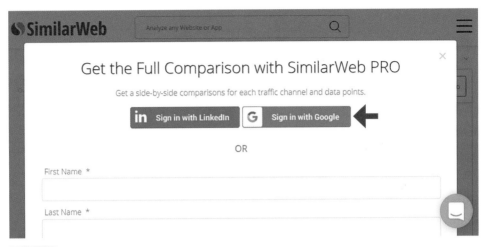

圖 8-19 SimilarWeb 站外式流量對比分析 (2)

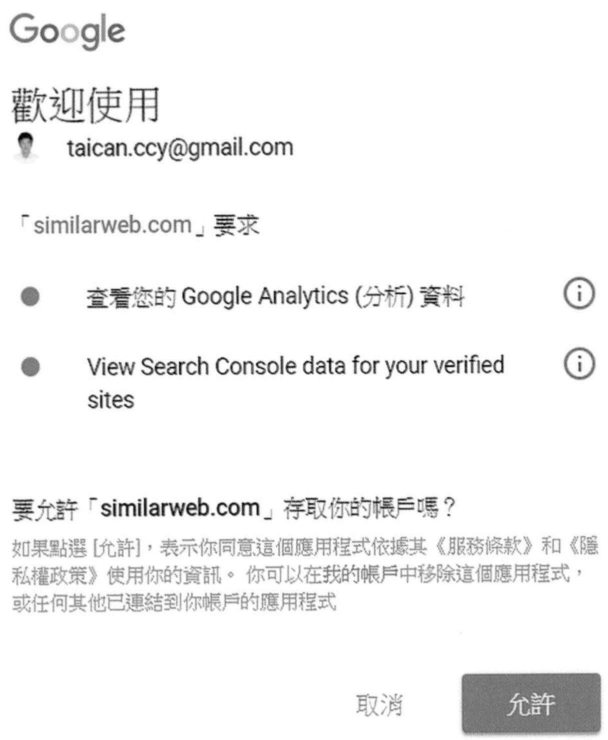

Google
歡迎使用
taican.ccy@gmail.com
「similarweb.com」要求
查看您的 Google Analytics (分析) 資料
View Search Console data for your verified sites
要允許「similarweb.com」存取你的帳戶嗎？
如果點選 [允許]，表示你同意這個應用程式依據其《服務條款》和《隱私權政策》使用你的資訊。 你可以在我的帳戶中移除這個應用程式，或任何其他已連結到你帳戶的應用程式
取消
允許

圖 8-20 SimilarWeb 站外式流量對比分析 (3)

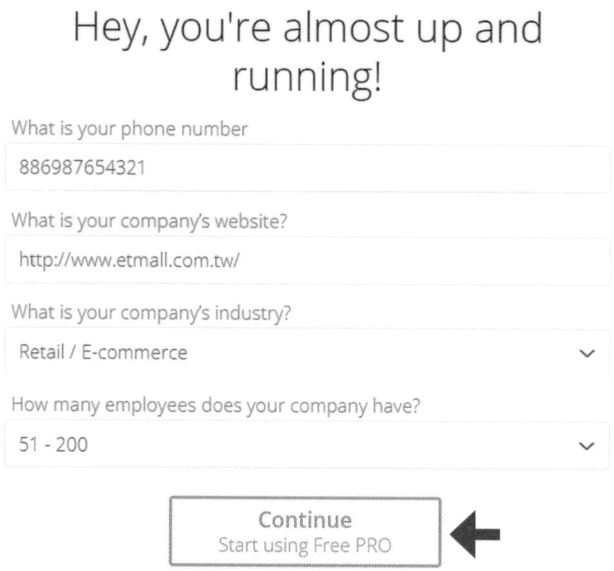

Hey, you're almost up and running!

What is your phone number

886987654321

What is your company's website?

http://www.etmall.com.tw/

What is your company's industry?

Retail / E-commerce ∨

How many employees does your company have?

51 - 200 ∨

Continue
Start using Free PRO ⬅

圖 8-21 SimilarWeb 站外式流量對比分析 (4)

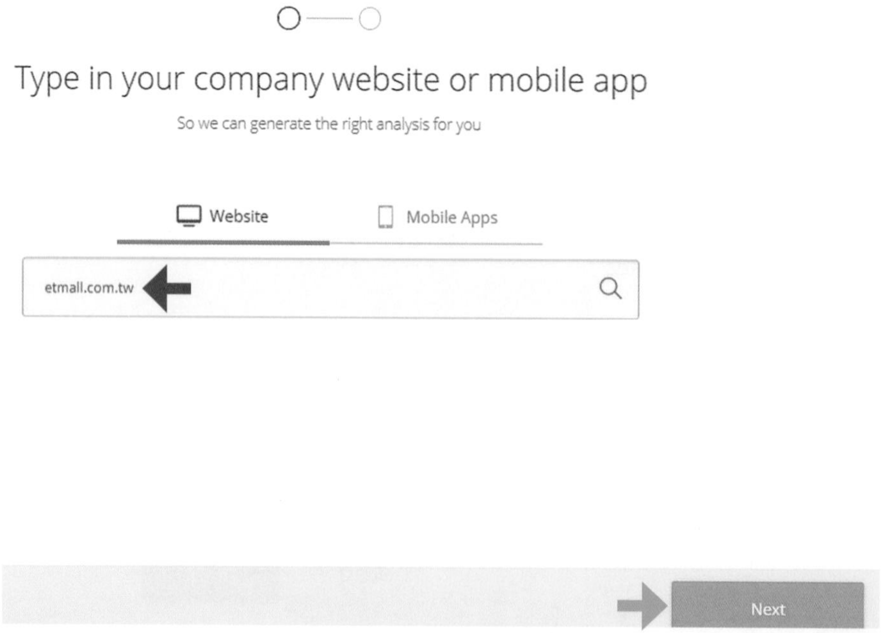

○——○

Type in your company website or mobile app

So we can generate the right analysis for you

🖥 Website   📱 Mobile Apps

etmall.com.tw ⬅   🔍

➡ Next

圖 8-22 SimilarWeb 站外式流量對比分析 (5)

紅色箭頭處輸入所欲觀察的基準網站網址，本例以東森購物網址 etmall.com.tw
做為示範，完成後請接續點擊綠色箭頭處的「Next」下一步按鈕。

點擊下一步 Next 按鈕之後，系統會引導大家來到圖 8-23 畫面。在此請在
紅色箭頭處輸入對比網站網址，本例輸入 shopping.pchome.com.tw。值得注意
的是，在綠色框線中我們還可以看見三個「Add a Website to compare」字樣，
表示 SimilarWeb 相對分析功能最多可容納五個網站同時對比，然而除非真有
其必要，否則同時納入過多網站一同比較，將會增加分析的困難度。在輸入對
比網站網址之後，請讀者接續點擊綠色箭頭處的「Next」按鈕，完成後，系統
將引導大家來到圖 8-24 畫面，正式進入多網站的流量相對分析頁面。

在我們開始解讀報表之前，請先點擊紅色框線處的「Filter」按鈕，並且
將綠色箭頭處的開關切換至 SW 而非 GA，此舉在於確保所分析的流量報表資
料是來自於 SimilarWeb，而不是分析網站本身的 GA 資料，否則將失去本節討
論站外式流量分析之意義。從綠色框線處我們可以明顯觀察到，不論是全球排
名 (Global Rank) 或是國家排名 (Country Rank)，PChome 的表現皆優於東森購
物。

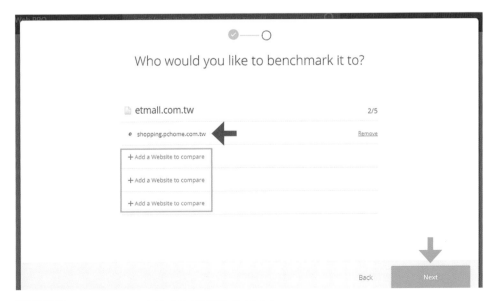

圖 8-23　SimilarWeb 站外式流量對比分析 (6)

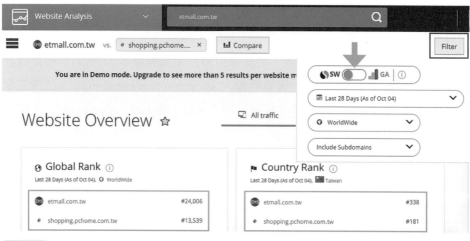

圖 8-24 SimilarWeb 站外式流量對比分析 (7)

　　若我們將畫面往下移動到圖 8-25 狀態，則可以在綠色框線處發現 PChome 過去 28 天的總拜訪次數 (7.6M = 7,600,000 次) 亦高於東森購物的總拜訪次數 (2.2M = 2,200,000 次)。而從圖 8-26 紅色框線處可以得知，東森購物的手機流量明顯高於桌機流量 (36.44% vs. 63.56%)，PChome 則是恰好相反 (58.36% vs. 41.64%)，這也許可以間接的說明業者在行動購物上的著墨力道。

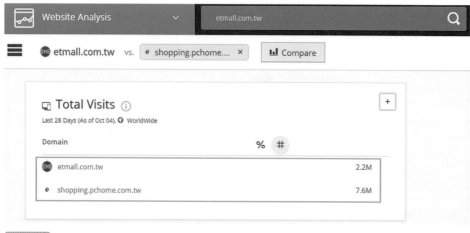

圖 8-25 SimilarWeb 站外式流量對比分析 (8)

圖 8-26 SimilarWeb 站外式流量對比分析 (9)

　　至於在訪客互動分析方面，我們可以在圖 8-27 紅色框線處看到 PChome 的平均每日拜訪數明顯高於東森購物 (271,113 vs. 80,090)，然而在綠色框線處的訪客平均停留時間卻是剛好相反，此項目由東森購物勝出 (4:18 vs. 2:01)。若以黏度來看待此分析結果，東森購物網站較能夠黏住訪客，其測得的平均停留時間達 4 分多鐘，而 PChome 雖然每日拜訪數較多，但其訪客卻是來匆匆去匆匆，平均停留時間僅 2 分鐘。這一項指標更可以透過藍色框線處的平均瀏覽頁數來佐證 (5.31 vs. 1.56)，東森購物的訪客平均瀏覽頁數達到 5 頁之多，

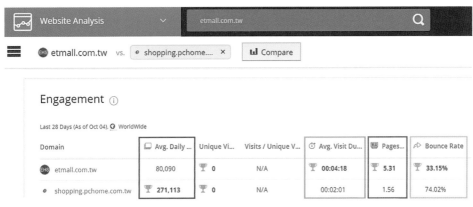

圖 8-27 SimilarWeb 站外式流量對比分析 (10)

PChome 所測得的訪客平均瀏覽頁數僅 2 頁左右。

在黃色框線處我們還可以看見跳出率 (Bounce Rate) 這項指標，所謂跳出率指的是訪客進站後，在未點擊任何連結情況下即跳離網站的比率。這項指標通常用來判斷站外的訪客延攬是否名副其實而非掛羊頭賣狗肉，例如：某訪客在 Yahoo 上看見一個衣服廣告，點擊連結進站後卻發現螢幕所顯示的是鞋子商品，此時訪客的感受必然不佳，因此有非常大的機會在不點擊其他任何連結情況下，就跳離網站，故跳出率在一般情況下愈小愈好。結果顯示，東森購物的跳出率 (33.15%) 明顯低於 PChome 所測得的跳出率 (74.02%)，因此可以推論訪客對於後者所呈現的網頁內容較感到失望。

緊接著我們從流量來源國來對比這兩個電商網站的表現，SimilarWeb 共測得 96.59% 的流量來自於台灣，但在這些流量當中，多數流至 PChome 網站 (84.4%)，僅少部分流向東森購物 (15.6%)。雖然這兩大電商網站都是本土網站，但仍測得些許流量來自於美國，而 PChome 依然取得多數來自於美國之流量，探究主要原因在於PChome 早在多年前開設了 USA 專屬網站 (www.pchomeusa.com)，因此在這一部分來說，較東森購物占優勢。

若將畫面繼續往下移動，則可以看見如圖 8-29 報表。此報表主要述說兩業者引流管道的優劣情況。不論是東森購物或是 PChome，兩者的最佳引流管

圖 8-28　SimilarWeb 站外式流量對比分析 (11)

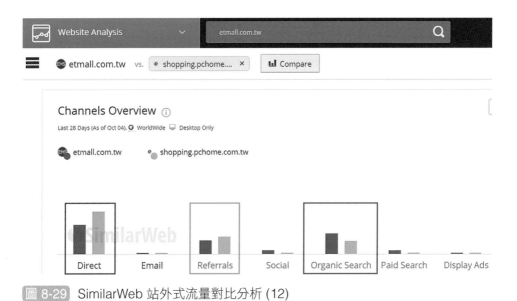

圖 8-29　SimilarWeb 站外式流量對比分析 (12)

道皆是「Direct」(直接網址輸入)，表示兩家業者的網址都非常容易記憶，而不需透過搜尋引擎協助，訪客即可直接輸入進站。然而在「Referrals」(推薦連結) 管道部分，PChome 的引流表現比東森購物還來得佳，顯見 PChome 較為擅長投放站外連結來導引訪客。至於在「Organic」(隨機搜尋) 管道方面，比起 PChome 訪客，東森購物訪客較能夠透過搜尋引擎查詢而進站，這表示東森購物的 SEO 搜尋引擎最佳化執行效果優於 PChome。

　　圖 8-30 是最佳推薦連結網站分析，也就是觀察哪一個網站能夠有較好的引流效果。從紅色框線處我們可以看見，pchome.com.tw 確實能夠為 shopping.pchome.com.tw 帶來不少流量 (99.8%)，但從圖中我們還可以發現有 0.2% 的流量卻是由 pchome.com.tw 引導至東森購物，這個現象似乎不太合理，怎麼會有人把寶貴流量貢獻給自己的競爭對手呢？其實不然，pchome.com.tw 是一個類似 Yahoo 的入口網站，在這個入口網站上面有著與 Yahoo 極為相似的功能，像是搜尋引擎、廣告等，因此推測東森購物曾在 pchome.com.tw 投放過推薦連結，而 pchome.com.tw 的訪客也確實點擊該連結而進到 etmall.com.tw，因此這個現象被 SimilarWeb 忠實的捕捉下來。至於排名第二名的最佳引流網站則不

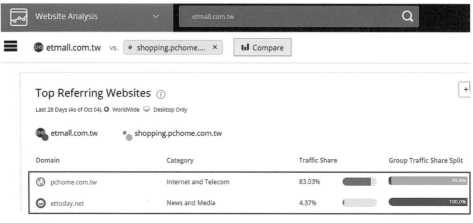

圖 8-30 SimilarWeb 站外式流量對比分析 (13)

會有上述情況，從紅色框線中，我們可以看見 ettoday.net 能夠將流量完全引導至東森購物，這個分析結果再合理也不過了。試想，ettoday 這個英文單字是不是常常在東森新聞上聽見呢？沒錯！ettoday.net 就是東森集團旗下的東森新聞雲網站，由於東森購物與東森新聞雲屬於同一個集團，因此後者將流量引導至前者是非常理所當然的現象，也就是所謂的多通路銷售策略。

　　至於訪客搜尋引擎上查找字詞方面 (如圖 8-31)，不論是東森購物或是 PChome，在紅色框線處可以發現，兩者的訪客都能夠很順利的在搜尋引擎上鍵入各自網站名稱，並且點擊查找結果而進入網站。然而當訪客在搜尋引擎上查找「pchome 購物」時，卻測得部分流量進入東森購物網站而非 PChome 網站，為什麼會有這種現象呢？我們曾經在圖 8-9 描述過相同之現象，那就是訪客在搜尋引擎上查找網站 A，最後卻跑到網站 B，相同情況又再次發生。因此 PChome 宜致力於「pchome 購物」這個字詞內的「購物」二字的 SEO 搜尋引擎自然排序工作。

　　最後我們來看內容發布型網站的引流成效 (圖 8-32)，其中 facebook.com 對於兩家電商業者而言，皆展現出不錯的引流能力，雖然 PChome 略勝於東森購物 (57.9% vs. 42.1%)。但在紅色框線處的 mobile01.com 卻好似專為東森購物量身打造的內容發布型網站，其所帶來的引流效果明顯高於 PChome (99.0%

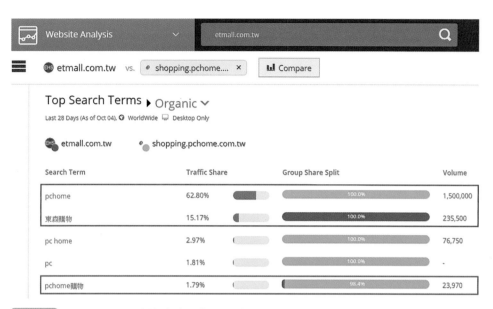

圖 8-31　SimilarWeb 站外式流量對比分析 (14)

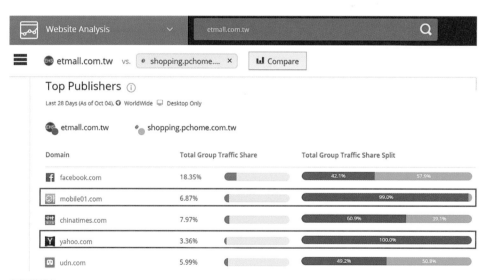

圖 8-32　SimilarWeb 站外式流量對比分析 (15)

vs. 1.0%)，甚至 yahoo.com 所測得的流量全部都貢獻給東森購物 (100% vs. 0%)。這個現象顯示出台灣網民上網習慣，也就是說，雖然 Facebook 是台灣民眾最常使用的社交軟體，而東森購物與 PChome 兩家業者也善用它來引導流量至自家官網，然而仍有不少網民習慣流連於類似 mobile01.com 這樣的論壇網站，甚至是瀏覽器一開啟即來到 Yahoo 奇摩首頁，因此東森購物較 PChome 還要了解網民習慣，充分利用這樣的習慣來投放自己的引流內容或超連結。

　　本章與大家分享站外式流量分析的「單一網站分析」以及「多網站相對分析」，然而不論是站內式流量分析或是站外式流量分析，在數據解讀上並無所謂的對與錯，就如同我們在 4.1 節谷歌搜尋趨勢所提到數據解讀見解一般，建議讀者在解讀流量時，宜以合理與否為出發點，小心謹慎的從事流量分析工作。除此之外，大家不妨透過類似 SimilarWeb 站外式流量分析工具，多多觀察不同業者所經營的電商網站表現，此舉不但能夠讓自己增廣見聞，更能夠促進自我流量分析的數據解讀力。下一章我們將向大家介紹流量分析裡的另一種場域，也就是近年來日趨盛行的行動裝置流量分析，期許大家能夠同時在桌機與行動裝置的流量分析任務上，皆得心應手。

Chapter 9

行動流量分析
（iBuildApp）

　　許多市調機構皆不約而同的指出，自 2016 年起，行動上網流量將超越傳統桌機上網，也就是說人們已經邁入行動化社會，並且在日常生活中充分享受行動上網所帶來之便利。在眾多行動上網活動中，行動購物是一項大家再熟悉也不過的交易行為。不論自己身在何方，只要拿出手機，隨時隨地都能夠上網購物，整體交易歷程也受惠於行動 APP 的交易流程簡化而加速不少。

　　若我們拿起自己手機進入 iPhone 的 APP Store 或是 Android 的 Google Play，任意在上面查詢「購物」兩字，都不難發現許多由電商業者所經營的購物 APP。試想，假如自己是消費者會下載並且光顧哪一個 APP 呢？又或者想像自己是購物 APP經營者，在面對這麼多同質競爭對手時，一定恨得牙癢癢的，巴不得這些對手都瞬間消失在市場上，免得與自己瓜分有限的市場大餅。

　　不論是以上哪一種角色，其實問題核心在於我們是否能夠得知使用者如何看待其所下載並且使用的 APP。這個問題雖然能夠從 APP 上架市集所提供的基礎觀測指標來探得些許解答 (如下載次數)，但由於這類型的觀測指標過於簡化 (即下載 APP 不等同於在 APP 上購買商品)，使得購物 APP 經營者無法從事更為深度的行為探索與掌握，自然也就無法順利的回答上述問題。

　　所幸坊間出現不少 APP 行為分析工具，我們統稱它為行動流量分析 (Mobile APP Analytics)。行動流量分析與上兩章節所提到的網站流量分析有著異曲同工之妙，同的是它們皆透過流量來對應網站訪客或 APP 使用者的上網行為，異的是行動流量分析專司於 APP 流量側錄與分析，而網站流量分析則是負責網站訪客的行為跟蹤。

　　在向大家介紹完網站流量分析之後，本章節要與大家分享的是行動流量分析，然而行動 APP 約略可以分為兩大形式，分別是原生型 APP (Native APP) 與網站型 APP (Web-Based APP)，前者的建置取決於行動作業系統限定的程式開發語言 (如 iPhone：Swift、Android Studio)，使得非資訊背景人士往往難以涉入其中，而後者則是建基於傳統網頁程式碼，充其量只是將傳統網頁包裝成 APP 樣式，因此只要懂得網頁 HTML 語言，就可以很輕鬆的搭建自己專屬的 APP。目前也有愈來愈多業者提供網站型 APP 的套版 DIY 製作，為顧及多數非資訊背景讀者需求，本章節採網站型 APP 做為行動流量分析標的。

9.1　行動流量分析理論依據

　　行動流量分析為何這麼重要呢？回答這個問題之前，先讓我們一同來了解影響使用者採用行動上網的原因有哪些。Kim[1] 等學者早在 2007 年時就已提出行動上網採用模型 (如圖 9-1)，他們認為使用者是否接受行動上網的關鍵因素在於使用者對於行動上網一事所做出的價值判斷 (perceived value)，而這個價值判斷係依照人們針對特定事物的價值運算而成的結果，也就是我們在從事一件事前，總是會衡量從事該件事的「代價」與「效益」是否能夠滿足自己。

　　以圖中虛線為例，作者們所稱的「代價」是一種犧牲 (sacrifice)，若使用者採用行動上網的效益大於他們所必須付出的代價，那麼使用者較容易產生認知價值，也就是使用行動上網是值得的。反之，若使用者認為使用行動上網所需付出的代價遠高於使用行動上網所能帶來效益，此時使用者將難以產生認知效益，也就不會願意採用行動上網。

　　此處所稱代價除了包含使用者必須付出行動上網連線費用的金錢成本

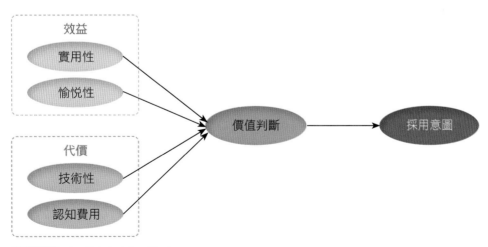

圖 9-1　行動上網採用模型 (資料來源：Decision Support Systems)

1　Kim, H. W., Chan, H. C., & Gupta, S. (2007). Value-based adoption of mobile internet: an empirical investigation. *Decision support systems*, 43(1), 111-126.

(monetary cost) 之外，尚包含許多看不見的非金錢成本 (non-monetary cost)。舉例來說，使用者若在行動上網的使用上需耗費大量的學習精力，那麼他們的使用代價勢必不低。又或者是如果行動上網一天到晚當機、塞車，甚至是斷線，對使用者而言，必定造成一定程度的心理負擔，也就是使用代價升高。有鑑於此，行動上網服務提供商得設法最小化「代價分母」同時最大化「效益分子」，如此才禁得起使用者的價值判斷。

雖然說這裡提到的是行動上網採用模型，這個模型看似與行動商務沒有關聯，再加上涉足行動商務的消費者勢必早已接受行動上網一事，才會有後續的行動購物，因此當我們在討論大數據電子商務時，似乎沒有必要理會這樣的行動上網採用模型。如果自己有上述的想法，恐怕是大錯特錯了！行動上網是行動商務運作的必要條件，少了使用者對於行動上網的支持，將無法讓在其後的行動商務蓬勃發展。

同理，我們在行動上網所討論的價值判斷也同樣適用在行動商務裡頭。例如：消費者在參與行動商務同時，一定會考量他們所欲購買商品或所想要發生交易的交易平台是否符合他們的價值判斷，若所欲購買之商品售價或品質明顯低於他們所能獲得的商品使用效益，則消費者們很有可能放棄購買。而若行動商務平台無法讓消費者在金錢面與非金錢面感到有價值，他們也理當會轉向至其他同質的行動商務平台處消費。

那麼究竟要如何得知使用者或消費者他們對於行動商務平台的價值判斷呢？雖然我們無法透過發放大量問卷來詢問消費者們對於特定行動商務平台的觀感，但是我們卻能夠間接的藉由行動流量分析來判斷消費者們的價值衡量結果，像是載入時間快的頁面比載入時間慢的頁面還要受到消費者們之青睞、消費者花了許多時間瀏覽商品最後卻未完成結帳、有不少消費者已經將商品放入購物車卻未完成結帳而放棄購物車等，諸如此類的問題，都可以透過行動流量分析來找到解答。下一節我們將示範網站型 APP 的製作，以便讓我們順利的將行動流量工具植入其中。

9.2　網站型 APP 製作

網站型 APP 可以說是披著羊皮的狼，說穿了就是以傳統網頁為內在，並且以 APP 型式來呈現其外在的一種 APP。雖然說坊間有不少免費的套版式網站型 APP 可供大家使用，但並不是每一個套版式網站型 APP 都提供對行動流量分析工具的支援。有鑑於此，本節以 iBuildApp 做為演示工具，如此我們便能以免費方式打造自己專屬 APP 且還能夠支援行動流量分析工具。若讀者在瀏覽器網址列輸入 https://ibuildapp.com/，即可看見圖 9-2 的 iBuildApp 進站畫面，第一次使用這項 APP 自造平台，請點擊畫面右上角紅色框線處的「SIGN UP」以進行帳號註冊。

點擊後進入圖 9-3 畫面，讀者可自行選擇是否以新帳號註冊或是以自己既有的 Facebook 帳號註冊，由於本例選擇後者，因此在點擊「Sign Up with Facebook」按鈕之後，便會被系統引導至圖 9-4 授權畫面。

此時若點擊紅色框線處的按鈕，則會看見圖 9-5 畫面，若大家不希望因為此項授權而使得 iBuildApp 在自己的 Facebook 動態上發文，那麼可以將紅色框線處的下拉式選單調整為「只限本人」，完成後再點擊紅色箭頭處的「確

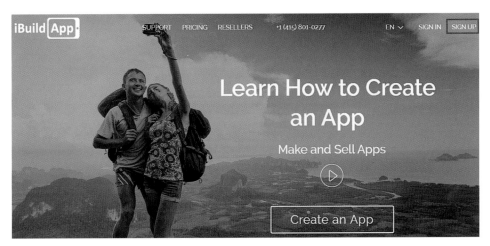

圖 9-2　iBuildApp 首頁畫面 (資料來源：ibuildapp.com)

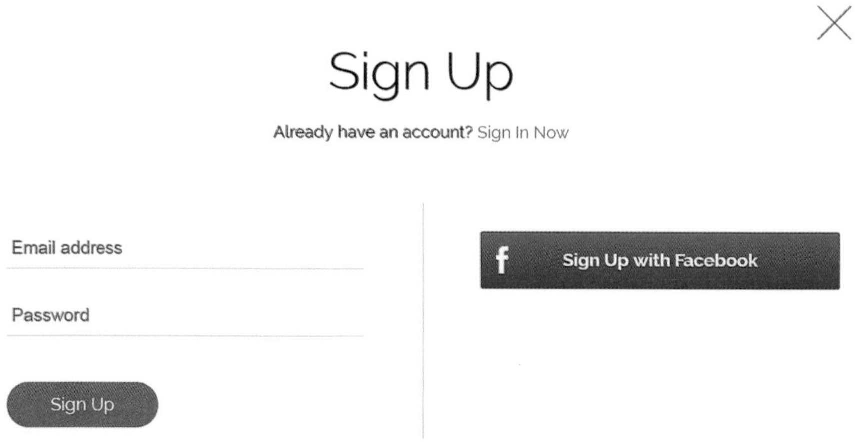

Sign Up

Already have an account? Sign In Now

Email address

Password

Sign Up

Sign Up with Facebook

圖 9-3　iBuildApp 帳號註冊 (1) (資料來源：ibuildapp.com)

使用 Facebook 帳號登入

Mobile App 將收到：
公開的個人檔案和電子郵件。

✎ 編輯

以 **John** 的身分繼續

取消

🔒 這不會讓應用程式在 Facebook 上發佈貼文

圖 9-4　iBuildApp 帳號註冊 (2) (資料來源：facebook.com)

圖 9-5 iBuildApp 帳號註冊 (3) (資料來源：facebook.com)

認」，此時系統會將我們引導到圖 9-6 畫面，至此帳號註冊動作告一段落，現在就請大家點擊紅色框線處的「Create New APP」，一同著手規劃自己專屬的 APP。

　　在圖 9-7 中，我們可以看見許多各式行業別的樣版選項，由於本書以大數據電子商務為主軸，因此筆者選擇紅色框線中的商務類「commerce」，並且以綠色框線處的 Online Shop 做為主要演示的 APP 樣版，點擊樣版內的「CREATE」建立按鈕後，系統會將我們引導至圖 9-8 畫面。

　　在整個 APP 建置畫面中，我們可以看見紅色框線處的 APP 名稱編輯欄位，由於 iBuildApp 是國外軟體，因此 APP 名稱目前尚不支援中文名稱，請讀者依自己喜好，輸入自己 APP 的命名。請注意！此處的 APP 命名在 APP 建置

圖 9-6 iBuildApp 操作與設定 (1)

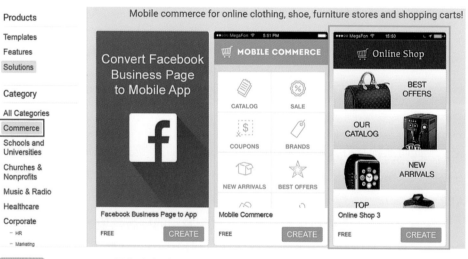

圖 9-7 iBuildApp 操作與設定 (2)

完成後，會以此內容做為手機 APP 圖標 icon 名稱，本例輸入 My M-Commerce APP。在綠色框線處我們可以看見四大分頁，分別是「Edit Pages」、「Layout」、「Design」、「Backup」。

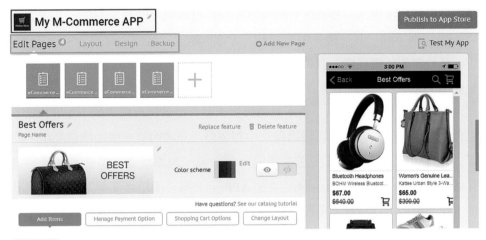

圖 9-8 iBuildApp 操作與設定 (3)

在 Edit Pages 頁面編輯模式中，我們可以看見如圖 9-9 畫面，從紅色框線處得知目前預設情況下，可以有四張頁面，若欲新增更多頁面，則可點擊「+」圖案來達成。筆者在此僅以第一張頁面做為 Edit Pages 示範，其餘頁面

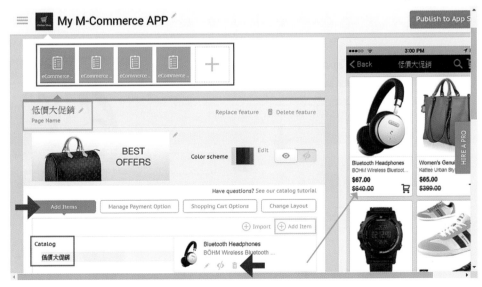

圖 9-9 iBuildApp 操作與設定 (4)

請讀者自行延伸應用。首先，我們可以在綠色框線處修改頁面名稱，此處名稱與 APP 名稱不同，其可接受中文字輸入，本例輸入「低價大促銷」。

　　至於在藍色框線處，我們仍然可以看見相同的「低價大促銷」字樣，然而此處指的是 APP 內供使用者查看商品品項的目錄名稱，若欲修改則必須進入紅色箭頭處的「Add Items」新增品項模式，並且從黃色框線處的「Add Item」來新增品項，而若在商品新增過程之中想要修改品項內容或刪除特定品項，則可以從藍色箭頭處的三個按鈕來達成，其中第一個筆狀圖案是修改功能、第二個 </> 圖案是決定否顯示該品項在 APP 上、第三個垃圾筒圖案則是刪除品項，任何品項名稱或是品項照片新增、修改、刪除之後的結果都可以在綠色箭頭指向的視窗上預覽。

　　例如：筆者將預設的品項名稱由原本的「Bluetooth Headphones」修改為「限量藍芽耳機」，完成後便會在預覽畫面看見方才的異動結果(如圖 9-10 綠色箭頭處)。最後如果自己所設定的目錄結構，以及在其中之商品只是供短期促銷使用，可以在促銷期結束後透過紅色框線處的切換開關，將它從可見模式(眼睛圖案：visible model) 切換成不可見模式 (</> 圖案：invisible model)，當然我們也可以從紅色箭頭處來調整品項陳列框線底色。

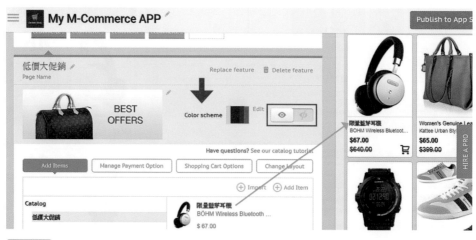

圖 9-10　iBuildApp 操作與設定 (5)

　　在 Edit Pages 編輯模式中，除了「Add Items」新增品項」設定之外，尚有「Manage Payment Option」、「Shopping Cart Options」、「Change Layout」等設定項目，其中 Manage Payment Option 是指電商交易中非常重要的線上結帳環節，目前僅支援 PayPal 第三方金流服務。Shopping Cart Options 所指為是否要在 APP 畫面上顯示購物車以及結帳功能，而 Change Layout 則是指設定品項在 APP 上的陳列方式，預設為矩陣式，也可以調整成列表式。

　　若我們將圖 9-8 綠色框線處的模式切換至「Layout」，則可以看見圖 9-11畫面，此時如果將紅色框線處的「Login Screen：OFF」開關切換至「Login Screen：ON」，則系統會把大家引導至圖 9-12 畫面，此舉用意在於要求 APP使用者在進入 APP 之前，得事先登入帳號密碼。

　　從圖 9-12 紅色框線處可以設定所謂的帳號密碼登入是指整個 APP (Entire

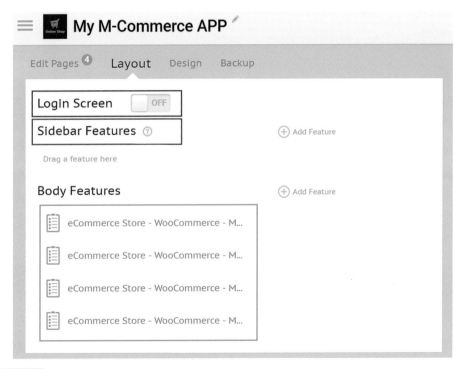

圖 9-11 iBuildApp 操作與設定 (6)

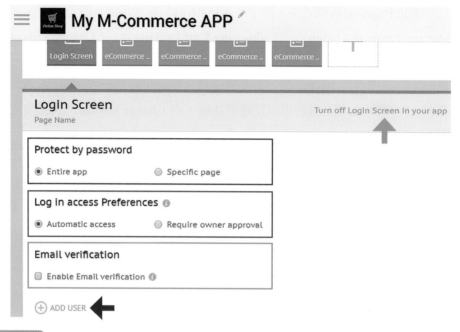

圖 9-12 iBuildApp 操作與設定 (7)

app) 或是特定頁面 (Specific page)，而藍色框線處的選項是指使用者登入 APP 是否需經過 APP 擁有者同意，若不需事先同意，請選擇自動存取 (Automatic access)；若需要經過 APP 擁有者認可，請選擇 Require owner approval，我們 甚至可以透過綠色框線處的選項來要求 APP 使用者進行電子郵件認證 (Email verification)，若自己想幫他人建立登入 APP 時所需的帳號密碼，亦可從紅色 箭頭處的 ADD USER 著手，而若想要關閉以上的帳號密碼登入功能，請點擊 綠色箭頭處的 Turn off Login Screen in your app。

從圖 9-11 藍色框線處我們還看見了「Sidebar Features」，指的是打算在 APP 當中加入選單，並且設定選單內的特色功能 Features，若有打算在 APP 中 加入選單請點擊「Add Feature」，點擊後會看見圖 9-13 畫面。本例示範在選 單中加入一個網站 Website，因此點擊紅色框線處圖示後即可看見圖 9-14 畫 面。此時請在紅色框線處編輯頁面名稱，本例輸入「友站連結」，接著在綠色

圖 9-13 iBuildApp 操作與設定 (8)

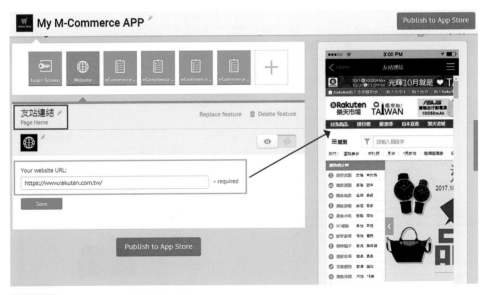

圖 9-14 iBuildApp 操作與設定 (9)

框線處鍵入所欲連結的友站網址，本例輸入樂天市場 https://www.rakuten.com.tw/，按下藍色「Save」按鈕之後即可在右側藍色箭頭處看見 Sidebar 選單的預覽畫面。

接著我們來說明圖 9-11 綠色框線處的「Body Features」，所謂 Body Features 就是指 APP 的頁面主體，也就是預設的四張頁面，若讀者拖曳這此四頁面中的任一張頁面，可以調整其在 APP 上呈現之順序，而且如同在 Sidebar 步驟中所看到的「Add Feature」，在 Body Features 同樣可以加入不同的特徵功能。例如：我們可以把其中一張頁面替換成 Video 影片型式的 Feature，每當使用者進入到該頁面時，便會看見影音播放選項。在此要提醒大家，從圖 9-13 即可觀察到 iBuildApp 提供的特色功能非常多元，讀者可自行嘗試不同的 Features，如此便能讓自己的 APP 內容更加豐富。

讓我們將討論焦點回到圖 9-8 綠色框線處的「Design」，點擊後會看見圖 9-15、9-16 畫面。這個部分功能包含改變樣版型式 (Change Template)、上傳 APP 圖標 (Upload Logo)、選擇背景樣式 (Select Background)、選擇 APP 載入時等待畫面 (Select Splash Screen)，以及選擇顏色機制 (Select Color Scheme) 等，由於這些設定的技術成分不多且屬於個人偏好，因此讀者可自行選擇喜

圖 9-15 iBuildApp 操作與設定 (10)

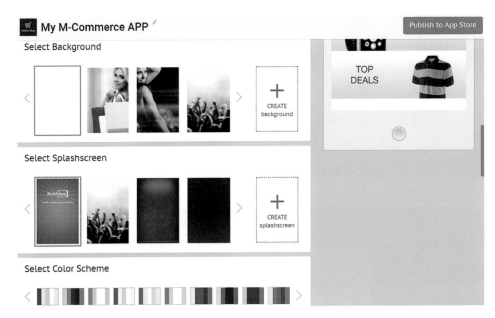

圖 9-16 iBuildApp 操作與設定 (11)

圖 9-17 iBuildApp 操作與設定 (12)

好的設定。請注意！除非必要，否則我們通常不會輕易更改樣版型式 (Change Template)，若更改了樣版型式，不但失去了電子商務的探討主軸，也有可能會導致上述努力的所有設定必須重新執行。

最後，在圖 9-8 綠色框線處還有一個「Backup」選項，由於 iBuildApp 屬

於一種雲端工具，因此自己登入帳號轄下的相關 APP 製作成果與設定，都可以儲存在雲端上，再次登入時不需要重新輸入所需資料。為了日後修改方便，讀者可點擊 Backup 之後再點擊圖 9-17 的「Create Backup」按鈕，其後視自己需要可在圖 9-18 欄位中加入備份敘述 (Backup Description)，完成後點擊「Create」按鈕，即可完成備份工作。

　　經過上述的各項設定之後，接下來我們就可以把製作完成的 APP 予以發布。不管在哪一種設定模式中，我們都不時可以看見圖 9-19 藍色箭頭處的

圖 9-18 iBuildApp 操作與設定 (13)

圖 9-19 iBuildApp 操作與設定 (14)

「Publish to App Store」，是指將自己精心製作的 APP 上架到 iBuild 專屬市集，點擊後會看見圖 9-20 畫面，此時可將紅色框線處的網址保存起來，以因應日後有需要再次來到自己的 APP 上架專區。

大家或許會覺得納悶，即使已經將自己的 APP 上架到 iBuildApp 市集，但仍然沒有發現我們平常在 Apple iTune 或 Google Play 上所慣見的 APP 下載按鈕。實際原因為何，我們不得而知，研判是 iBuildApp 內部經營策略考量所致。即便如此，我們仍然可以有變通方案。以圖 9-21 紅色框線處為例，點擊

圖 9-20 iBuildApp 操作與設定 (15)

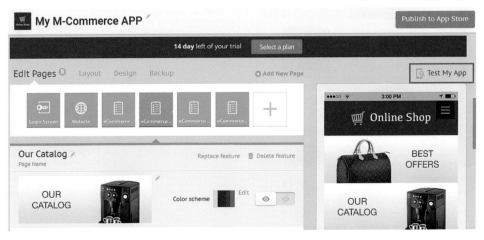

圖 9-21 iBuildApp 操作與設定 (16)

「Test My App」之後，會看見圖 9-22 畫面。

在紅色框線中會看見一組 QR-Code，透過手機上面的掃描程式便可取得 APP 的安裝檔；換句話說，自己可將這組 QR-Code 四處散布，如此他人便可以有管道取得自己製作的 APP。以圖 9-23 安卓 (Android) 手機安裝過程為例，掃描 QR-Code 之後，手機掃描程式會讀取二維碼中的網址，此時請點擊紅色框線處的「造訪網址」，即可進入圖 9-24 APP 下載畫面[2]。

此時請等待 APP 下載完畢之後便可點擊圖 9-25 紅色框線處的「安裝」按鈕，完成後再點擊圖 9-26 紅色框線處的「開啟」按鈕，如此便能在自己手機上看見自己製作的 APP，至此，自己製作的 APP 已經順利安裝到手機上，跳離自製 APP 畫面後，亦可在手機桌面上看見所安裝的 APP 圖標 icon (如圖 9-27 紅色框線處)。

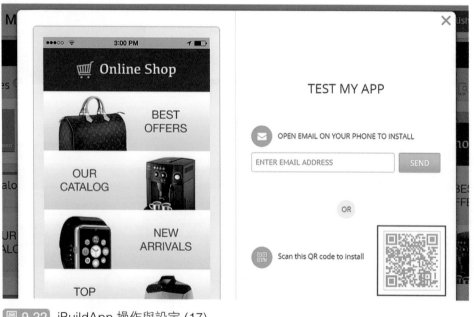

圖 9-22 iBuildApp 操作與設定 (17)

---

2 除了 iPhone 手機之外，任何 Android 手機系統畫面都不盡相同，因此讀者請依照自身手機介面操作，本段內容係以小米 6s plus 做為示範。

圖 9-23 iBuildApp 操作與設定 (18)

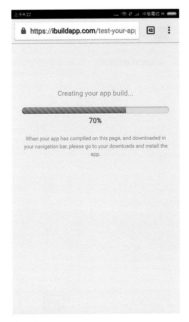

圖 9-24 iBuildApp 操作與設定 (19)

圖 9-25 iBuildApp 操作與設定 (20)

圖 9-26 iBuildApp 操作與設定 (21)

圖 9-27 iBuildApp 操作與設定 (22)

9.3 iBuildApp 之 GA 嵌入

iBuildApp 之所以簡單好用，在於它訴求使用過程全程零程式碼，因此在流量分析工具嵌入畫面也是保持著相同初衷。由於 iBuildApp 僅支援 Google Analytics，再加上我們在前些章節也已經示範過 GA 的安裝，因此以下的 iBuildApp 流量分析工具嵌入仍以 GA 為主。

首先請大家點擊圖 9-28 紅色框線處的下拉式選單，並且將模式切換到藍色箭頭處的儀表板「Dashboard」。接著，請點擊綠色框線處的「Settings」，此時畫面會展開若干選項，請在紅色箭頭處鍵入自己的 GA 追蹤 ID，若忘記 GA 追蹤 ID 如何取得，可回顧第 7 章內容。就這樣輕輕鬆鬆的完成 GA 嵌入 iBuildApp 動作，接下來我們就可以刻意製造一些流量來讓 GA 捕捉，並且呈現在 iBuildApp 管理員模式之上。

以圖 9-29 紅色框線處為例，我們可以看見三種流量分析指標，分別是開啟次數 (Launches)、APP 下載次數 (App Downloads)，以及行動網站參訪次數 (Mobile Site Visits)。其中開啟次數是指每當使用者開啟 APP 之後所觀測到的

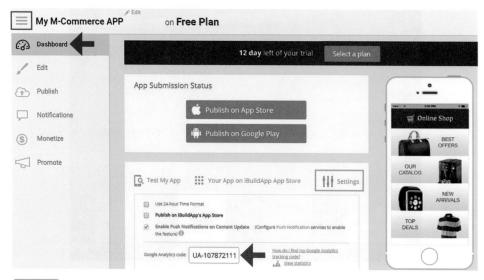

圖 9-28 iBuildApp 操作與設定 (23)

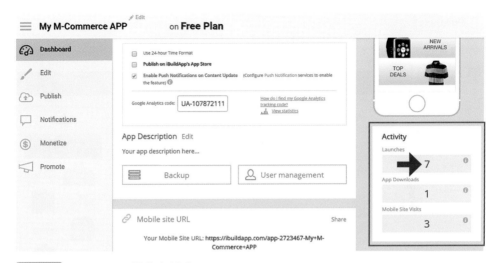

圖 9-29　iBuildApp 操作與設定 (24)

次數，在一般情況下，開啟次數愈多，表示該 APP 特別受到使用者青睞。APP下載次數所指為 APP 在各個市集當中被使用者下載的總次數，通常開啟次數觀測值會比下載次數觀測值還高出許多，畢竟單一使用者不會重複下載一個APP 很多次，但卻可以多次開啟一個 APP。至於在行動網站參訪指標方面，此觀測值是指使用者透過手機瀏覽器來到自己 APP 的次數。

　　值得注意的是，由於 iBuild App 是以 HTML 5 所設計而成，能夠同時支援原生型的 Native APP 開啟，也能夠支援以瀏覽器型式來參訪 APP，因此行動網站參訪指標指的是後者，此與第一項開啟次數 Launches 的觀測基準有所不同。當我們完成上述 GA 嵌入動作之後，若讀者試著製造這三大項衡量指標所觀測的行為時，iBuild App 就會與 GA 協力合作，將流量分析結果顯示在圖9-29 紅色框線處。

　　最後我們要提醒大家的是，雖然 iBuildApp 的零程式碼建構 APP 的概念受到不少使用者青睞，但該業者肯定不是什麼慈善事業，因此在預設情況下，僅提供大家 14 天的試用期 (如圖 9-30 綠色框線處顯示僅剩餘 12 天)，試用期結束後將無法針對自己的 APP 從事任何新增、刪除、修改之動作，但原先設置好的 APP 仍會保留在雲端空間上且功能運作亦會一切正常，因此讀者可自行

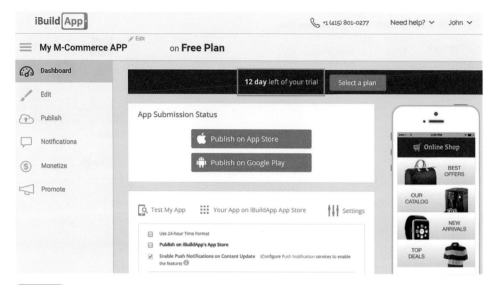

圖 9-30 iBuildApp 操作與設定 (25)

考量是否加入該業者的付費方案。

　　最後我們以大數據電子商務的數據分析角度來談談下載成效，我們都知道下載是 APP 能否永續生存的必要條件，如果沒有使用者下載 APP，那就遑論下載之後所衍生出的後續使用行為及其商機。依照目前全球的情況而言，APP 下載管道大略有兩者，分別是蘋果陣營 App Store 以及谷歌陣營 Google Play。此兩大業者對於 APP 的上架管理或約束各有不同，原因不外乎是想好好的維護 APP 應用程式市集，如此才能夠獲得 APP 使用者青睞。

　　除此之外，市面上仍有許多非主流 APP 應用程式市集正逐漸的侵蝕 App Store 與 Google Play 的市場收益，像是 1mobile、中華電信 Hami Apps 軟體商店、亞馬遜 AppStore、安卓網、掌上應用匯、安智網等。因此如果自己是經營 APP 業者，電商型態 APP 也好、非電商型態 APP 也罷，總是會希望自己 APP 能夠多多被使用者察覺到進而下載來使用，也就會努力試著將自己精心製作的 APP 上架到所有可能應用程式市集。然而真的這樣做，就可以促進 APP 的下載次數嗎？這個問題正是大數據電子商務的數據分析所能著墨之處。

　　學者 Taylor 與 Levin 於 2014 年提出消費者 APP 使用之購買與資訊分享模

式 (如圖 9-31)，兩位學者認為消費者之所以會下載 APP 的一個很大前提是，他們要對特定 APP 產生基本興趣，其後再以自己所維持的興趣來決定是否要在特定 APP 上從事「購買活動」以及「資訊分享活動」，而「購買活動」，除了會直接受到消費者本身對於 APP 興趣有無之影響外，還會間接受到「資訊分享活動」所影響。

換句話說，只要消費者對 APP 產生初步使用興趣，那麼他們就很有可能在 APP 上面從事交易行為，甚至是把自己在 APP 上的所見所聞分享給他人，邀請他人一同來響應 APP 線上購買活動。然而這一切只是理想狀況，上述所提到的各種關聯性還會受到「最近一次開啟或拜訪 APP 後所經過的時間」(Time Since Last Visit) 之影響，即消費者們的當次與前次拜訪間距愈長時，愈有可能離此 APP 而去。

是故，透過流量分析工具能夠正確捕捉消費者們近期下載、開啟或是拜訪

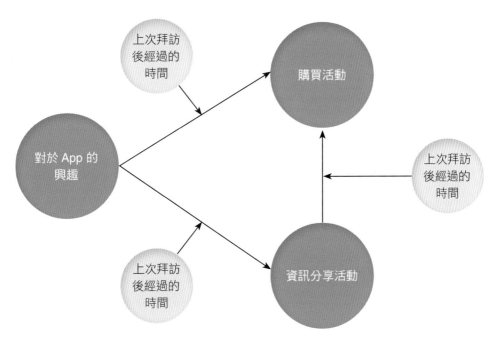

圖 9-31 APP 用於購買與資訊分享模式 (資料來源：International Journal of Retail & Distribution Management)

APP 的情況。以剛剛提到的圖 9-29 三項流量分析指標為例,若我們在藍色箭頭處點擊觀測數據,則 iBuildApp 會展開詳細的流量分析畫面,如圖 9-32 所示。從藍色框線處我們可以觀察到在 2017 年 10 月 9 日時,Android 手機用戶開啟了此 APP 乙次,在次日也就是 2017 年 10 月 10 日時,Android 手機用戶開啟了此 APP 兩次、以瀏覽器方式造訪此 APP 則觀測到四次,然而所有觀測數據卻在 2017 年 10 月 11 日驟降為零次,如果日後觀測到此零互動現象持續好一陣子,那就等同於發生上述的「當次與前次拜訪間距過長」現象,對於電商業者而言實非好事?雖然這些數據詮釋係建構在非真實數據之上,但倘若讀者獲取到真實數據之後勢必得以類似方式觀察 APP 經營成效,因此透過本章所傳達的行動流量分析技巧,對於大數據電子商務從業人士或是未來打算涉足

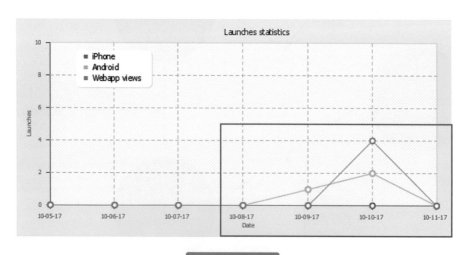

圖 9-32 iBuildApp 流量分析結果示意 (APP 開啟次數)

此領域的莘莘學子來說，都能夠以「數據思維」來審視 APP 健康狀況，進而扮演稱職的大數據電子商務診斷師。

最後，我們從圖 9-22 的 APP 下載 QR-Code 可以感受到此種下載方式的便利，亦可以從自己日常生活周遭觀察到許多由各機構業者所投放或張貼的 QR-Code。此現象其實正是宣告人手一機的全民行動生活已經來臨，電子商務已不再局限於傳統的網站交易形式，因此 QR-Code 的設計、布署、掃描行為觀測等，可說是在消費者延攬階段所不能忽略的重要事項。除了 QR-Code 之外，近期也有愈來愈多業者推出更具消費者互動性之掃描互動，也就是頗為熱門的擴增實境 (Augmented Reality, AR)，這些都是大數據電子商務人員所必備之技能，因此我們將在下一篇與大家分享隱藏在掃描標的物中的資訊濃縮及其獲取方式。

Part

03.21

结个账没那么好奇吧

去超市用手机结账不是很正常吗？怎么每次都有人
凑上来问："咦？这是什么？"

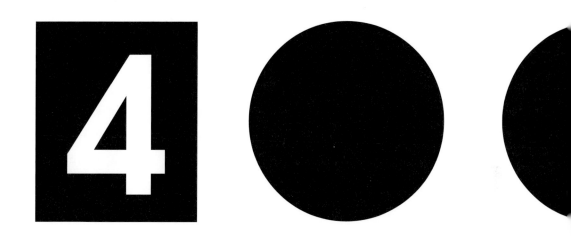

大數據電子商務之
資訊濃縮與獲取

從智慧型手機逐漸滲透人們生活那一刻起，掃描動作就不斷的每天上演著，也正因為如此，造就今日所謂的感應經濟。感應經濟指的是人們藉由行動裝置來從事許多互動行為 (如交易付費、資料檢索、娛樂用途)，同時也讓各行各業經營者得以在與消費者互動過程中融入許多商業意圖。然而此處所稱的「感應式互動行為」又可細分為主動式感應 (active sensing) 與非主動式感應 (passive sensing)，前者所指為使用者主動的透過行動裝置來從事感應動作，常見的例子有購物結帳時使用 Apple Pay、統一發票掃描對獎、搭乘大眾運輸使用悠遊卡等。至於後者係指使用者不需主動拿出行動裝置，即可在裝置上接收到互動訊息，例如：出國後，外交部與電信業者合作所傳送的國人旅遊資訊、Facebook 提示好友在自己附近、Google 主動告知目前上班通勤路況等。

不論是主動式感應或是被動式感應，雖然它們各自所使用的技術不盡相同，但各技術共同點皆在於如何將使用者所需要之訊息經過濃縮處理後，傳遞給使用者端獲取。本篇重點在於讓讀者自日常生活中體會各式資訊濃縮與獲取作為，特別是與大數據電子商務息息相關的「主動式掃碼互動」、「主動式擴增實境」以及「非主動式超聲波互動」。學習完此篇內容後，將可使讀者具備大數據思維，進而發想上述新興技術在電子商務中可著墨之處。

Chapter 10

主動式掃碼互動

10.1 一維條碼

　　在過去非人手一機的時代裡，條碼掃描這檔事往往只發生在特定場域，像是超級市場結帳櫃台、錄影帶出租店、政府公共帳單收費等。然而不論是哪一種應用場域，它們所使用的條碼都是屬於一維條碼為大宗。「一維條碼」是指僅能以橫向列印方式來呈現外觀的條碼樣式，其缺點在於當資料量愈大時、條碼長度就會愈長，導致某些性能不足的掃描器無法完成整體條碼之掃描或是需要分段掃描。姑且不論一維條碼缺點，在市面上，我們較為常見的條碼是符合 EAN13 標準格式之條碼，所謂 EAN 指的是歐洲商品編碼 (European Article Number, EAN)，而 13 則是指條碼上有 13 位數字 (如圖 10-1)，其中由左至右算起，最後一位數字 2 為檢核碼。

　　檢核碼用途在檢查條碼資料正確性，以防止條碼列印缺失。舉例來說，若將偶數位所有數字加總後可求得 26 (即 1+3+5+7+9+1)，再將加總所求得的 26 乘以 3，可求得 78 (即 26*3 = 78)。此時若把所有奇數位數字加總後求得的數值 20 (0+2+4+6+8+0) 與剛才求得的 78 相加後，可求得 98 (78+20)，最後以 10 減去 98 的個位數 8 就可求算出 2 這個檢核碼 (10-8)，只要是符合 EAN13 格式的商品條碼，皆能透過以上算法求得最末位數檢核碼。EAN 條碼雖然直到今日仍是最普遍使用的條碼格式，但它破損時，較難以自我驗算方式回推原始條碼。

圖 10-1 一維條碼示意

10.2 二維條碼

QR-Code (Quick-Response Code) 是一種二維條碼，由日本 Denso Wave 公司於 1994 年所發明 (如圖 10-2)。相較於一維條碼在掃描時，掃描器需要非常精準對應，二維條碼可藉由藍色箭頭處的圖案來協助定位，因此在掃描時不需要非常精準對應，也能夠快速掃描出條碼內容物。除此之外，QR-Code 最大特點在於能夠藉由紅色箭頭處的校正區域來落實條碼破損還原功能；換句話說，所有在市面上能看見的 QR-Code 皆具備了上述的定位點與校正點樣式，使得 QR-Code 使用率節節升高。

依據市調公司 2013 年調查結果得知[1]，許多歐美國家青年 (18-34 歲) 已經能夠接受從各式媒體管道上的 QR-Code 來取得條碼內容物，其中雜誌是他們最常掃描 QR-Code 的媒體管道，其次是海報、實體信件、外包裝箱、網站、電子郵件，以及電視，而這些掃描族群正是大數據電子商務營收的潛在貢獻者。那麼究竟為何 QR-Code 可以如此滲透至你我的日常生活之中呢？它與大數據電子商務又存在著什麼樣的關聯性呢？要回答這些問題，得先理解 QR-Code 應用範圍：

圖 10-2 二維條碼示意

---

1 US Ahead of Western Europe in QR Code Usage. https://www.emarketer.com/Article/US-Ahead-of-Western-Europe-QR-Code-Usage/1009631

(1) 文字傳輸

在過去，人們為了要進入網站，總是需要在瀏覽器上方網址列輸入一長串網址，有時不小心輸入錯誤，不但無法順利進站，還得重新更改網址，直到網址正確後始能進入目標網站。這是以使用者觀點而論，然而以業者立場來說，若在各個傳播管道上印刷一長串網址，不但非常不美觀，且占用了許多平面空間，甚至還得祈禱使用者或訪客有耐心可以慢慢的將網址輸入完畢，但這樣的祈禱往往事與願違！受惠於行動裝置普及與 QR-Code 的高滲透率，現今人們只要拿起手機對著 QR-Code 一掃描，瞬間就能夠獲得冗長網址，不需要任何花費網址輸入功夫，即可看見條碼內容物，因此若業者在各式管道上投放 QR-Code，不但能夠節省印刷空間，也能夠促進使用者或訪客的掃描意願。

(2) 數位內容獲取

由於 QR-Code 比起一維條碼能夠承載更豐富更多元的資訊，透過對它的掃描，能夠轉化出多元數位內容。舉例來說，飲品業者在外包裝上印刷了 QR-Code (如圖 10-3)，消費者只要掃描該條碼，就能夠看見該飲品的原料來源與檢驗結果，藉以增加消費者對於該飲品信任度。試想，若不是透過 QR-Code 卓越性能，飲品業者如何把龐大的資料傳遞給消費者呢？在過去或許可以透過網站的方式來展示上述資料，但現今非得仰賴 QR-Code 之協助，否則消費者不太可能在購買飲品當下，站在商品陳列架前，開啟他們的筆記型電腦來查詢飲品的生產履歷。

因此 QR-Code 能夠幫助業者傳遞豐富的數位內容，而消費者也能夠很便利的獲取相對應的豐富內容。

(3) 身分識別

QR-Code 除了上述的自動文字輸入與數位內容獲取之外，還具備了身分識別功能。在過去，我們搭乘大眾運輸時，總是需要購買實體票券，並且在搭乘前一定得出示實體票券，否則將無法順利享有運輸服務。然而天有不測

圖 10-3 QR-Code 數位內容獲取

風雲、人有旦夕禍福,有時候一不小心就會把實體票券搞丟或是破損,此時可真是叫天天不應、叫地地不靈了!所幸 QR-Code 能夠幫我們解決這樣的困擾,以台灣高鐵為例,若以高鐵 APP 線上訂票並完成付款,則高鐵官方就會發送 QR-Code 電子票券到手機上。乘客只要在通過驗票閘門時,將手機上頭的 QR-Code 電子票券對準閘口掃描器,立刻就能確認自己是具備乘車資格的旅客 (如圖 10-4)。此舉不但節省了高鐵驗票人力成本,也能夠避免實體票券破損或遺失問題。

(4) 交易活動

最後,QR-Code 還具備了電子支付交易功能。以知名的電子支付平台支付寶為例,不論是消費者或是店家,都能夠將自己的實體銀行帳戶綁定支付

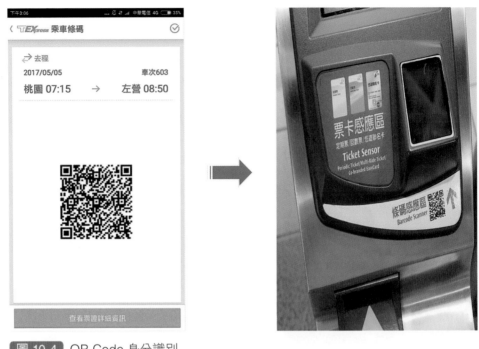

圖 10-4 QR-Code 身分識別

寶。其後每次發生交易時，只需要出示手機上面 QR-Code 供業者掃描，或是自己掃描由業者所提供的付款 QR-Code，經過兩造雙方安全帳戶驗證後，即可落實快速收付款動作 (如圖 10-5)。此舉同樣能夠帶來諸多便利，像是避免金額計算錯誤、省去攜帶大量小面額實體貨幣的麻煩、減少實體貨幣細菌傳播機會等。

綜合以上應用案例，我們實在不難體會為何 QR-Code 的生活滲透率如此的高與快速，更不難理解它對大數據電子商務的助益，也就是說，透過 QR-Code 投放，大數據電子商務業者能夠提供給顧客更為優質的服務，同時也不會因提供 QR-Code 服務而導致經營成本激增或是帶來其他困擾，因此若稱掃描全民運動為當代新經濟動能，一點也不為過。

然而任何再好的事物總是有其發展阻礙，就筆者觀察而言，QR-Code 的發展阻礙在於，掃描需求者能不能在需要時順利尋得 QR-Code 來獲取資訊，

圖 10-5 QR-Code 交易活動

或者在使用者不需要的時候，大數據電子商務業者能否有效的吸引使用者掃描
QR-Code，畢竟 QR-Code 的存在奠基於「它能夠被掃描」之上，若自己精心
製作的 QR-Code 乏人問津，那麼豈不就像不起眼的圖一般嗎？有鑑於此，接
下來兩個章節，我們將與大家分享「個性化 QR-Code 製作」以及「QR-Code
掃碼行為分析」，前者能夠讓自己製作的 QR-Code 富有創意、提高掃描意
願，後者則能夠讓我們有效的觀測 QR-Code 投放成效。

10.3　個性化 QR-Code 製作

個性化 QR-Code 製作一般可以分為「嵌圖式 QR-Code」與「柔化變色
式 QR-Code」，接下來的內容，我們將依序示範此二種 QR-Code 製作。首先
請大家在自己瀏覽器上方鍵入 http://qr.calm9.com/tw 此網址，完成後可以看

見如圖 10-6 的 QR-Code 條碼產生器畫面。緊接著我們便可以在紅色框線處輸入 QR-Code 所欲對應之網址，本例鍵入筆者任職學校教師簡介網址 (http://bigdata.scu.edu.tw/zh-hant/people/鄭江宇)，其後大家可依照自己需求調整綠色框線處的「尺寸」與「檔案格式」，但請注意，為了避免製作好的 QR-Code 遭到嵌入圖形影響而降低辨識率，請務必將藍色框線處的「容錯率」設定為 30%，而這也等同於間接的凸顯 QR-Code 遭破損時的還原辨識能力。

一切設定就緒後，請讀者點擊藍色箭頭處的「產生條碼」(圖 10-6)，完成後會在畫面左方看見依照自己設定條件所製作完成的 QR-Code。接著請點擊紅色箭頭處的 Open in New Window，視窗開啟後，請將滑鼠游標移動至 QR-Code 圖案上方按壓滑鼠右鍵後點選「另存圖檔」，以便將所製作完成的 QR-Code 妥善保存。以上這些步驟屬於 QR-Code 主體製作，接下來請大家開啟自己電腦中的 PowerPoint 簡報製作軟體。從圖 10-7 中可以看見我們已經將剛才製作好的 QR-Code 圖形貼入 PowerPoint 中，此時請讀者將自己所欲嵌入 QR-Code 中的另一圖形準備好，並且疊貼至 QR-Code 之上，本例以讀者任職單位 logo (東吳大學巨量資料管理學院) 做為示範。

在正式將兩張圖形合併為一張圖檔之前，請讀者務必先以手機上的 QR-

圖 10-6 嵌圖式 QR-Code 製作 (1)

圖 10-7 嵌圖式 QR-Code 製作 (2)

Code 掃描器確認自己所製作的疊圖不會發生無法掃描之狀況。若確認掃描動作可以順利進行並且可順利連結到 QR-Code 所對應之網址後，即可返回PowerPoint，並且在疊圖上按壓滑鼠右鍵後，點選「另存成圖片」，以便完成檔案儲存動作。至此，嵌圖式 QR-Code 的製作告一段落，讀者便可將製作好的 QR-Code 圖檔四處張貼或投放。

接下來我們示範「柔化變色式 QR-Code」製作技巧，首先請大家在自己瀏覽器上方鍵入 http://www.adobe.com/hk_zh/products/photoshop/free-trial-download.html 以便下載 Adobe Photoshop CC 影像編輯軟體，完成後可看見圖 10-9 畫面，接著請點擊紅色框線處的「下載免費試用版」。其後系統會

圖 10-8 嵌圖式 QR-Code 製作 (3)

圖 10-9 Adobe Photoshop CC 安裝 (1)

Photoshop CC: 開始您的免費試用

請登入或建立帳戶。
完成後，您的下載就會立即開始。

使用 Adobe 帳戶登入

登入　　註冊

或使用以下帳戶登入

Facebook　　G Google

圖 10-10　Adobe Photoshop CC 安裝 (2)

將大家引導至圖 10-10 帳號授權畫面，本例以筆者既有的 Facebook 帳號做為主要授權帳號，若讀者也打算使用 Facebook 帳號，則可點擊紅色框線處的 Facebook 按鈕，或是讀者自行選擇其他帳號註冊方式。

點擊後，系統會彈跳出圖 10-11 授權確認畫面，點擊紅色框線處的「身分繼續」按鈕後，系統會要求大家填答問卷 (如圖 10-12)，填答完畢之後即可點擊紅色框線處的「繼續」按鈕，完成後會看見圖 10-13 畫面，請點擊紅色框線處的「開始安裝」按鈕，以便進入圖 10-14 正式安裝畫面。

安裝完成之後，系統會自動開啟 Adobe Photoshop CC 編輯畫面 (如圖 10-15)，此時請點擊紅色箭頭處的「新建」按鈕，並且將藍色框線處的選項核取

圖 10-11 Adobe Photoshop CC 安裝 (3)

圖 10-12 Adobe Photoshop CC 安裝 (4)

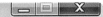

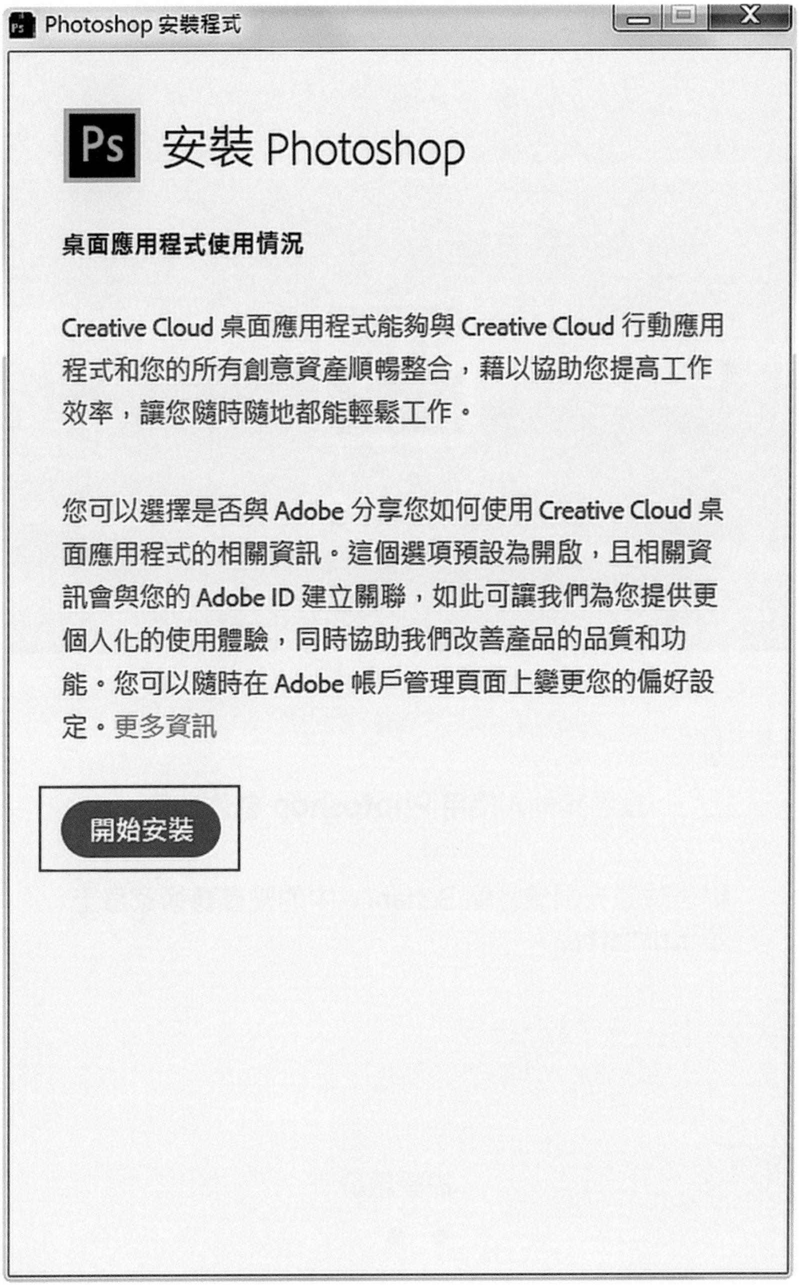
Photoshop 安裝程式
Ps
安裝 Photoshop
桌面應用程式使用情況
Creative Cloud 桌面應用程式能夠與 Creative Cloud 行動應用程式和您的所有創意資產順暢整合，藉以協助您提高工作效率，讓您隨時隨地都能輕鬆工作。
您可以選擇是否與 Adobe 分享您如何使用 Creative Cloud 桌面應用程式的相關資訊。這個選項預設為開啟，且相關資訊會與您的 Adobe ID 建立關聯，如此可讓我們為您提供更個人化的使用體驗，同時協助我們改善產品的品質和功能。您可以隨時在 Adobe 帳戶管理頁面上變更您的偏好設定。更多資訊
開始安裝

圖 10-13 Adobe Photoshop CC 安裝 (5)

圖 10-14 Adobe Photoshop CC 安裝 (6)

圖 10-15　Adobe Photoshop CC 使用與調色 (1)

為「預設 Photoshop 大小」，最後按下綠色箭頭處的「建立」按鈕。

　　接著請將剛才製作好的 QR-Code 原圖檔 (不包含內嵌疊圖) 複製後貼上至 Photoshop 背景畫布，並且將 QR-Code 圖案比例稍做調整，最後點擊紅色箭頭處的「套用變更」圖示 (如圖 10-16)。由於「柔化變色式 QR-Code」中的「柔化」必須經過 Photoshop 的模糊處理始能達成，因此請大家依照圖 10-17 指示，在上方工作列選單中依序點擊「濾鏡」→「模糊」→「高斯模糊」等選項後，即可看見圖 10-18 畫面。此時請調整紅色框線處的模糊強度至 3.5 上下皆可，完成後點擊畫面右上方「確定」按鈕。接著我們要替 QR-Code 圖案進行色階著色處理，如此才能達到真正柔化效果。

　　請大家點擊圖 10-19 綠色箭頭處的「調整」分頁，並且點選紅色箭頭處的「色階」圖示，此時會在紅色框線處看見色階分布圖，請將圖下方三個數字由左至右分別調整成 83、0.20、160 上下皆可。此時大家不妨觀察一下目前 QR-

圖 10-16 Adobe Photoshop CC 使用與調色 (2)

Code 變化，是否會發現到原本銳利的圖案已變成柔和圖案，因此比起一般制式 QR-Code，特別具有差異化？

　　接著我們開始替 QR-Code 進行調色，首先請大家點擊圖 10-20 綠色箭頭處的「調整」分頁，隨後點選紅色箭頭處的「色相／飽和度」圖示，此時在綠色框線處會出現色相、飽和度、明亮等調整選項，請在調整這三個選項之前，事先將「上色」核取，之後才在色相、飽和度、明亮等調整選項中依序輸入 252、95、+40。請注意！只要將飽和度設定在 90 以上，並且將明亮保持在 +40，那麼自己就可以任意調整色相，也就是可以將 QR-Code 調整成自己喜歡的顏色，本例將 QR-Code 調整成亮藍色。完成上述調色步驟之後，接著就可以將成果另存新檔 (如圖 10-21 點選檔案→另存新檔)，日後即可在各處投放此

圖 10-17 Adobe Photoshop CC 使用與調色 (3)

非黑色的有色 QR-Code。

　　截至目前為止，我們介紹了 QR-Code 結構、嵌圖式 QR-Code、柔化變色式 QR-Code，接下來我們要以理論角度來說明究竟在什麼樣的情況下，使用者願意拿起自己行動裝置來掃描 QR-Code，也就是所謂的「掃描意圖」釐清。學者 Ryu 與 Murdock[2] 於 2013 年提出 QR-Code 掃描意圖模式 (如圖 10-22)，他們指出消費者的 QR-Code 掃描意圖 (Intention to use QR-Codes) 會受到四項因素之直接影響，以及兩項因素之間接影響，直接影響因素包含消費者創新性 (consumer innovativeness)、市場新知吸收主義 (Market mavenism)、QR-Code 掃描態度 (Attitude toward QR-Codes)，以及認知有用性 (Perceived usefulness)，而間接因素則包含認知易用性 (Perceived ease of use) 與認知愉悅

2　Ryu, J. S., & Murdock, K. (2013). Consumer acceptance of mobile marketing communications using the QR code. *Journal of Direct, Data and Digital Marketing Practice*, 15(2), 111-124.

圖 10-18 Adobe Photoshop CC 使用與調色 (4)

性 (Perceived enjoyment)。

由此可知，消費者自身的創新資訊獲取行為，扮演消費者掃描 QR-Code 意圖之關鍵角色，畢竟對於具有創新思維的消費者來說，他們會認為以 QR-Code 掃描來獲得自己所需的資訊非常的實用。由於該篇研究結果是在 2013 年所發表，至此之際，QR-Code 掃描早已蔚為風潮，因此探討消費者掃描 QR-Code 意圖的焦點反而應該移轉至他們對於 QR-Code 掃描的態度之上，也就是說，除了認知有用性之外，認知易用性與認知愉悅性更是扮演 QR-Code 普遍存在後的掃描激勵角色。試想，QR-Code 掃描的易用性與有用性是否無庸置疑呢？那麼更重要的將會是如何讓 QR-Code 掃描充滿趣味性，如此將能提升消費者們掃描態度，進而鞏固他們的掃描意圖。上述 QR-Code 實作內容即是

圖 10-19 Adobe Photoshop CC 使用與調色 (5)

圖 10-20 Adobe Photoshop CC 使用與調色 (6)

圖 10-21 Adobe Photoshop CC 使用與調色 (7)

在介紹如何將傳統 QR-Code 樣式賦予變化，讓 QR-Code 不再是千篇一律的制式形態。其實提升 QR-Code 掃描的認知愉悅性方式仍有很多，一切有賴讀者發揮自己的想像力，相信投放出去自己製作的 QR-Code 會獲得使用者不少青睞。

　　介紹完以上 QR-Code 掃描意圖的理論觀點之後，接下來，我們不禁想問的是「假使 QR-Code 製作精美且富有愉悅性，那麼 QR-Code 投放者是否有辦法知道掃描成效呢？」這個答案是肯定的！如果不設法知道自己所投放的每張 QR-Code 掃描成效，那麼就會淪為亂槍打鳥般，自認 QR-Code 投放出去後一定會吸引若干人對著它進行掃描，但往往事與願違。此外，若僅是將 QR-Code 設計好投放出去，而缺少了後端行為分析，此舉亦是違背了大數據電子

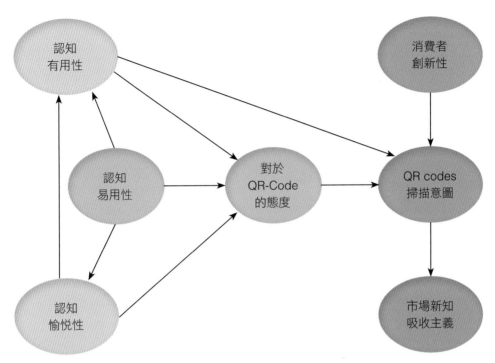

圖 10-22　QR-Code 掃描意圖模式 (資料來源：Journal of Direct, Data, and Digital Marketing Practice)

商務的精髓。有鑑於此，下一節內容將與大家分享 QR-Code 掃描行為的追蹤與分析方式。

10.4　掃碼行為分析

　　讓我們回顧一下，每當自己透過行動裝置掃描 QR-Code 之後，行動裝置畫面上是否總是跳出一串網址，並且詢問是否開啟該連結呢？沒錯！QR-Code 其實就是一種變相的網址型態，透過簡易的掃描，讓我們省去在行動裝置上輸入冗長網址之不便。既然 QR-Code 是一種變相網址型態，我們當然就可以在 QR-Code 製作完畢之前，在網址中嵌入若干追蹤參數，以求有效的記錄使用者的掃描行為，接下來筆者將分享如何落實 QR-Code 掃描行為分析的步驟。

首先請回想我們曾經在第三篇提到站內式與站外式流量分析工具，其中 GA 就是一種可以被用來監測 QR-Code 掃描成效的一種利器。為什麼這樣說呢？試想若自己製作好一個 QR-Code 之後，並且使用者也確實掃描該圖檔，使用者會被引導至什麼地方呢？在多數情況下，使用者會被引導至自己所經營的網站，而此引導作為就是流量分析的監測範疇。在此，我們以圖 7-27 中的網址 http://myweb.scu.edu.tw/~04170121/myga (1).html 做為 QR-Code 被掃描後的導引網頁，並且延用圖 7-34 的 GATC 追蹤碼來當作 QR-Code 掃描行為監測工具。

接著請讀者透過 Google 所提供的網址產生器 (https://ga-dev-tools.appspot.com/campaign-url-builder) 來將上述引導網頁嵌入追蹤參數 (如圖 10-23)，其

Enter the website URL and campaign information

Fill out the required fields (marked with *) in the form below, and once complete the full campaign URL will be generated for you. *Note: the generated URL is automatically updated as you make changes.*

* Website URL	http://myweb.scu.edu.tw/~04170121/myga (1).html
	The full website URL (e.g. `https://www.example.com`)
* Campaign Source	QR-Code投放
	The referrer: (e.g. `google` , `newsletter`)
Campaign Medium	
	Marketing medium: (e.g. `cpc` , `banner` , `email`)
Campaign Name	練習網頁
	Product, promo code, or slogan (e.g. `spring_sale`)
Campaign Term	
	Identify the paid keywords
Campaign Content	示範QR-Code掃描分析
	Use to differentiate ads

圖 10-23 Google 網址產生器 (1)

中紅色框線處的「Website URL」(網站網址) 為必要輸入欄位，指的就是 QR-
Code 一經掃描後所引導使用者抵達之目的網頁，本例輸入 http://myweb.scu.
edu.tw/~04170121/myga (1).html。至於在綠色框線處的「Campaign Source」(活
動來源) 同樣是必要輸入欄位，所指為 QR-Code 投放或張貼的場域，由於本例
並非真實投放 QR-Code，故僅輸入「QR-Code 投放」字樣代替。藍色框線與
紫色框線都是屬於非必要輸入欄位，若欲輸入的話，其各自的欄位意義分別是
「Campaign Name」(活動名稱) 與「Campaign Content」(活動內容)，本例分別
輸入「練習網頁」以及「示範 QR-Code 掃描分析」。

　　完成以上欄位輸入之後，若將畫面往下移動，可以看見如圖 10-24 紅色框
線處的產生網址，雖然如同亂碼一般，但其實該網址已經附帶了追蹤參數。現

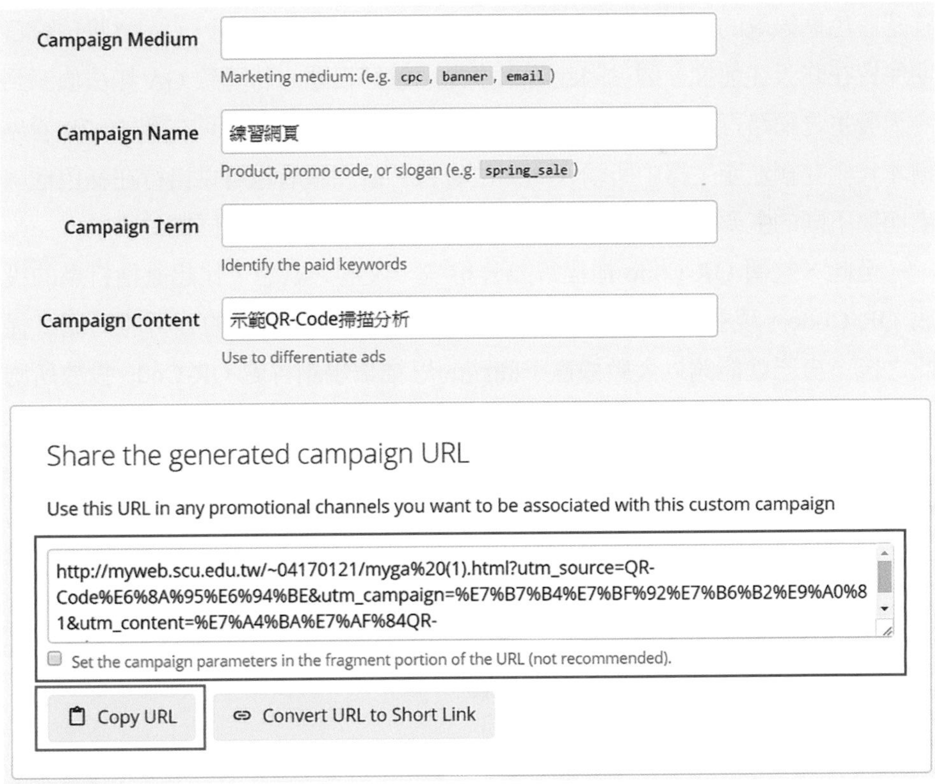

圖 10-24 Google 網址產生器 (2)

在請大家點擊藍色框線處的「Copy URL」(複製網址) 按鈕後，在網路上任意選擇一個 QR-Code 產生器，例如：http://qr.calm9.com/tw/，並且將剛才所複製的網址貼上至圖 10-25 藍色箭頭欄位後，再點擊紅色框線處的「產生條碼」按鈕，如此便能夠在綠色框線處看見製作好的 QR-Code 圖樣。

現在就讓我們來驗證所謂的 QR-Code 掃描行為分析，請大家再一次的將自己在第三篇完成的 GA 即時報表開啟 (如圖 7-44)，並請觀察在掃描 QR-Code 之前，大家會發現當下即時報表所顯示的「活躍使用者」人數為 0，一旦自己拿起手機掃描圖 10-25 綠色框線處的 QR-Code，並且開啟頁面後，即可在圖 10-26 紅色箭頭處發現偵測到 1 筆以行動裝置進入網頁的流量。除此之外，讀者還可以將報表切換至「客戶開發」→「廣告活動」→「所有廣告活動」(如圖 10-27 紅色框線) 來觀看更多詳細的 QR-Code 掃描行為報表。請注意！務必確認藍色框線處的日期包含自己掃描 QR-Code 所發生之日期，GA 會將預設日期保持在昨天往前推一週，因此若未事先調整好日期，將導致 GA 無法偵測到今天發生之網路行為。一切就緒之後，將畫面往下移動，即可在圖 10-28 看見剛才我們在網址產生器中所輸入的欄位資料，當然讀者也可以自行在紅色框線處切換不同的主要維度，以便觀看網址產生器中所輸入的不同欄位資料。

至此，整個 QR-Code 掃描行為分析告一段落。試想，比起亂槍打鳥的投放 QR-Code，現在自己是否已經具備 QR-Code 掃描行為的分析能力呢？從此之後，自己就能夠以大數據電子商務的思維來規劃各處 QR-Code 投放所應

圖 10-25 QR-Code 產生器

圖 10-26 QR-Code 掃描行為流量偵測 (1)

圖 10-27 QR-Code 掃描行為流量偵測 (2)

埋入的追蹤參數，也就能夠有效辨別該次 QR-Code 掃描係來自哪一個投放場域。

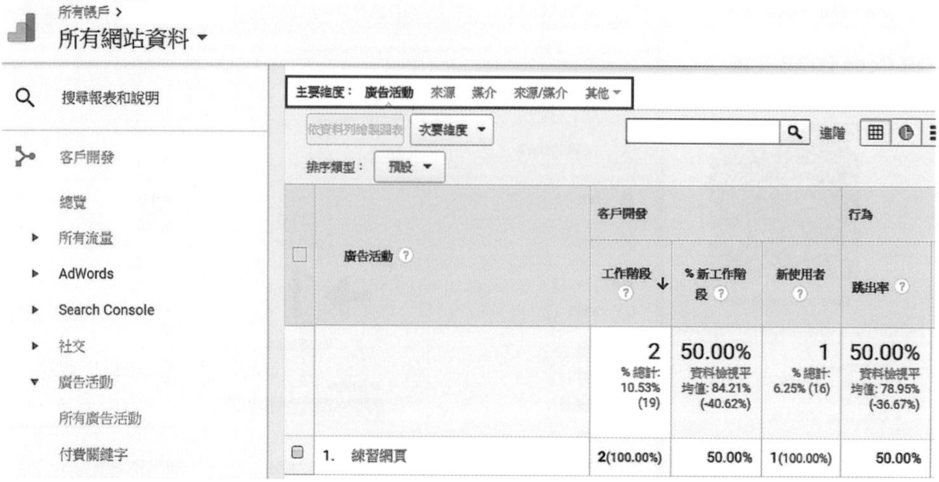

圖 10-28 QR-Code 掃描行為流量偵測 (3)

Chapter 11

主動式擴增實境

　　透過掃描動作獲取所需的資訊，除了上述常見的 QR-Code 掃碼方式之外，還有許多相似的掃描作為。在這一章節中，筆者要與大家分享近期頗為流行的物體式掃描 (object scanning)，也就是擴增實境 (Augmented Reality, AR)。所謂擴增實境指的是能夠將實體世界的事物與螢幕上頭的虛擬世界事物相結合，讓使用者即使處於虛擬環境，也能夠體會身歷其境之臨場感。自 2016 年起，許多市調機構皆不約而同的預測在未來幾年內，擴增實境市場規模及其應用層面將會呈現指數性成長，這也是為何筆者在介紹完 QR-Code 掃描後，緊接著介紹擴增實境之主因，期盼大家所學皆能夠符合最新趨勢。

　　本例以 Android (安卓) 手機做為示範，但即使是 iPhone 手機的操作方式也大同小異。首先，請大家自 Google Play 中下載 Aurasma[1] APP (如圖 11-1) 並且安裝它，安裝完畢之後，讀者可點擊綠色的「開啟」按鈕，便可在自己手機畫面中看見如圖 11-2，此時請大家依照紅色框線處的分頁提示，一直將畫面往左滑動直到看見圖 11-3 登入畫面為止。由於我們是第一次使用這個 APP，因此請大家先點擊藍色箭頭處的「SIGN UP」註冊按鈕，如此便能將手機畫面切換至圖 11-4 註冊資料輸入畫面。請接著在紅色框線處輸入自己所欲註冊的帳號密碼，至於 Email 則是非必要輸入選項，一切完成後請點擊紫色的「JOIN」按鈕，日後再次登入時，即可以剛才註冊的帳號與密碼來登入。

　　完成上述註冊步驟後，讀者會在自己手機上看見圖 11-5 畫面，此眾多飛球動態畫面即為當我們製作好擴增實境掃描標的物之後的掃描畫面，類似我們在使用掃描軟體來掃描 QR-Code 一般。現在就請點擊紅色箭頭處的圖示以便將手機畫面切換至圖 11-6 探索功能畫面。在此畫面中，大家可以看見由各行各業經營者或是獨立使用者所製作完成的 AR 圖案，只要能夠透過自己手機掃描相同圖案，就可以到處發送嵌入在圖案內的 AR 動畫。不過，我們的目的是製作自己專屬的 AR 圖案，因此請大家點擊紅色框線處的「＋」按鈕，點擊完成後，讀者會被引導至圖 11-7 畫面。為了要能夠新增自己專屬的 AR 動畫，請大家點擊畫面右上角的「＋」按鈕並且接著點擊藍色框線中的「Camera」

1　Aurasma 是由一家國外專門從事影像製作公司所研發的產品，該產品具備自製擴增實境影像功能。

圖 11-1 Aurasma 擴增實境 (1)

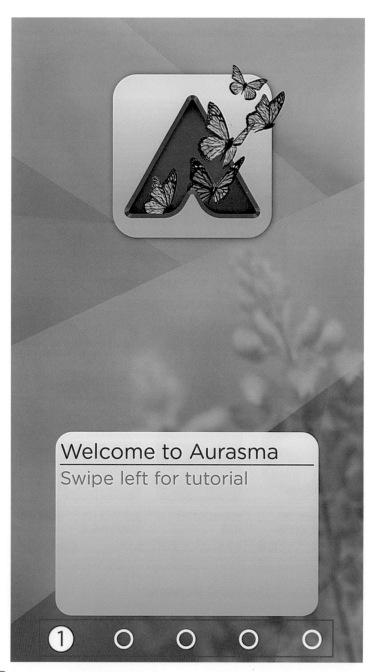

圖 11-2 Aurasma 擴增實境 (2)

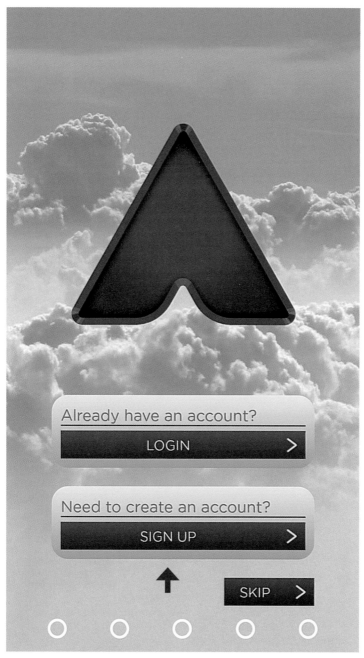

354

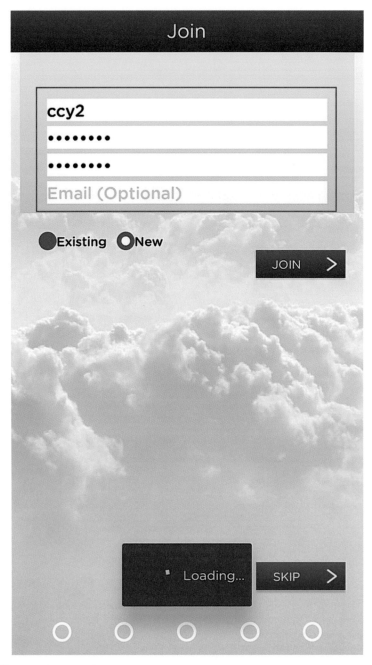

圖 11-4　Aurasma 擴增實境 (4)

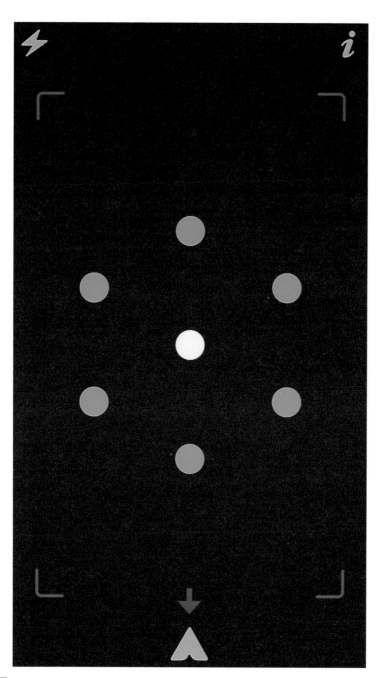

圖 11-5 Aurasma 擴增實境 (5)

圖 11-6　Aurasma 擴增實境 (6)

按鈕。此時該 APP 會將自己手機的攝影模式開啟，請大家隨意拍攝任意場景或是在拍攝之前，事先構思所欲拍攝的動畫內容與掃描標的物之關聯性。本例筆者以前行政院院長張善政 (現任東吳大學巨量資料管理學院榮譽院長) 介紹大數據影片做為拍攝標的。請注意！由於 Aurasma 是免費 APP，因此在影片拍攝長度上有所限制，請盡可能縮短影片拍攝時長。拍攝完畢之後，請在圖 11-8 欄位中給予影片名稱並且點擊「FINISH」按鈕，如此 APP 就會將自己拍攝好的影片上傳，此時需等待一定時間才能完成上傳動作。

　　完成拍攝影片上傳之後會看見圖 11-9 畫面，這個畫面存放所有自己所拍攝的畫面列表 (如紅色框線處)，每當完成影片上傳，該 APP 皆會詢問是否順道製作拍攝標的 (如藍色框線處)，此時請大家點擊「Yes」按鈕，以便將手機畫面切換至圖 11-10 狀態。此狀態用意在於讓我們拍攝掃描標的物，而此掃描標的物必須是恆常不變之任何物體，若物體形態改變，將會導致日後掃描辨識率不佳，甚至無法掃描成功。

　　本例筆者以自己任職單位名片做為掃描標的物拍攝，拍攝時請大家依照紅色框線處範圍對準拍攝對象，同時也請注意藍色框線處的色譜，當色譜愈往綠色區塊靠近時，表示攝影成像效果佳有助於日後掃描辨識率之提升，反之若色譜愈往紅色區塊靠近，則表示成像效果不良，若以不良效果製作掃描標的物，將會嚴重影響日後 AR 運作時的掃描辨識率，一切就緒之後，請大家點擊「相機圖示」按鈕以完成拍攝步驟。

　　完成拍攝之後，手機畫面會呈現圖 11-11 狀態。此狀態表示 APP 正在協助大家把掃描標的物與影片進行合成，合成完畢後即可看見圖 11-12 畫面，此時大家可以依照自身需求來調整疊合在掃描標的物上的影片大小與方向 (如紅色框線處)，完成後即可點擊藍色框線處的「箭頭圖示」按鈕，此時手機畫面會切換至圖 11-13 狀態。

　　這個狀態主要是讓大家在 Aurasma APP 上開關自己的 channel，因此請確認在紅色框線處的「Add to a channel」核取選項停留在「Yes」。至於在紅色框線處空白欄位則是讓我們替新增的 channel 命名，本例輸入「for book」。此外，在紅色框線中，我們還可以看見「PRIVATE」與「PUBLIC」按鈕，用

圖 11-7 Aurasma 擴增實境 (7)

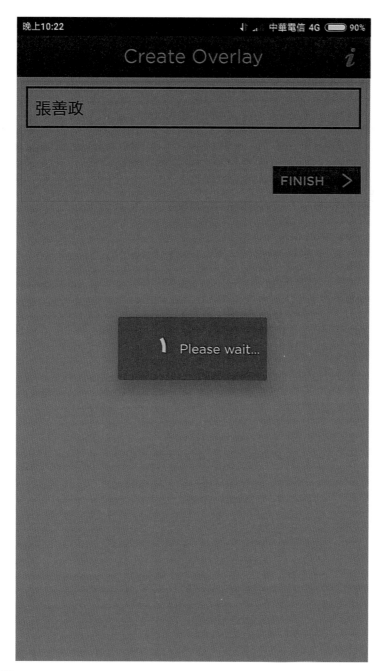

圖 11-8 Aurasma 擴增實境 (8)

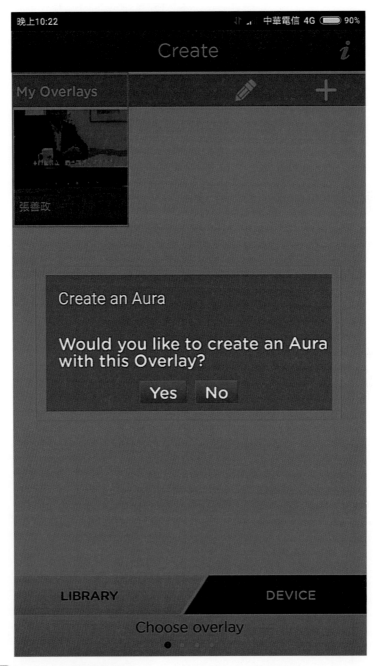

圖 11-9 Aurasma 擴增實境 (9)

圖 11-10　Aurasma 擴增實境 (10)

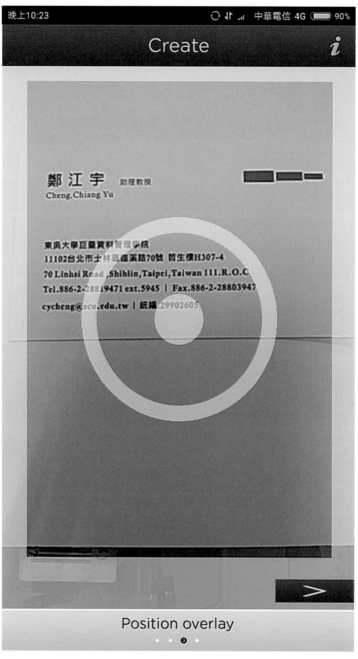

圖 11-11　Aurasma 擴增實境 (11)

圖 11-12 Aurasma 擴增實境 (12)

圖 11-13 Aurasma 擴增實境 (13)

意在於決定將自己所上傳的內容設定為私有或公開，若設定為公開，則任何 Aurasma 使用者皆可看見自己製作的 AR 內容，一切設定完成後，請點擊藍色框線處的「FINISH」按鈕。

至此，整個 AR 內容製作告一段落，接下來我們就可以試著掃描自己精心製作的擴增實境。以圖 11-14 為例，當筆者手拿自己名片掃描後，手機畫面即

圖 11-14 Aurasma 擴增實境 (14)

會跳出由張善政院長主講的大數據簡介影片，表示該張名片係與先前所拍攝的影片有所對應。若讀者找不到圖 11-5 的掃描畫面，可由圖 11-6 藍色框線處按鈕進入。

那麼除了自己可以體驗擴增實境之外，其他人是否也可以使用自己所製作的擴增實境呢？答案是可以的！日後只要有其他使用者也安裝 Aurasma APP，並且手頭上擁有筆者名片，只要將手機對著名片掃描，同樣也可以看見張院長對於大數據的介紹影片。試想，以上這個情境還能用在什麼場域呢？以本書的大數據電子商務主軸為例，或許我們可以將商品的推銷廣告、使用說明等影片製作成擴增實境，消費者只要對著電腦螢幕上的商品圖案掃描，在他們的手機上就能夠立即出現對應影片，這麼一來，就能夠有效降低消費者在網路上無法接觸到實體商品的不安全感，亦能夠提升消費者對於商品的了解，進而促使他們實際訂購商品。當然大數據電子商務經營者更可以在 AR 影片中嵌入流量分析追蹤碼，只要消費者掃描 AR 標的物，任何掃描動作、影片觀賞等互動行為，皆能夠被有效的捕捉與掌握，如此經營者便能夠以數據探尋出真實商機。

截至目前為止，我們介紹了兩種掃描方式，分別是常見的 QR-Code 掃描以及較新穎的 AR 擴增實境掃描，而這兩種掃描方式成功延攬顧客的關鍵要素在於使用者必須「主動」拿起行動裝置來從事掃描動作，但若他們對於掃描動作感到興趣缺缺時，任何依附在掃描標的物中的內容將形同虛設，也就等同於宣告顧客延攬失敗。所幸拜資訊科技進步快速所賜，上述的掃碼動作已由過去「主動式掃描」演變至「被動式掃描」，也就是說大數據電子商務經營者不再需要汲汲營營的盼望著顧客掃描他們所準備的掃描標的物，只要顧客來到他們所預設的收訊範圍，那麼所欲傳遞的訊息將能夠自動的呈現在顧客行動裝置上。沒錯！接下來筆者將為大家介紹更為新穎的非主動式掃描技術，請大家趕緊一同來實作。

Chapter 12

非主動式
超聲波互動

聲波是一個普遍存在於大自然中的能量，而聲波又可以區分為一般聲波，以及人耳無法聽見的超聲波。在多數情況下，人類只能聽見最低 20Hz 到最高 20,000Hz 頻率範圍內的聲波，而這個現象又會隨著生物本能不同，有所差異。以圖 12-1 為例，人類忠實的夥伴，「狗」可聽見 50Hz～50,000Hz 頻率範圍內的聲波，而蝙蝠更可以感知到最低 10Hz 到最高 100,000Hz 範圍內的聲波。

雖說超過 20,000Hz 的聲音人耳無法聽見，但它卻實際存在於大自然之中，因此若將超聲波拿來應用，將能夠以不打擾人類為前提，而落實聲波傳送之目的。舉個在智慧型手機上常見的例子，大多數人在使用 LINE 通訊軟體時，每當想要加入對方好友，要不是透過輸入對方帳號方式，就是掃描對方 QR-Code 方式來達成目的。然而 LINE 其實有提供超聲波資料傳輸功能[1] (如圖 12-2 紅色箭頭處)，只要將兩台手機相互接近，加好友方手機就會傳出一段含有個人帳號的超聲波，此時被加好友方的手機即會接受到此段超聲波，藉此取代輸入對方帳號或是掃描對方 QR-Code 的兩種加入好友方式。

若大家按照以上方式來加入 LINE 好友，試著回想一下，在整個加入好友過程中，是否聽見任何聲音訊號？答案勢必是否定的，主要原因在於人類無法聽見超聲波。因此，類似應用常被拿來用在許多「親臨現場情境」，例如：某觀光客進到一間博物館參觀，在參觀過程中，每次在一個展品前駐足，該位參

物種	音頻範圍
人	20Hz～20,000Hz
狗	50Hz～50,000Hz
貓	100Hz～65,000Hz
海豚	2,000Hz～100,000Hz
蝙蝠	10Hz～100,000Hz

圖 12-1　各物種可聽見聲波頻率

1　並非每一種手機皆支援超聲波應用，請讀者自行尋找可支援此功能之手機。

圖 12-2 LINE 超聲波應用

訪者的手機就會接收到該展品的典故介紹，這一切所倚賴的，同樣是超聲波應用。超聲波被動式掃描讓使用者不需主動拿起手機掃描標的物，故訊息傳遞者也不再需要汲汲營營的盼望使用者們的主動掃描意願。這是博物館導覽的應用情境，那麼在大數據電子商務的應用情境又是如何呢？讓我們先來看一個反例，再從這個反例來推敲可能的電商應用情境。

假設現有一電視頻道業者在頻道上播放著一齣連續劇，並且讓戲劇播放的同時，在畫面一角跳出 QR-Code 廣告圖樣，期盼觀眾在收看連續劇之餘，也

會注意到廣告，進而拿出手機掃描廣告上的 QR-Code。既然這是一個反例，就表示多數觀眾並不會注意到所跳出的廣告圖樣，就算有看到廣告，也有很大的可能性會忽略它。那麼觀眾忽略此種廣告投放方式的可能原因會是什麼呢？或許是廣告內容不契合觀眾需求、抑或是觀眾的注意力正聚焦在戲劇內容上。

若這兩種原因確實是影響觀眾掃描 QR-Code 廣告意願的肇因，那麼有何方式可以改善這種情況呢？試想，若以上述情境來說，如果觀眾所看到的廣告內容與其正在觀賞戲劇內容相契合的話，是否就能夠增加廣告吸引力呢？沒錯！這就是著名的「選擇性注意」(selective attention) 現象[2]。也就是說，觀眾並非沒有看見廣告，而是他們在那樣的情境下，更偏好將注意力擺放在戲劇內容上，因此不論廣告業者再怎麼絞盡腦汁的試圖吸引觀眾目光，皆可能無法奏效。

國內知名業者紅陽科技股份有限公司日前推出新型態的超聲波應用於電子商務上，透過影片中所夾帶的超聲波，既能夠在不打擾消費者的前提之下又達到銷售方案推播之目的。也就是說，超聲波應用就是能夠拿來彌補上述情境中兩項缺憾的超級利器。現在就讓我們一起透過實作方式來體會這最新型態的大數據電子商務之定位技術 (positioning technology)。

首先請大家至 Google Play 或 App Store 下載並安裝聲聯網 APP (如圖 12-3)，開啟 APP 之後會看見圖 12-4 超音波接收畫面。此時請確定自己 APP 是停留在紅色框線處的「接收」頁面，接著請大家透過桌上型電腦的瀏覽器進入超聲波影片展示頁面 (http://www.soundnet168.com/#portfoli)，如圖 12-5。

現在請大家點擊紅色框線中的影片播放按鈕，並且約略在影片播放至 10 秒左右，觀察自己手機上的變化。當「來自星星的你」影片播放至女主角拿起一雙高跟鞋時，自己手機畫面即會接收到一段人耳聽不見的超聲波資料，進而在手機畫面上出現對應影片內容的商品販售資訊 (如圖 12-6)，大家是否嚇一跳了呢？這就是新型態超聲波電商的強大對應功能。試想，若自己是一位極愛這位女主角的死忠粉絲，在觀賞偶像畫面同時又能夠在自己手機上購買與偶像一

---

2 Näätänen, R., Gaillard, A. W., & Mäntysalo, S. (1978). Early selective-attention effect on evoked potential reinterpreted. *Acta psychologica*, 42(4), 313-329.

Soundnet聲聯網
SunTech Co., Ltd.
3+

| 解除安裝 | 開啟 |

1,000　　3.8　　　🏠　　　📖
下載次數　　8👤　　生活品味　　類似內容

Soundnet聲聯網讓您獲得即時的商品介紹購買
與景點導覽資訊

❄ 新功能
1.修正接收聲波開啟模式，改為直接開啟
2.新增網頁對html5的相容性

 圖 12-3 聲聯網 APP 下載與使用 (1)

圖 12-4　聲聯網 APP 下載與使用 (2)

圖 12-5　超聲波影片

模一樣的衣服鞋子，是不是對自己有很大的吸引力呢？讀者不妨再試著點擊其他影片，並且觀察自己手機頁面上的變化。值得注意的是，超聲波影片的發送與手機對應無法透過 YouTube 進行，因此若自己打算保留已嵌入超聲波的影片，可在業者所提供的展示區將影片下載後保存。

　　由於超聲波影片嵌入涉及許多跨領域知識以及程式設計技巧，在此筆者不打算傳授嵌入方式，但讀者倒是可以思考看看在大數據電子商務情境下，還有哪些應用是可以透過類似這種定位技術來達成的，而這項技術比起前兩節所提到的「主動式掃描」更為「被動」。換句話說，應用此技術之業者並不需要拜託或懇求消費者主動掃描，每當消費者進入或接觸到業者所預設的場域時，內嵌資料的超聲波就能夠立刻派上用場，而這樣的對應能力往往令消費者感到驚奇之餘又倍感貼心，因為業者知道消費者要的是什麼，藉此落實定位科技的個人化銷售目標，畢竟定位科技是能夠被應用在室內與室外環境，也就是 Indoor Positioning System (IPS) 或 Outdoor Positioning System (OPS)。

圖 12-6 超聲波影片對應購買畫面

根據 VansonBourne[3] 機構 2016 年調查報告指出，在已經採用 IPS 的各家業者中，約有 82% 業者將 IPS 用在近場行銷 (proximity marketing)，而其中有 55% 業者認為將 IPS 用在近場行銷能夠讓他們吸引更多顧客與銷售 (如圖 12-7)。由此可知，大數據電子商務已由過去的傳統網路銷售轉變至任何連網銷售，而超聲波就是一種另類的連網銷售技術，並且能夠挾其不干涉消費者之優勢，在無形間傳遞商業意圖給消費者。

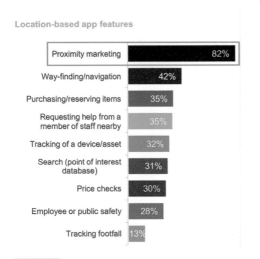

圖 12-7 IPS 市場調查報告 (資料來源：VansonBourne (2016))

3　http://www.indooratlas.com/wp-content/uploads/2016/09/A-2016-Global-Research-Report-On-The-Indoor-Positioning-Market.pdf

5

大數據電子商務之善用情報資料視覺化與人工智慧

國際貿易一直以來扮演著世界經濟運作的重要角色，人們把商品出口到另一國度或是從他國將商品輸入至國內，這一來一往之間造就許多商貿活動。然而自從電子商務興起之後，許多貿易活動已由過往實體交易轉變成線上交易，其中扮演買賣雙方撮合角色的交易平台更是功不可沒。學者 Xue 等人亦在其 2016 年研究論文指出[1]，「傳統國際貿易」與「電商國際貿易」兩者最大差異在於它們彼此之間是否橋接著跨境電商服務平台 (Cross-border e-Commer service platform)，以便協助買賣雙方處理金流、物流、保險、法規等促成交易所需經歷的必要環節 (如圖 13-1)。

扮演類似撮合角色的電商平台不勝枚舉，在歐美較為知名的平台非亞馬遜 (Amazon) 莫屬，至於在亞洲則以阿里巴巴 (Business-to-Business, B2B) 或是淘寶 (Business-to-Customer, B2C) 最享譽盛名。以 2017 年阿里巴巴集團所舉辦的天貓雙十一購物狂歡節為例，僅 11 月 11 日當天，該平台就締造了 1,682 億元人民幣的驚人銷售額[2]，其中跨境電商更是扮演功不可沒的重要貢獻者。根據中國商務部「中國對外貿易形式 2017 年秋季報告[3]」得知，跨境電商的出口交易額為 2.75 萬億人民幣，占整體 3.6 萬億交易額的 76.3%，這份報告除了顯示出口份額大於進口份額之外，也凸顯跨境出口交易在電子商務上占有重要的一席之地，當然這一切都必須仰賴上述所提到的電商買賣撮合平台。

約莫自 2013 年起，有愈來愈多的台商「赴境外」從事貿易活動，此處的赴境外並非實際前往國外做生意，反而是透過電商買賣撮合平台之力來讓自己商品能夠在全世界買家面前呈現，因此我們稱這種赴境外從事線上貿易活動的台商為「新台商」，其中又以西進淘寶平台的新台商為眾。這些新台商無非是覬覦淘寶的龐大市場 (淘寶約有 5 億用戶、8 億件商品、7 千萬個大小賣家)，因此紛紛往西方去取經，期盼能夠盡速在電商買賣撮合平台上將商品變現。

然而即便是有龐大的市場規模，近年來也紛紛傳出新台商獲利不如預期的

---

1 Xue, W., Li, D., & Pei, Y. (2016). The Development and Current of Cross-border E-commerce Development.

2 http://www.chinatimes.com/realtimenews/20171112000039-260409

3 http://zhs.mofcom.gov.cn/article/cbw/201711/20171102666142.shtml

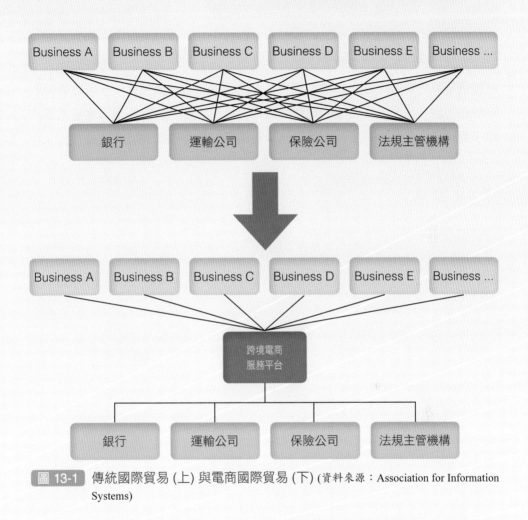

圖 13-1 傳統國際貿易 (上) 與電商國際貿易 (下) *(資料來源：Association for Information Systems)*

消息，主要原因在於淘寶平台上已經發生了所謂的 80/20 現象，即 80% 訂單都被前 20% 的賣家掌握著，其餘 80% 賣家僅能瓜分剩餘的 20% 訂單[4]，再加上許多利潤被跨境交易稅額、平台服務費或是競爭者高度模仿等因素侵蝕，導致許多新台商最終只能黯然退出市場。因此到底要如何才能夠在跨境電商市場上搶得先機呢？大數據向來是電子商務的重要良伴，倘若在高度競爭市場中少了大數據之協助，那麼就如同瞎子摸象一般，只從自身主觀視野來猜測市場變

---

4 https://news.tvbs.com.tw/world/210018

化，卻無法以客觀且有依據的視野來洞察市場。

　　本篇以跨境電商這個新興運動做為破題，隨後引領大家以大數據思維來理解跨境電商的智能化運作方式，其中包含跨境電商情報數據探索、繁雜數據的視覺化呈現，以及人工智慧的電商客服趨勢等，這些內容能夠讓讀者在大數據電子商務技能上更為扎實，即使是已涉足電商的業者也能夠有所收穫。

Chapter 13

跨境電商情報
探查利器

要將商品或服務販售至自己所不熟悉的國度，勢必得注意到許多差異 (如文化、政治、經濟等差異)，這個概念其實非常直觀，像是日本人婚宴慣用白色、台灣人婚宴則喜歡紅色。因此我們要如何在自己國度內，不用出國就可以得知商品輸出國的各項差異呢？當然許多人遇到這個問題的第一時間，都會想到上網查一下就行了，然而自己所欲查詢的資料勢必分散在茫茫網海之中，若所使用的查詢關鍵字不夠周延，那麼很有可能自己所查詢到的線索只是冰山一角。因此最好的做法就是能夠有一個整合性平台，透過非常針對性的角度回應我們的查詢需求。現在假設你我都是打算西進對岸的新台商，我們可以透過「阿里指數」來輕易獲得從事跨境電商所需的重要商情。

阿里指數是由阿里巴巴集團於 2012 年所推出的阿里數據旗下的電商脈動探查平台 (如圖 13-2)，其中在紅色框線處可以看見「區域指數」與「行業指數」，若欲使用此兩大功能，則必須事先註冊阿里巴巴旗下任一款服務的帳號，隨後才能從綠色箭頭處「登錄」使用。

圖 13-2　阿里指數 (資料來源：https://alizs.taobao.com)

　　或許有些人會認為阿里指數所提供的數據是否具有代表性呢？也就是說，為何其所呈現的數據是值得我們參考呢？這些問題答案是肯定的，如果以壟斷二字來形容阿里巴巴在企業銷售管道的占有率，一點也不為過，畢竟幾乎大大小小的企業都已在阿里巴巴或淘寶銷售平台上註冊了帳號，因此阿里指數可被視為上證指數或是深證指數一般，如實的反應股市行情或電子商務市場風向。

　　以圖 13-2 紅色框線處的「區域指數」為例，點擊後可看見圖 13-3 預設的「貿易往來」畫面，在綠色框線處所標示的漸層色塊代表過去一週各省的交易熱度，顏色愈深，表示交易情況愈熱絡。在紅色箭頭處的下拉式選單可切換分析標的之主要省份，以海南省為例，在紅色框線處所看見的色球即表示該省份過去一週內的熱門交易項目，其中銷售最佳的是國內門票，其次依序是旅遊婚紗攝影、酒店客棧、新鮮水果、接送車票、糖果零食、餅乾、服飾箱制定、天然粉食品、蜜餞等。

　　光是以上這些線索就足以扮演跨境電商業者的指引信號，試想為何熱門項目大都是與觀光旅遊有關呢？答案不外乎是海南省實為旅遊重點省份，因此舉

圖 13-3 阿里區域指數 (1)

凡門票、飯店、接送、甚至是婚紗攝影，都與美麗的海南省有關。再者，由於海南省位處南端，熱帶水果更是頗具盛名，這也是為何所歸納出的熱賣項目有新鮮水果與蜜餞。綜合這些線索，若打算從台灣輸出商品至海南省，聰明的業者一定不會再以蜜餞或是熱帶水果做為主要輸出項目，否則豈不是又再次跳進高度競爭的市場了嗎？

　　其實我們大可不用透過猜測或推論方式來模擬可能的情況，在圖 13-4 紅色框線處可以選定次要對比省份，甚至還可以透過雙向箭頭處任意切換商品輸出地與輸入地。本例將商品「輸出」地設定為海南、「輸入」地設定成台灣，就可以得知過去一週內，具體從海南賣出到台灣的前十大熱銷商品。以藍色框線處為例，第一名輸入到台灣的熱銷商品即是「新鮮水果」，這個線索是否與上述我們所推論的不宜將水果從台灣輸出至海南不謀而合呢？當然如果自己不放心到目前為止所探得的線索，亦可透過雙向箭頭將「輸出」地設定為台灣、「輸入」地設定成海南，藉此來得知過去一週內具體從台灣賣出到海南的前十大熱銷商品 (如圖 13-5)。

　　從藍色框線中可知，台灣銷往海南的熱銷商品第一名是烏龍茶，其次依序

圖 13-4　阿里區域指數 (2)

圖 13-5 阿里區域指數 (3)

為營養食品、面膜、核桃、板鞋／休閒鞋、杯子、連身裙、農業資材、跑步鞋、進口原版書等。看見了嗎？確實沒有任何台灣水果銷往盛產水果的海南，倒是有不少農業資材的銷售地來自於台灣。這表示有意從事跨境電商業者可以透過間接業態對應商品來做為切入點，如此便可避免誤入高度競爭的同質市場。透過以上多項數據的交叉驗證，相信各位讀者已經感受到跨境電商情報數據探查之重要性，也相信因為此舉，會增進不少決策信心。

除了上述的「貿易往來」線索之外，「熱門類目」也是一個極具線索豐富度的分析項目 (如圖 13-6 紅色框線處)。例如：從紅色箭頭處的「熱買」中可以探索出過去一週內，廣東省的前十名熱門購買品項 (綠色框線處可調整省份)，其中第一名熱買項目為手機，其次依序為燈具燈飾、沙發類、毛呢外套、連身裙、手機配件、床類、褲子、靴子、毛衣。

至於在熱賣 (賣的人多) 品項方面 (如圖 13-7)，第一名熱賣項目依舊為手機，其次依序為燈具燈飾、手機配件、沙發類、連身裙、床類、褲子、靴子、睡衣／家居服套裝、毛呢外套。從以上熱買與熱賣分析結果，我們可以歸納出

阿里指数 beta	区域指数	行业指数			你好, misccy 退出 关于我们

| 贸易往来 | 热门类目 | 搜索词排行 | 买家概况 | 卖家概况 | | 广东省 ▾ | 最近7天 (2017.12.28~2018.01.03) ▾ |

热门类目 ⓘ   热买   热卖

广东省分布图

类目排行榜

排名	类目	交易指数	热买地区
1	手机	1,516,980	广州
2	灯具灯饰	944,619	广州
3	沙发类	890,465	广州
4	毛呢外套	886,379	广州
5	连衣裙	860,677	广州
6	手机配件	843,041	深圳
7	床类	811,088	广州
8	裤子	793,650	广州
9	靴子	717,709	广州
10	毛衣	707,647	广州

圖 13-6 阿里區域指數 (4)

阿里指数 beta	区域指数	行业指数			你好, misccy 退出 关于我们

| 贸易往来 | 热门类目 | 搜索词排行 | 买家概况 | 卖家概况 | | 广东省 ▾ | 最近7天 (2017.12.28~2018.01.03) ▾ |

热门类目 ⓘ   热买   热卖

广东省分布图

类目排行榜

排名	类目	交易指数	热卖地区
1	手机	2,728,090	深圳
2	灯具灯饰	2,138,183	中山
3	手机配件	1,982,282	深圳
4	沙发类	1,817,009	佛山
5	连衣裙	1,627,113	广州
6	床类	1,496,846	佛山
7	裤子	1,305,794	广州
8	靴子	1,248,361	惠州
9	睡衣/家居服套装	1,191,041	揭阳
10	毛呢外套	1,189,936	广州

圖 13-7 阿里區域指數 (5)

如圖 13-8 買賣雙方市場價值矩陣。

　　所謂買賣雙方市場價值矩陣是指透過「買方市場軸線」與「賣方市場軸線」所交織出的價值矩陣，此矩陣包含四個象限，分別是殺破頭市場 (買方市場高／賣方市場高)、高價值市場 (買方市場高／賣方市場低)、宜觀望市場 (買方市場低／賣方市場高)，以及待開拓市場 (買方市場低／賣方市場低)。

	買方市場 (高)	買方市場 (低)
賣方市場 (高)	殺破頭市場	宜觀望市場
賣方市場 (低)	高價值市場	待開拓市場

圖 13-8　買賣雙方市場價值矩陣

殺破頭市場

　　殺破頭市場，顧名思義指的是在一個高度競爭市場中所慣用的降價銷售手法。若以圖 13-6、13-7 來檢視，手機這個熱門品項不論是在買方市場或是在賣方市場中，皆呈現第一名熱度。白話的說，就是賣的人多、買的人也多，在此情況下所銷售的商品，通常利潤非常微薄，而手機正是一項利潤不高的商品。若打算從事跨境電商，在這種殺破頭市場下經營，會顯得非常辛苦，畢竟一旦提高售價，消費者便能夠從其他售價較低的賣家處取得相同款式或規格之商品。在殺破頭市場中唯一生存之道便是提高銷售量，以薄利多銷概念來維持營運。然而欲提升銷售量並非件簡單的事，就算是透過各種行銷手法，也必須支出相當成本 (如廣告費)，因此殺破頭市場可謂是榮景中夾雜著危險氛圍。

高價值市場

　　高價值市場指的是雖然買方市場人數眾多，但賣方市場店家數有限，也就是相對而言不那麼競爭的銷售市場。例如：某網路賣家販售的商品幾乎是獨占品項，且該商品的需求量亦非常龐大，因此在供不應求之情況下，賣家便能獲得較高利潤。以圖 13-6、13-7 為例，「毛呢外套」在熱買分析中位居第四名，但在熱賣分析中卻居於第十名，這表示買該類型商品的人比賣該類型商品

的人還要多，因此可想而知，販售該商品的賣家自然能夠分得更高的市場利潤。換句話說，倘若自己打算涉足跨境電商，卻不知道應該販售什麼樣的商品時，想辦法探索出高購買率、低販售率的商品，將能夠確保自己獲得較高利潤。

宜觀望市場

宜觀望市場是指雖然販賣該品項的賣家數非常多，但買的人卻相對稀少，這表示很有可能所販售之商品是處於乏人問津的狀況。以圖 13-6、13-7 為例，在熱賣分析中「睡衣／家居服套裝」位居第九名，但是在熱買分析中卻沒有偵測到任何購買資訊。此現象表明了也許在某些時候，賣家認為所上架之商品勢必能夠獲得消費者青睞，但實際情況卻事與願違。假設自己打算涉足跨境電商，若不小心販售到類似情況品項，等同於將地雷商品上架，最終也僅能摸摸鼻子自我吸收庫存。有鑑於此，若市場呈現出這樣氛圍時，未必表示該商品永遠都不受到消費者認同，但經營者應當採取停、看、聽策略，待風向稍微明確後再行進入市場，否則若被這個情勢困住，後果恐怕會比殺破頭市場還來得糟，也就是連削價競爭機會都沒有。

待開拓市場

待開拓市場就好比是一塊有待開發的重劃區，只要經營者給予適當之關注，那麼它將有機會轉身成為高價值市場。同樣以圖 13-6、13-7 為例，「靴子」這個品項不論是在買方或是賣方市場，其所占的數量皆相對來得少，因此有意以跨境電商方式涉足類似品項之經營者，得以事先進入市場後設法提升消費者的購買需求，如此便能有機會將待開拓市場移轉至高價值市場。相反的，若進入時機過遲，那麼將有可能變成追隨者，跟著其他賣家進入宜觀察市場，屆時所要面對的除了是相對少的購買需求之外，還要面對來自許多競爭對手的挑戰。

介紹完上述的買賣雙方市場價值矩陣之後，接下來阿里指數還提供「搜索詞排行」，如圖 13-9 所示。從搜索詞排行中，我們可以嗅得消費者對於商品

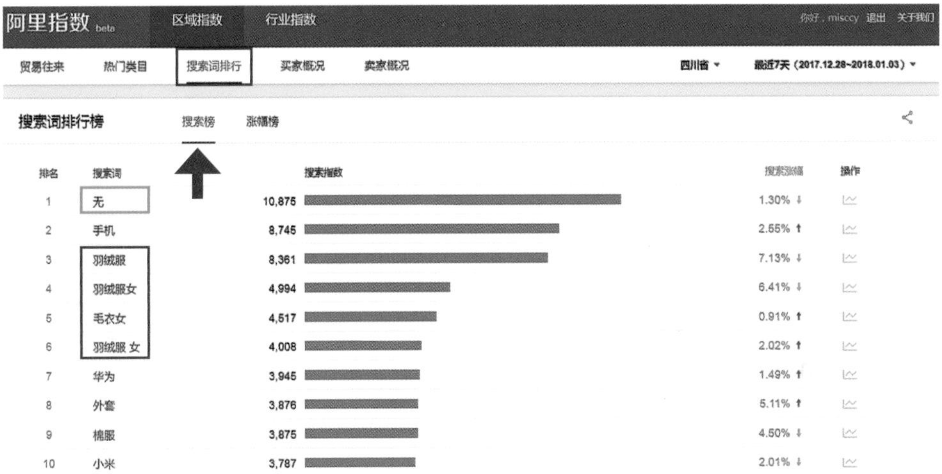

圖 13-9　阿里區域指數 (6)

查詢的使用字詞，也就等同於知悉消費者們對於哪些商品感到興趣。以紅色箭頭處為例，「搜索榜」揭示了消費者搜索詞的查詢熱度排行，其中以「無」為最多消費者查找字詞 (以四川省資料為例)，其次依序為手機、羽絨服、羽絨服女、毛衣女、羽絨服 女、華為、外套、棉服、小米。

　　針對這樣的結果，或許讀者會感到納悶，究竟所謂的「無」是什麼意思呢？若點擊綠色框線處的「無」字，阿里指數便會將畫面切換至淘寶自動搜尋「無」字的查詢結果，原來「無」代表許多意涵，像是無袖衣服、無線耳機、無毒蔬菜等。因此有意涉足跨境電商之業者不妨可多加利用這個搜尋熱度最高的字詞，例如：在商品標題中加入「無」的字樣。

　　除此之外，我們亦可從紅色框線處發現搜尋排名第三至第六名的字詞皆與羽絨有關，探究可能原因在於查詢該字詞日期區間前後正值於寒冷的冬季，因此消費者紛紛購買能夠保暖的羽絨材質服飾。除了上述提到的「搜索榜」之外，阿里指數更提供了「漲幅榜」分析結果 (如圖 13-10)。例如：「打底褲女」是過去一週所偵測到的漲幅最大搜尋字詞，這或許與女性在冬季顧及衣著美觀之餘又必須保暖有關。漲幅字詞所展現出的是在特定日期區間的字詞查詢變化，因此，跨境電商經營者有必要不時觀察這些字詞的熱度改變，或許熱度

圖 13-10 阿里區域指數 (7)

會隨著季節、節慶、事件不同而改變，因此若自己能夠保有商品上架之彈性，想必就更能夠契合消費者詭譎多變之需求。

綜合以上分析項目，雖然以資料詮釋觀點並沒有所謂的對與錯，但至少透過大數據分析，我們可以落實知彼知己、百戰百勝之經營策略，而諸如此類的數據平台著實提供跨境電商經營者非常貼切的情報資訊參考。值得一提的是，以上許多分析報表在解讀上都令人感到清晰明瞭，這部分必須仰賴資料視覺化的妥善呈現。試想，若阿里指數提供我們類似原始資料般的繁雜數據，再厲害的人也難以從未整理的數據中端倪出具價值之線索。因此，下一章我們將學習大數據領域中重要的資料視覺化 (data visualization)，筆者將與各位讀者分享資料視覺化的做法與技巧，而這一切皆有助於我們掌握隱藏在數據內的重要線索。

Chapter 14

大數據資料視覺化呈現

　　大家一定聽過北歐國家芬蘭吧？由於它是一個高緯度國家，每年到了冬天，全國上下最重要的任務就是「保暖」。如果各位認為這裡所說的保暖類似我們在冬天吃吃薑母鴨一般，那就大錯特錯了！以首都赫爾辛基為例，當地政府每到冬天就必須高度關注暖氣供應狀況，畢竟這可關係到居民的日常生活。保暖在芬蘭有如作戰，這對身處亞熱帶的我們實在難以體會。隸屬政府部門的能源監管單位每到冬天就會透過各種資料分析來確保暖氣正常供應，包含氣候資料、燃爐運作資料、燃燒物料成本等，所涉及到的資料種類、來源以及數量實在非常龐雜，早已超越人類所能負荷的極限，也就是所謂資訊超載 (information overload)。

　　為了提升各單位能源監管效能，若能將上述龐雜資料予以統整，並且用人類可以接受的方式來呈現，勢必能夠對能源監管品質有所提升。既然資料呈現對於決策而言非常重要，相同的論點在大數據電子商務領域是否也同樣適用呢？答案是肯定的，也許大家會認為資料呈現充其量僅是一件簡單工作，透過常用的 PowerPoint 或是 Excel，很快就可以製作出許多圖表，但在大數據情境下，資料呈現的任務尚須兼顧到所謂視覺化概念，也就是讓數據說出故事，而非透過面對面的方式來補述數據內涵，這與現場簡報有著偌大差異。

　　受惠於資訊科技與電腦運算能力突飛猛進，取得大量資料之後的視覺化任務已逐漸在大數據電子商務領域形成共識。相信沒有任何一位消費者願意在他們的手機 APP 上看到龐雜的數據呈現，也沒有任何一位雇主希望聘用不具視覺化資料呈現能力的員工，因此本章將以輕鬆且簡單的方式引領大家進入大數據視覺化工具之操作與圖表設計。

　　大數據視覺化工具的種類不勝枚舉，一般而言，可依照操作方式予以區分成「程式碼嵌入式」與「GUI 介面式」。前者指的是數據分析人員必須透過相關程式碼設計來將視覺化圖表呈現，雖操作步驟較為繁雜，但卻富有高度自訂彈性，而後者是指數據分析人員只需要透過簡易的使用者圖形介面 (Graphical User Interface, GUI)，就可以達成視覺化圖表製作之目的，此類型視覺化工具雖然簡單，但卻不具有分析者之自訂彈性。以下即針對這兩大類視覺化工具進行說明。

14.1 程式碼嵌入式

　　程式碼嵌入式的資料視覺化工具種類非常多元，為兼顧學習難易度與樣版多樣性，本例選擇以百度所提供的 ECHARTS 做為示範 (如圖 14-1)。百度是中國最大的搜尋引擎業者，它於旗下眾多產品中推出程式碼嵌入式的視覺化分析工具，讀者可從官方網站 http://echarts.baidu.com/index.html 上取得豐富的說明資料。

　　在此我們以最常見的長條圖當作演示範例，在使用 ECHARTS 過程中，每當涉及到基本網頁製作與網頁上傳伺服器時，大體上的做法會與第 7 章所提到的教學內容一致，因此筆者將不再予以贅述。首先請大家點擊圖 14-2 藍色框線處的「文檔」與「教程」，其後便能看見圖 14-3 畫面。

　　接著請將紅色框線處程式碼複製後，貼到可自己編修程式碼之場域 (如網頁編輯軟體)，並且試著修改藍色箭頭處所指向的綠色單引號字串內容，把它

圖 14-1 百度 ECHARTS 資料視覺化工具

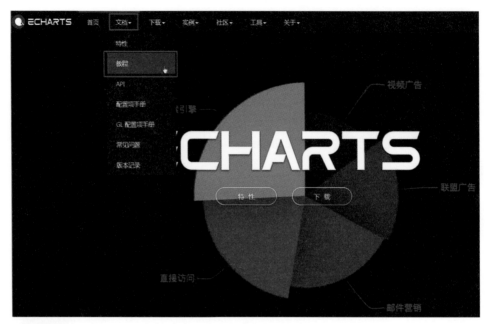

圖 14-2 百度 ECHARTS 資料視覺化工具操作 (1)

們改成自己想要的名稱，例如：將「ECharts入門示例」改成「Echarts 長條圖示範」、將「銷量」修改成「銷售量」，以此類推。若自己有更多的資料種類需求，可在紫色箭頭處新增長條圖的資料項目。請注意！此處的資料項目數必須與紅色箭頭處的資料項目數相吻合，而若打算修改長條圖的顯示高度，則可以修改紅色箭頭處的 data 數值。

當一切大功告成之後，即可將此網頁檔儲存後透過 FTP 上傳至網頁伺服器 (詳如第 7 章)。除了以上步驟之外，ECHARTS 的運作並不會無中生有，我們還必須將 Javascript 的函式庫匯入至網頁檔中，如此 ECHARTS 視覺化特效才得以運作。因此請點擊圖 14-4 紅色框線處的「下載」，其後再點擊藍色框線處的「完整」，以便將 echarts.min.js 檔案取得後上傳至與網頁檔相同的存放位置 (如圖 14-4)。

完成以上步驟後，請至瀏覽器的網址列輸入剛才上傳的網頁檔網址後，便可看見剛才所製作的資料視覺化成果，如圖 14-5 所示。若將滑鼠移動到

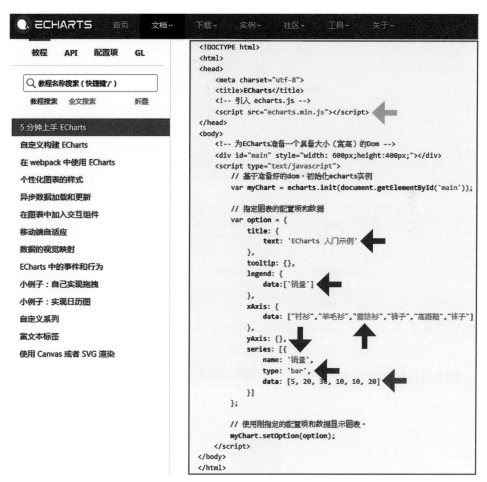

任一長條柱上方，會發現畫面自動浮現出該長條所對應的數值與品項，這種呈現方式也就是視覺化中的重點，即動態資料呈現。請注意！若在資料視覺化網頁中發現所有文字都變成亂碼，那麼請回頭至網頁程式碼處，將 <meta charset="utf-8"> 修改為 <meta charset="big-5">，並且確認瀏覽器的編碼模式是以自動選取或是以繁體中文 (Big5) 的方式來進行網頁內容編碼 (如圖 14-6)。

圖 14-4　百度 ECHARTS 資料視覺化工具操作 (3)

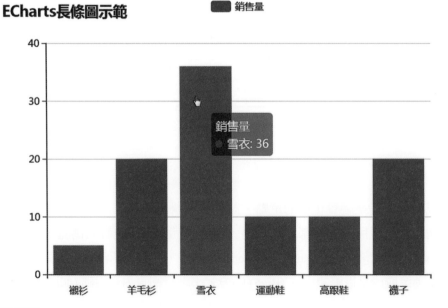

圖 14-5　百度 ECHARTS 資料視覺化工具操作 (4)

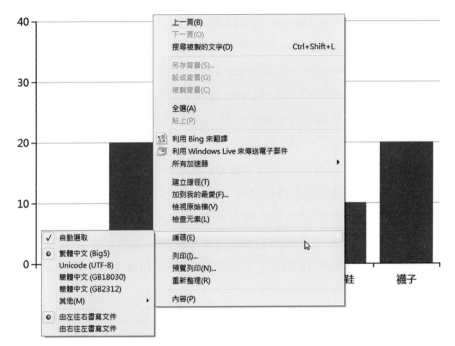

ECharts長條圖示範　　　■ 銷售量

圖 14-6　瀏覽器網頁內容編碼

以上是資料視覺化程式碼嵌入的基礎示範，ECHARTS 是一項功能強大的資料視覺化工具，除了上述的長條圖之外，尚提供許多額外的豐富圖案，讀者若有興趣，可自行至官網參閱使用說明。

14.2　GUI 介面式

GUI 介面式資料視覺化工具也是種類繁多，像是在第 6 章提到的 Power BI 亦可當成資料視覺化用途。不過在此，筆者打算介紹另一個 GUI 視覺化工具，那就是 Google Fusion Tables。為什麼會介紹它呢？除了 GUI 簡單好用的操作介面之外，在許多時候，我們繪製視覺化圖形的原始資料都是以試算表

型態來做為輸入資料，而 Google Fusion Tables 的 Tables 顧名思義，非常適合用來處理試算表資料。而且 Fusion Tables 是由 Google 所推出之產品，因此，能夠與 Google 旗下的 Google Spread Sheet 試算表進行資料的無縫傳遞。圖 14-7 為 Google Fusion Tables 的視覺化製作成果示意，讀者可進入 https://sites.google.com/site/fusiontablestalks/stories 觀看。從圖中我們可以發現各式各樣的資料視覺化圖案，表示 Google Fusion Tables 功能強大自然不在話下。本例將以地理資訊來製作資料視覺化圖案，期許讀者回想起在第 13 章中曾經介紹過的阿里指數地圖視覺化的運作原理。

如同我們所介紹過的，所有 Google 產品都必須以 Gmail 做為登入用帳號，因此請讀者在進行以下操作之前，事先準備好自己的 Gmail 並將其登入。接著請大家在瀏覽器的網址列中輸入 https://support.google.com/fusiontables/answer/2571232，完成後便可看見圖 14-8 畫面。此時請點擊紅色框線處的「CREATE A FUSION TABLE」，即能夠來到圖 14-9 的 Import new table 畫面。

在此我們必須先擱置這個步驟，並且設法找到能夠匯入至 Fusion Tables，的原始資料。礙於商業機密，本書無法提供真實的資料做為視覺化示範，然而

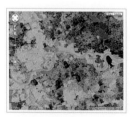

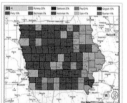

圖 14-7 Google Fusion Tables

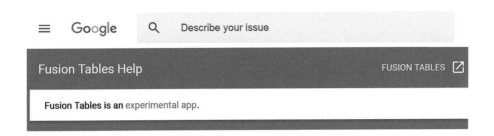

圖 14-8　Google Fusion Tables 資料視覺化工具操作 (1)

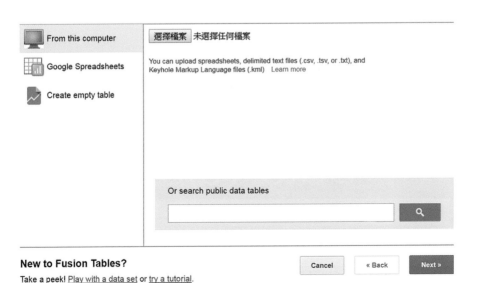

圖 14-9　Google Fusion Tables 資料視覺化工具操作 (2)

我們仍然可以從許多管道取得可用資料。有鑑於此,接下來的示範將以台北市政府所提供的公開資料 (open data) 做為原始匯入資料,待讀者理解地理資訊視覺化運作過程後,可再將自己手頭上所擁有的資料匯入使用。

圖 14-10 為台北市政府公開資料平台,請在紅色框處鍵入「台北市汽車竊盜點位資訊」,如此便能在圖 14-11 中看見查詢結果。

接著請點擊紅色箭頭處的「下載」,以取得「臺北市 10401-10611 汽車竊盜點位資訊 .csv」。

隨後請將畫面切回至剛才擱置的 Google Fusion Tables (GFT) 頁面,並且將所下載的檔案匯入至 GFT (如圖 14-12 紅色框線處),由於 csv 指的是 comma separated values,也就是經由逗號隔開的數值,因此記得將紅色框線處的分隔字元 Separator character 選取成 Comma,完成後便可點擊綠色框線處的「Next」按鈕。

此時各位讀者勢必很納悶,為何自己匯入的資料通通都是亂碼 (如圖 14-13),主要原因在於目前下載並匯入的 csv 檔內容編碼不符合 GFT 所使用的編碼,因此這裡我們得再次將 GFT 畫面擱置,然後進入由 Google 所提供的試算表平台。

圖 14-10 政府公開資料 (資料來源:台北市政府)

圖 14-11 政府公開資料下載

圖 14-12 Google Fusion Tables 資料視覺化工具操作 (3)

Import new table   ×

Column names are in row   1   ▼

1	◆s◆◆	◆◆...	◆o◆...	◆o◆iq	◆o◆...
2	1	◆T◆◆◆vs	1040104	22~24	◆x◆_◆◆...
3	2	◆T◆◆◆vs	1040119	01~03	◆x◆_◆◆...
4	3	◆T◆◆◆vs	1040120	01~03	◆x◆_◆◆...
5	4	◆T◆◆◆vs	1040120	07~09	◆x◆_◆◆...
6	5	◆T◆◆◆vs	1040121	04~06	◆x◆_◆◆...
7	6	◆T◆◆◆vs	1040121	22~24	◆x◆_◆◆...
8	7	◆T◆◆◆vs	1040127	22~24	◆x◆_◆◆...
9	8	◆T◆◆◆vs	1040129	07~09	◆x◆_◆◆...◆q181~210...
10	9	◆T◆◆◆vs	1040201	16~18	◆x◆_◆◆...
11	10	◆T◆◆◆vs	1040202	07~09	◆x◆_◆◆...
12	11	◆T◆◆◆vs	1040210	04~06	◆x◆_◆◆...

Rows before the header row will be ignored.

New to Fusion Tables?
Take a peek! <u>Play with a data set</u> or <u>try a tutorial</u>.

Cancel   « Back   Next »

圖 14-13　Google Fusion Tables 資料視覺化工具操作 (4)

　　請在瀏覽器網址列中輸入 https://www.google.com/intl/zh-TW_tw/sheets/about，完成後便可看見圖 14-14 畫面，請點擊紅色框線處的「前往 Google 試算表」。圖 14-15 即為 Google 試算表畫面，請點擊藍色箭頭處的+圖示以便新增一張試算表。

　　以圖 14-16 為例，在新增完試算表之後，我們無需手動鍵入試算表內容，只需要將我們剛才所下載的 csv 檔開啟即可，操作方式為紅色框線處的「檔案→開啟」。

　　接著請點擊圖 14-17 紅色箭頭處的「上載」，並且將所下載的 csv 檔拖曳至虛線框內，完成後再點擊紅色框線處的「開啟」。

　　此時各位讀者的眼睛肯定會為之一亮，在圖 14-18 中所呈現的 csv 檔案內容已經可以正常顯示，接下來的任務就是把這可以正常顯示的 csv 檔透過 Google 試算表再下載一次，請點擊紅色框線處的「檔案→下載格式→逗號分

圖 14-14 Google 試算表

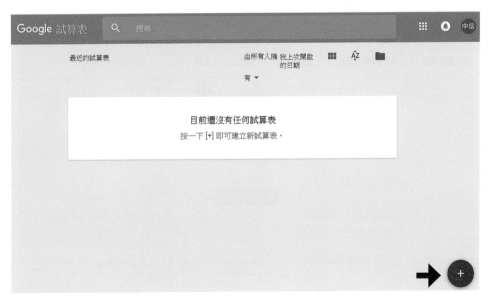

圖 14-15 Google 試算表資料匯入與轉換 (1)

圖 14-16 Google 試算表資料匯入與轉換 (2)

圖 14-17 Google 試算表資料匯入與轉換 (3)

圖 14-18 Google 試算表資料匯入與轉換 (4)

隔值檔案 (.csv，目前工作表)」，如此便能夠取得可以正常顯示的另一個 csv 存檔。

　　請將這個可以正常顯示的 csv 檔再次回到剛才擱置的 GFT 畫面並將其匯入，方法與圖 14-12 一致，當讀者在圖 14-19 看到可以正常顯示的 GFT 匯入結果後，便可點擊紅色框線處的「Next」按鈕，接著請點擊圖 14-20 紅色框線處的「Finish」按鈕。

　　到目前為止，我們已經完成 GFT 資料匯入動作，那我們該如何透過它來繪製出地理資訊的視覺化圖表呢？首先我們必須將更改 csv 裡的「發生 (現) 地點」欄位屬性，如此 GFT 才有辦法自動以地點轉換成經緯度來製作地理資訊的視覺化圖表。

　　因此請點擊圖 14-21 紅色框線處的「Edit → Change columns」，並且將圖 14-22 藍色框線中的「發生 (現) 地點」欄位屬性變更為綠色框線處的

Import new table

Column names are in row [1 ▾]

1	編號	案類	發生(現)日期	發生時段	發生(現)地點
2	1	汽車竊盜	1040104	22~24	台北市松山區塔悠路91~120號
3	2	汽車竊盜	1040119	01~03	台北市中山區新生北路二段91~120號
4	3	汽車竊盜	1040120	01~03	台北市文山區老泉里老泉街1~30號
5	4	汽車竊盜	1040120	07~09	台北市文山區木柵里木柵路三段48巷3弄1~30號
6	5	汽車竊盜	1040121	04~06	台北市中山區

Rows before the header row will be ignored.

New to Fusion Tables?
Take a peek! Play with a data set or try a tutorial.

[Cancel] [« Back] [Next »]

圖 14-19　Google Fusion Tables 資料視覺化工具操作 (5)

Import new table ✕

Table name	臺北市10401-10611汽車竊盜點位資訊 - 臺北市10401-10611汽車竊盜點位資訊.csv
Allow export	☑ ⑦
Attribute data to	⑦
Attribution page link	
Description	Imported at Fri Jan 05 04:07:19 PST 2018 from 臺北市10401-10611汽車竊盜點位資訊 - 臺北市10401-10611汽車竊盜點位資訊.csv.

For example, what would you like to remember about this table in a year?

New to Fusion Tables?
Take a peek! Play with a data set or try a tutorial.

[Cancel] [« Back] [Finish]

圖 14-20　Google Fusion Tables 資料視覺化工具操作 (6)

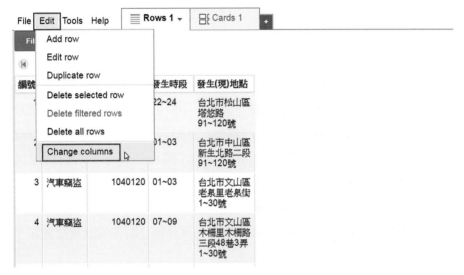

圖 14-21 Google Fusion Tables 資料視覺化工具操作 (7)

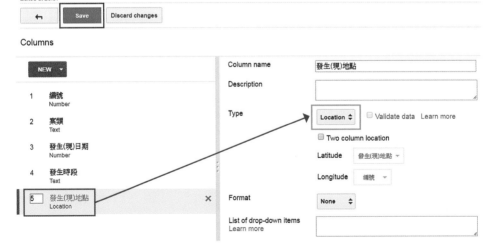

圖 14-22 Google Fusion Tables 資料視覺化工具操作 (8)

Location，完成後再點擊紅色框線處的「Save」按鈕儲存。

當讀者看見「發生 (現) 地點」欄位的內容都已被標注黃色記號時，表示這些欄位值已被 GFT 認定為 Location 位置型態資料 (如圖 14-23)，接著我們便可以點擊藍色箭頭處的新增頁籤圖案，並且點擊綠色框線處的「Add map」選項新增地圖。

當 GFT 接受到我們要求它將地點位置轉換成地圖上的資料點之後，便能夠在圖 14-24 看到初步製作好的視覺化圖案，由於預設的資料點清一色都是紅色，因此在解讀上不容易觀察出資料趨勢，此時我們便可調整紅色框線處的 Heatmap (熱力圖)，藉由不同的 Radius (半徑值) 與 Opacity (透明度) 來呈現自己最滿意的顯示樣態。

上述步驟皆完成之後，便可從圖 14-25 藍色箭頭處的 Map1 頁籤中選擇紅色箭頭處發布「Publish」選項，如此才有辦法保存精心製作的視覺化圖案。保

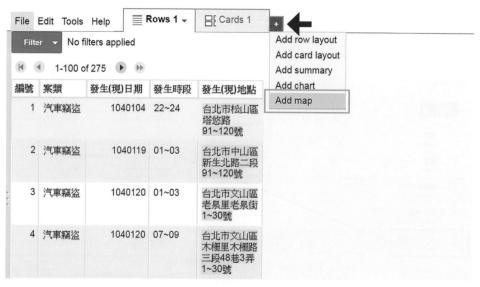

圖 14-23 Google Fusion Table 資料視覺化工具操作 (9)

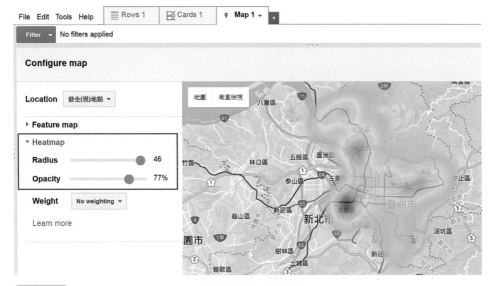

圖 14-24 Google Fusion Table 資料視覺化工具操作 (10)

圖 14-25 Google Fusion Table 資料視覺化工具操作 (11)

存方式非常多元，以圖 14-26 為例，我們可以將視覺化圖案轉換成紅色框線處的超連結或是透過 iframe 方式取得綠色框線處的嵌入連結，更可以取得藍色框線處的 HTML/JavaSctipt 原始碼，至此，資料視覺化的步驟告一段落。從熱力圖中我們可以發現，汽車竊盜最常發生的地點在萬華區 (呈現深紅色)，其他行政區的汽車竊盜率則是相對低。

　　試想，這樣的表達方式是否讓自己或他人在解讀資料時，非常一目了然呢？沒錯！這就是資料視覺化的魅力所在，雖然我們使用非正式商業資訊來繪製圖案，但在大數據電子商務情境中，一定有許多寶貴線索會與地理資訊有關，這也是為何我們在上一章的阿里指數中可以看見不少與省份有關的寶貴資料。因此讀者日後可自行斟酌，將自己手上握有的繁雜原始資料轉化成具有洞察力的視覺化資料，相信會對商業決策上產生不小助益，而自己在操作過程中也不會被冗長的程式碼搞得暈頭轉向。

圖 14-26 Google Fusion Table 資料視覺化工具操作 (12)

Chapter 15

智慧語音
客服訂單不漏接

除了從龐大的瀏覽行為或交易紀錄中歸納出與電子商務有關的情報線索，近年來有愈來愈多企業更進一步地進化自己電商運作能力，有很大一部分就是採用非常熱門的人工智慧 (AI, Artificial Intelligence)。到底什麼是人工智慧？在大數據電子商務上的應用為何呢？在過去，每當消費者對商品或有任何購物相關的疑慮時，電商業者總是提供表單問答，由消費者填入所欲提問的疑難雜症之後，再由業者一一答覆。此舉最大缺點在於消費者並無法在第一時間內獲得想要的解答，甚至許多消費者根本懶得把問題填入提問框中送出給業者，在無形之間，電商業者也就失去了接單的機會。

隨著資訊科技不斷進化，這種過時的客服機制已逐漸被淘汰，為了要能夠滿足消費者在最短時間獲得解答，某些走在較前端的業者開始將人工智慧技術應用在電子商務的客戶服務上。

以下圖 15-1 為例，這是一家頗為知名的電商平台，在畫面右下角處可以看見「數位客服」，點擊後便會在左側開啟一個對話框，消費者能夠在上面提出任何問題，像是消費者輸入「你好」，客服機器人就會回應「您好！我是 momoco 機器人！我將以飽滿的熱情回覆您的提問！」，即使是消費者輸入

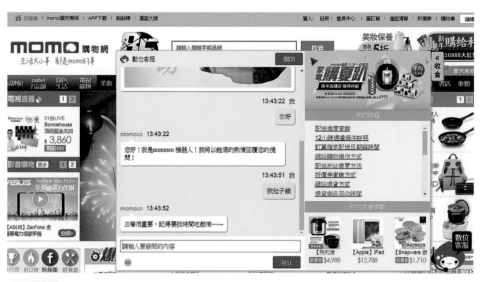

圖 15-1 電商平台人工智慧應用

「我肚子餓」，客服機器人亦會巧妙的回應「三餐很重要，記得要找時間吃飯唷～～～」。

這些看似與購物一點相關也沒有的無厘頭對話可是大有學問，這個客服機器人大量應用了人工智慧中的自動辨識功能，而且在與消費者互動過程中，還將來自消費者提供的文字內容予以記錄，靜悄悄的在背後不斷的學習消費者所輸入的文字，也就是使用了人工智慧中的深度學習概念。若以較為正式的角度來說，上述機制使用了案例式推理智慧 (Case-Based Reasoning, CBR)。所謂的案例式推理就是指系統能夠截取並記錄來自於消費者的提問 (如圖 15-2)，透過每次的互動不斷的修正機器人所回應出的內容[1]，其後再將每次的進化結果回存至 Case library (案例庫) 中存放，等到下一次客服機器人遇到相似的消費者

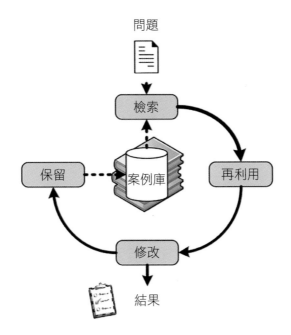

問題

檢索

案例庫

再利用

保留

修改

結果

圖 15-2　人工智慧案例式推理 (CBR) 示意 (資料來源：atlantis-press.com)

1　Leung, K. H., Choy, K. L., Tam, M. M., Hui, Y. Y., Lam, H. Y., & Tsang, Y. P. (2016). A Knowledge-based Decision Support Framework for Wave Put-away Operations of E-commerce and O2O Shipments.

提問時，便能夠更準確的回覆與滿足他們的需求。相較於傳統填單問答式客服機制，以上的做法既先進又能夠節省人力成本，落實二十四小時服務顧客之目標。

除了文字型態的智慧客服之外，諸如此類的自動化客服機制亦包含了語音式客服。以下圖 15-3 為例，這是一台由 Google 所推出的家庭助理，舉凡食、衣、住、行、育、樂，它都能夠有效的辨識來自於使用者所發出的語音指令，像是當使用者說出「我想要吃比薩」，語音助理便會回覆「請問想吃什麼口味的比薩」，倘若使用者回答「我想吃夏威夷比薩」，語音助理會非常聰明的回覆「目前有三家比薩外送店提供符合您需求的比薩，請指定一家我幫您訂購」。

以上這些並非天方夜譚，知名比薩業者達美樂在其美國營業範圍的 APP 中嵌入了所謂的 DRU (Domino's Robotic Unit) 語音助理。換句話說，饕客只要

圖 15-3　Google Home 家庭助理

出一張嘴就能夠訂購符合自己口味的比薩，如此一來，連打字都可以免了。除此之外，從圖 15-4 達美樂 DRU 廣告中，我們還可以見到一項重要標語，那就是「幫助我學習您想要什麼」(HELP ME LEARN WHAT YOU WANT)，從這標語便能夠推敲出達美樂的 DRU 是具備了人工智慧中的深度學習功能。相較於剛才提到的電商文字型態的機器人客服，這種語音客服是否又更加便利了呢？特別是對輸入法有障礙的年長者，這種服務確實滿足了該族群需求。

　　接下來的內容就要引領大家體會究竟語音助理是如何運作的？要理解它的運作方式其實不難，較為困難的是如何在理解之後發想可以應用的方式與場域，這部分就有勞讀者自行天馬行空了！為了降低大家在理解語音助理運作的學習門檻，筆者選擇前面章節大家所使用過的 Python 做為主要演示工具，當

圖 15-4　達美樂語音客服機器人

然能夠落實語音助理的工具仍非常多，讀者可於日後自行延伸學習。

首先我們必須在 Python 底下安裝兩個重要套件，分別是 gTTS 與 pygame。所謂的 TTS 指的是 Text-to-Speech，也就是將文字型態資料轉換成語音方式呈現，而 g 則是指 Google，因此 gTTS 就是由 Google 所推出的文字語音轉換引擎。看到這邊，讀者或許會納悶，語音助理不是全程都沒有使用到文字嗎？其實是有的，看似無文字的純語音操作環境，仍然是需要透過語音或文字彼此相互轉換，才有辦法順利讓機器人運作。至於 pygame 雖然是設計遊戲時較常使用到的套件，然而 pygame 套件裡頭提供了語音播放函式，因此我們可以把它拿來播放語音之用。以圖 15-5、圖 15-6 為例，請讀者仿照第 4 章的方式將 cmd 模式開啟，並且在 Python工作目錄下鍵入 python –m pip install gTTs，待 gTTs 套件安裝完畢之後，再次鍵入 python –m pip install pygame。

完成以上兩個套件安裝之後，就可以在 Python 內使用它們。首先必須在

圖 15-5 Python 套件安裝 (gTTs)

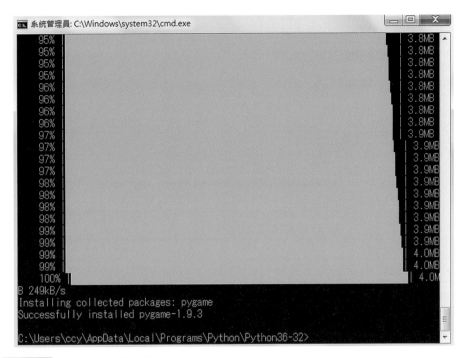

圖 15-6 Python 套件安裝 (pygame)

Python 內匯入這兩個套件 (如圖 15-7)，指令分別是 from gtts import gTTS 與 from pygame import mixer。接著我們需要再匯入一個 Python 內建的檔案暫存專用的函式庫，其指令為 import tempfile。除此之外，為使程式撰寫完畢之後能夠讓電腦順利播放語音，我們必須讓播放器初始化，因此請接著鍵入 mixer. init ( ) 指令。

最後我們便能夠開始撰寫文字轉語音的自訂函式 (如紅色框線處)，其中 tempfile.NamedTemporaryFile (delete=True) 是指每次播放完畢之後都將 mp3 暫存檔案刪除，如此才不會在使用過程中產生許多 mp3 檔案占據了磁碟空間，而這一切被 with ... as 語法打包成一個 tp，日後呼叫 tp 時，系統即知道所代表的是 tempfile.NamedTemporaryFile(delete=True)。

至於 gTTS (text=sentence, lang='zh') 指的是讓 gTTS ( ) 這個工具接收兩個參數，分別是 sentence (所欲翻譯成語音的文字) 與 lang='zh' (打算使用的發音

```
>>> from gtts import gTTS
>>>
>>> from pygame import mixer
>>>
>>> import tempfile
>>>
>>> mixer.init()
>>>
>>> def speak(sentence):

        with tempfile.NamedTemporaryFile(delete=True) as tp:
            tts = gTTS(text=sentence, lang='zh')
            tts.save("{}.mp3".format(tp.name))
            mixer.music.load("{}.mp3".format(tp.name))
            mixer.music.play()


>>> speak("很高興為您服務")
```

圖 15-7 Python 文字轉語音主程式

語言 zh 表示中文)，以上這些事項完備之後，所有內容會被指派到等號左邊的 tts 存放。接著我們可以透過 tts.save ( ) 來將上述完成的內容正式暫存，暫存的檔案格式為 .mp3，這是因為當代作業系統中的內建播放程式都能夠辨識 .mp3 檔案格式之故。

　　最後我們透過 mixer.music.load ( ) 來載入所欲播放語音的 mp3 暫存檔案，並且藉由 mixer.music.play ( ) 來正式播放。請注意！圖 15-7 紅色框線處的內容屬於一個自訂函式，它並不是一個真正執行中的程式碼，我們仍需鍵入藍色框線處的 speak(" ") 指令，並且在雙引號內輸入任意中文字後，才能聆聽到系統所播放出的 mp3 音訊。以上是文字轉語音的示範，讀者亦可以使用 Python 的 SpeechRecognition (https://pypi.python.org/pypi/SpeechRecognition/) 套件來達成語音轉文字的反向用途。

　　自 2017 年起，許多報章雜誌皆不約而同的報導人工智慧即將取代人類，雖說此預測有些危言聳聽，但事實上人工智慧確實可以在某種程度上取代人類工作。試想，在電子商務這個業態中，是否許多商家皆是 24 小時不間斷的營

運著？若是，機器人客服將有其必要性，而當這個必要性充足以後，那麼機器人客服取代人工客服便會是指日可待之事。再者，機器人客服要能夠完全取代人類，還必須不斷的進化，如同上述達美樂 DRU 例子一般，仰賴使用者與客服機器人互動過程中所產出的文字或語音大數據，就能夠讓機器人不斷的學習，進而達成愈使用它就愈聰明之終極目標。

本章初衷即是在於傳達大數據電子商務已經不如傳統電子商務般僅是把交易移動至網路上，在網路上交易恐怕只是電子商務永續經營的必要條件。在不久的將來，電子商務經營要能夠成功，勢必得仰賴許多大數據與智能技術，才能夠讓電子商務真正滿足消費者需求，成為名副其實的大數據電子商務。

結　語
CONCLUSION

大數據究竟是何方神聖？截至目前為止，相信讀者已經聽過千百種說法，其實要解釋大數據為何物，必須依照其應用情境來討論。本書以電子商務的角度說明一旦把眾多大數據技術應用在其上時，傳統電子商務便能夠搖身一變成為大數據電子商務。

　　從本書第一篇的「大數據與電子商務」內容中便可得知，如何有效應用大數據確實是傳統電子商務業者的重要課題，也將成為未來電子商務趨勢所在。因此從第二篇起，本書探討了「輿情探索」、「數位足跡掌握」、「資訊濃縮與獲取」以及「資料視覺化與人工智慧」，這些都是對於電子商務再進化最有利且最主流之大數據相關應用，因此不論是打算投入電子商務經營或是現正從事電子商務的業者，甚至是未來有意進入電子商務產業的莘莘學子，都有必要詳閱本書所提及的大數據電子商務相關應用，並且從中找出自己日後欲深化的學習項目，如此便能夠在未來的大數據電子商務時代中占有一席之地。

　　值得一提的是，本書內容之撰寫已盡可能的與所提之相關應用工具現況保持一致，然而礙於許多應用改版迅速，難保未來不會出現書中內容與實際情況不一致的現象，盼請廣大讀者能海涵此現象，也懇請大家不吝來信批評指教(taican.ccy@gmail.com)。最後預祝大家學有所成、學有所長、學有所思、學有所獲！

1FAA
成為大數據電子商務人才的第一本書

作　　者　鄭江宇、許晉雄
發 行 人　楊榮川
總 經 理　楊士清
副總編輯　張毓芬
責任編輯　紀易慧
文字校對　許宸瑞
封面設計　姚孝慈
內文排版　張淑貞
出 版 者　五南圖書出版股份有限公司
地　　址　台北市和平東路二段 339 號 4 樓
電　　話　(02)2705-5066
傳　　真　(02)2706-6100
郵撥帳號　01068953
網　　址　http://www.wunan.com.tw/
電子郵件　wunan@wunan.com.tw
戶　　名　五南圖書出版股份有限公司
法律顧問　林勝安律師事務所　林勝安律師
出版日期　2018 年 5 月初版一刷
定　　價　新臺幣 580 元

國家圖書館出版品預行編

成為大數據電子商務人才的第一本書／鄭江
宇, 許晉雄著. －－一版. －－臺北市：五南,
2018.05
　面；　公分 －－ (博雅科普; 10)
ISBN 978-957-11-9610-7 (平裝)
1.電子商務
490.29　　　　　　　　　　107002162